数学名著译丛

代 数 学 I

〔荷〕B.L. 范德瓦尔登 著

丁石孙 曾肯成 郝钶新 译

万哲先 校

科学出版社

北 京

图字：01-2007-3527 号

内 容 简 介

全书共分两卷，涉及的面很广，可以说概括了 1920—1940 年代数学的主要成就，也包括了 1940 年以后代数学的新进展，是代数学的经典著作之一. 本书是第一卷，分成 11 章：前 5 章以最小的篇幅包括了为所有其余各章作准备的知识，即有关集合、群、环、域、向量空间和多项式的最基本的概念；其余各章主要讲述交换域的理论，包括 Galois 理论和实域.

Translation from the English Language edition:
Algebra. Volume 1 by B. L. van der Waerden
Copyright © 2003 Springer-Verlag New York, Inc.
Springer is a part of Springer Science+Business Media
All Rights Reserved

图书在版编目 (CIP) 数据

代数学. I / (荷) 范德瓦尔登著; 丁石孙等译. —北京: 科学出版社, 2009
(数学名著译丛)
ISBN 978-7-03-024562-5

I. 代… II. ① 范… ② 丁… III. 代数 IV. O15

中国版本图书馆 CIP 数据核字 (2009) 第 072337 号

责任编辑: 赵彦超 / 责任校对: 陈玉凤
责任印制: 吴兆东 / 封面设计: 陈 敬

科学出版社 出版
北京东黄城根北街 16 号
邮政编码: 100717
http://www.sciencep.com

北京凌奇印刷有限责任公司印刷
科学出版社发行 各地新华书店经销
*

2009 年 5 月第 一 版 开本: 720×1000 1/16
2024 年 7 月第九次印刷 印张: 17
字数: 320 000
定价: **78.00 元**
(如有印装质量问题, 我社负责调换)

出 版 说 明

    范德瓦尔登的《代数学》是现代数学的一部奠基之作, 这部书不仅对提高数学家的学识修养有很大意义, 对现代数学如扑拓学、泛函分析等以及一些其他科学领域也有重要影响.

    我社分别于 1963 年和 1976 年出版了该书的中译本上册 (第五版, 丁石孙, 曾肯成, 郝钠新译, 万哲先校) 和下册 (第四版, 曹锡华, 曾肯成, 郝钠新译, 万哲先校). 2003 年, Springer 出版了该书上册 (第七版) 和下册 (第五版). 在丁石孙先生的支持下, 我社委托陈志杰、赵春来两位教授对原中译本进行审校, 修改了一些现在已不常用的名词术语, 如亏数; 纠正了英文版和原中译本中的部分疏漏和错误; 原书第 I 和 II 卷的 "全书综览图" 不同, 这次也按第 II 卷综览图作了统一处理, 等等. 根据 Springer 出版的英译版本补充翻译了部分章节, 如第 4 章、第 7.7 节、第 12.7 节、第 19.9 节以及第 20.10–20.14 节.

    在此谨向所有译者和审校者表示诚挚的谢意!

中译本再版序言

本书的第七版 (德文版) 于 1966 年由 Springer-Verlag 出版, 1970 年被译成英文出版. 第七版在内容安排上有较大的改动, 还增添了少量内容. 科学出版社的同志认为应当重新翻译本书, 这个想法是好的. 现在的中译本是陈志杰教授在德文第四版的中译本的基础上, 依据 2003 年由 Springer-Verlag 出版的英文平装本整理、翻译而成, 赵春来教授作了校对.

丁石孙

2008 年 12 月

中译本序言

代数学是数学的一个重要的基础的分支, 历史悠久. 我国古代在代数学方面有光辉的成就. 一百多年来, 尤其是 20 世纪以来, 随着数学的发展以及应用的需要, 代数学的研究对象以及研究方法发生了巨大的变革. 一系列的新的代数领域被建立起来, 大大地扩充了代数学的研究范围, 形成了所谓近世代数学. 它与以代数方程的根的计算与分布为研究中心的古典代数学有所不同, 它是以研究数字、文字和更一般元素的代数运算的规律及各种代数结构 —— 群、环、代数、域、格等的性质为其中心问题的. 由于代数运算贯穿在任何数学理论和应用问题里, 也由于代数结构及其中元素的一般性, 近世代数学的研究在数学中是具有基本性的. 它的方法和结果渗透到那些与它相接近的各个不同的数学分支中, 成为一些有着新面貌和新内容的数学领域 —— 代数数论、代数几何、拓扑代数、Lie 群和 Lie 代数、代数拓扑、泛函分析等. 这样, 近世代数学就对于全部现代数学的发展有着显著的影响, 并且对于一些其他的科学领域 (如理论物理学、计算机原理等) 也有较直接的应用。

历史上, 近世代数学可以说是从 19 世纪之初发生的, Galois 应用群的概念对于高次代数方程是否可以用根式来解的问题进行了研究并给出彻底的解答, 他可以说是近世代数学的创始者. 从那时起, 近世代数学由萌芽而成长而发达. 大概由 19 世纪的末叶开始, 群以及紧相联系着的不变量的概念, 在几何上、在分析上以及在理论物理上, 都产生了重大的影响. 深刻研究群以及其他相关的概念, 如环、理想、线性空间、代数等, 应用于代数学各个部分, 这就形成近世代数学更进一步的演进, 完成了以前独立发展着的三个主要方面 —— 代数数论、线性代数及代数、群论的综合. 对于这一步统一的工作, 近代德国代数学派起了主要的作用. 由 Dedekind 及 Hilbert 于 19 世纪末叶的工作开始, Steinitz 于 1911 年发表的论文对于代数学抽象化工作贡献很大, 其后自 1920 年左右起以 Noether 和 Artin 及她和他的学生们为中心, 近世代数学的发展极为灿烂.

Van der Waerden 根据 Noether 和 Artin 的讲稿写成《近世代数学》(*Moderne Algebra*), 综合近世代数学各方面工作于一书. 全书分上、下两册, 第一版于 1930—1931 年分别出版. 自出版后, 这本书对于近世代数学的传播和发展起了巨大的推动作用. 到 1959—1960 年, 上、下两册已分别出到第五版和第四版. 时至今日, 这本书仍然是在近世代数学方面进行学习和开展科学研究的一部好书.

当然, 近世代数学是不断向前发展的. 20 世纪 30 年代, 当时所谓近世代数学的一些基本内容已经逐渐成为每个近代数学工作者必备的理论知识, 所以本书从

50 年代第四版起就去掉 "近世" 两字而改名为《代数学》, 同时做了较大的增补和改写, 但仍保持着原来的基本内容和风格. 至于 Jacobson 的《抽象代数学讲义》和 Bourbaki 的《代数学》等书, 则出版较后而风格和内容亦有异.

本书的第二版曾有武汉大学故教授萧君绛先生译本, 流传不广, 文字亦较艰涩. 华罗庚先生于 1938—1939 年在昆明西南联合大学讲授近世代数课程时, 曾以本书上册为参考编写讲义, 变动较大而非全文照译. 1961 年 9 月国内代数学工作者于北京颐和园举行座谈会时, 皆认为此书新版有迅速译出之必要. 经过一年, 由曹锡华、万哲先、丁石孙、曾肯成、郝鈵新诸同志集体合作译出第一、二卷. 今后当能对代数学的教学及科学研究起较大的推动作用. 更希望国内代数学工作者在教学和科学研究实践中有自著的书籍写成出版.

段学复

1962 年 10 月 11 日

于北京大学数学力学系

第七版前言

原先写第一版只是想作为新抽象代数的导引, 而且假设经典代数的部分内容, 特别是行列式理论, 已为大家熟知. 不过这本书现在已经被学生作为学习代数的入门, 因而有必要加入一章 "向量空间与张量空间", 以讨论线性代数的基本思想, 包括行列式的理论.

缩短了第 1 章 "数与集合", 把序与良序放到新的一章 (第 9 章). Zorn 引理直接从选择公理导出. 良序定理的证明采用了 Kneser 的方法.

在 Galois 理论里吸收了 Artin 名著的一些思想, 一些读者向我指出的循环域理论的证明中的一个漏洞已在 8.5 节补上. 8.11 节证明了正规基的存在性.

现在的第一卷结束于 "实域". 赋值论放到了第二卷.

B. L. 范德瓦尔登

苏黎世, 1966 年 2 月

第四版前言

最近完全出乎意外去世的代数学家与数论专家 Brandt 在德国数学会的协会年报 55 卷中对本书第三版写了如下的评论:"关于书名,如果在第四版能够改为更简单的,但是更确切的书名'代数学',我将感到很高兴. 像这样一部过去、现在以及将来都是最好的数学书,书名不应该引起人们如此的疑惑,似乎它是追随一种时髦的式样,它在昨天还不被人们知道,可是明天可能将被忘掉."

根据这个意见,我把书名改成了"代数学".

按照 Deuring 的建议,"超复数"概念的定义改得更为合适,同时分圆域的 Galois 理论在它对于循环域理论的应用中显得更加完整.

基于各地来信,还作了许多小的修改,我在这里对所有来信的人表示感谢.

B. L. 范德瓦尔登
苏黎世,1955 年 3 月

第三版前言的一部分

在第二版中, 我已经严格地建立了赋值论. 赋值论在数论与代数几何中日益表现了它的重要性, 因之我把赋值论的一章写得更加详细与清楚了.

根据许多人的要求, 我把在第二版去掉了的关于良序与超限归纳的两节又加了进来, 在这个基础之上, 又把 Steinitz 的域论以最一般的形式写了出来.

按照 Zariski 的意见, 多项式概念的引入变得容易理解了. 范数与迹的理论也有改进之必要, 这是 Peremans 先生向我友好地指出的.

B. L. 范德瓦尔登

拉伦 (北荷兰), 1950 年 7 月

目　　录

全书综览图

I, II 两卷中各章总览及其逻辑关系

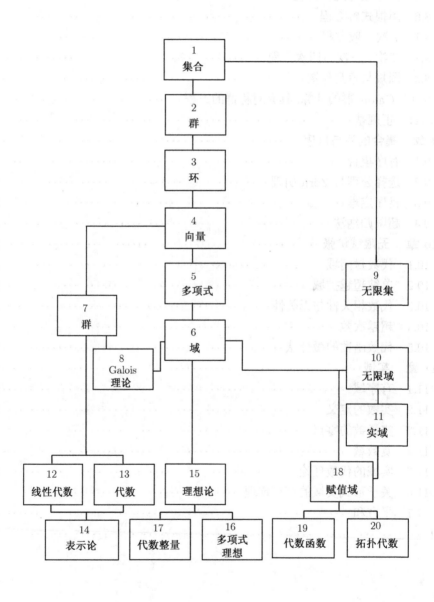

引　言

本书的目的

　　"抽象的"、"形式的"或"公理化的"方向在代数学的领域中造成了新的高涨,特别在群论、域论、赋值论、理想论和超复系理论等学科分支中形成了一系列新的概念,建立了许多新的联系,并导致了一系列深远的结果. 本书的主要目的就是要将读者引入整个这一概念世界.

　　以这样一些一般的概念和方法作为前导,古典代数学中的个别结果也将要在近世代数的范围之内获得适当的地位.

材料的分配和说明

　　为了充分明晰地展示统治着抽象代数的许多普遍观点,有必要在开头将群论和初等代数中的基本知识重新作一叙述.

　　由于最近一个时期出现了群论、古典代数和域论方面的许多出色的表述,现在已有可能将这些导引性的部分紧凑地 (但是完整地) 写出来[①].

　　另外一个指导原则,就是希望尽可能地做到使每个个别的部分都能独立地读懂. 只希望了解一般理想论或超复数理论的读者,就没有必要去读 Galois 理论, 反之亦然; 想要参考消去法或线性代数的读者,就可以不必被许多复杂的理想论的概念所吓倒.

　　材料的分配是这样安排的: 最初三章以最小的篇幅包括了为所有其余各章作准备的知识,即有关 (1) 集合; (2) 群; (3) 环、理想和域的最基本的概念. 第一卷中其余各章主要讲述交换域的理论,且主要以 Steinitz 在 *Crelles Journal*, 1910, 137 发表的奠基性著作为基础. 第二卷在尽可能地做到彼此不相依赖的各章中讨论了模、环和理想的理论,以及对代数函数、初等因子、超复数和群表示的应用.

　　Abel 积分和连续群的理论不得不从本书中略去, 因为对此二者作适当的讨论都有必要用到一些超越的概念和方法. 其次, 由于内容庞大之故, 不变量理论也被

---

　　① 群论方面: Speiser A. *Die Theorie der Gruppen von endlicher Ordnung*, 2. Aufl. Berlin: Springer, 1927.

　　域论方面: Hasse H. *Höhere Algebra* I, II 及 *Aufgabensammlung zur Höheren Algebra*. Sammlung Göschen, 1926/27.

　　古典代数方面: Perron O. *Algebra* I, II, 1927.

　　线性代数方面: Dickson L E. *Modern algebraic Theories*. Chicago, 1926.

略去. 行列式假定是已知的, 并且只用到很少几次.

为了对本书内容作更进一步的了解, 可以查看目录, 特别是前面所附的那个综览图. 从这个图中可以清楚地看到, 每一章要用到前面哪些章节.

分插在全书中的许多习题是这样选择的, 就是要使读者能够通过它们来检验自己是否懂得正文的内容. 它们之中也包括了一些在后面有时要用到的例子和补充. 解这些习题不需要特别的技巧, 要用到的在方括号内也作了提示.

取材来源

这本书部分地是由几次讲演发展而成的, 这就是:

Artin 的代数学讲演 (汉堡, 1926 年夏季).

Artin, Blaschke, Schreier 和作者所主持的理想论讨论班 (汉堡, 1926/27 冬季).

Noether 关于群论和超复数理论的两次演讲 (哥廷根, 1924/25 冬季, 1926/27 冬季)[①].

本书中的一些新的证明或证明的新的安排, 大部分都来自这些讲演和讨论班, 即使没有明确指出其来源者也是如此.

---

① Noether E 的后一讲演的整理稿发表在 *Math. Zeitschrift*, 1929, 30: 641–692.

第1章 数 与 集 合

因为在这本书里要用到某些逻辑的和一般数学的概念, 对于这些概念初学数学的人很可能还不熟悉, 所以在前面我们用较短的一章来介绍一下. 在这里我们不打算接触数学基础中的困难问题: 我们一直采取"朴素的观点", 当然, 我们避免引起悖论的循环定义. 有经验的读者在这一章只要了解一下符号 $\in, \subset, \supset, \cap, \cup$ 与 $\{\cdots\}$ 的意义, 可以略去其余的部分.

1.1 集 合

作为所有数学讨论的起点, 我们总是考虑某些确定的对象, 譬如数字、字母或者它们的组合. 每个单个元素具有或者不具有的性质就定义一个集合或者类; 这个集合的元素就是全体具有这个性质的对象. 记号

$$a \in \mathfrak{M}$$

表示 a 是 $\mathfrak{M}$ 的元素. 我们也几何形象地说: a 在 $\mathfrak{M}$ 中, 一个集合称为空的, 如果它不包含任何元素.

我们也可以把数 (或者字母等) 的序列和集合看作对象和集合 (我们有时称为第二层集合) 的元素. 第二层集合又可以是更高层集合的元素, 等等. 但是在概念形成中, 如"所有集合的集合"这类概念是不允许的, 因为它们是造成矛盾的原因; 我们常常只从一类预先规定的对象中来造新的集合 (新的集合本身不属于这一类对象).

如果集合 $\mathfrak{N}$ 的全部元素同时是 $\mathfrak{M}$ 的元素, 那么 $\mathfrak{N}$ 就称为 $\mathfrak{M}$ 的子集合, 记为

$$\mathfrak{N} \subseteq \mathfrak{M}.$$

这时, $\mathfrak{M}$ 也称为 $\mathfrak{N}$ 的包集合, 记为

$$\mathfrak{M} \supseteq \mathfrak{N}.$$

由 $\mathfrak{A} \subseteq \mathfrak{B}$ 和 $\mathfrak{B} \subseteq \mathfrak{C}$ 推出 $\mathfrak{A} \subseteq \mathfrak{C}$.

空集合包含在每个集合之中.

如果 $\mathfrak{M}$ 的所有元素全在 $\mathfrak{N}$ 中, 同时 $\mathfrak{N}$ 的所有元素全在 $\mathfrak{M}$ 中, 那么集合 $\mathfrak{M}$, $\mathfrak{N}$ 称为相等:

$$\mathfrak{M} = \mathfrak{N}.$$

因之, 集合相等就表示关系

$$\mathfrak{M} \subseteq \mathfrak{N}, \quad \mathfrak{N} \subseteq \mathfrak{M}$$

同时成立. 或者, 如果两个集合包含相同的元素, 它们就相等.

如果 $\mathfrak{N} \subseteq \mathfrak{M}$, 但不等于 $\mathfrak{M}$, 那么 $\mathfrak{N}$ 就称为 $\mathfrak{M}$ 的真子集合, $\mathfrak{M}$ 是 $\mathfrak{N}$ 的真包集合, 记为

$$\mathfrak{N} \subset \mathfrak{M}, \quad \mathfrak{M} \supset \mathfrak{N}.$$

因此, $\mathfrak{N} \subset \mathfrak{M}$ 表示 $\mathfrak{N}$ 的元素全在 $\mathfrak{M}$ 中, 而在 $\mathfrak{M}$ 中至少有一个元素不在 $\mathfrak{N}$ 中.

设 $\mathfrak{A}$ 与 $\mathfrak{B}$ 是任意的集合. 由所有既属于 $\mathfrak{A}$ 又属于 $\mathfrak{B}$ 的元素组成的集合 $\mathfrak{D}$ 称为集合 $\mathfrak{A}$ 与 $\mathfrak{B}$ 的交, 写为

$$\mathfrak{D} = [\mathfrak{A}, \mathfrak{B}] = \mathfrak{A} \cap \mathfrak{B}.$$

$\mathfrak{D}$ 既是 $\mathfrak{A}$ 的又是 $\mathfrak{B}$ 的子集合, 并且每个具有这个性质的集合都包含在 $\mathfrak{D}$ 中.

由属于 $\mathfrak{A}$, $\mathfrak{B}$ 二者之一的全部元素组成的集合 $\mathfrak{C}$ [1] 称为 $\mathfrak{A}$ 与 $\mathfrak{B}$ 的并:

$$\mathfrak{C} = \mathfrak{A} \cup \mathfrak{B}.$$

$\mathfrak{C}$ 既包含 $\mathfrak{A}$ 又包含 $\mathfrak{B}$, 并且每个同时包含 $\mathfrak{A}$ 与 $\mathfrak{B}$ 的集合一定包含 $\mathfrak{C}$.

同样地, 我们定义任意一个集合 $\mathfrak{A}$, $\mathfrak{B}$, $\cdots$ 的集合 Σ 的交与并. 对于交 (即包含在集合 Σ 的每个集合 $\mathfrak{A}$, $\mathfrak{B}$, $\cdots$ 中的所有元素的集合) 记为

$$\mathfrak{D}(\Sigma) = [\mathfrak{A}, \mathfrak{B}, \cdots].$$

如果两个集合的交是空集合, 它们就称为不相交的, 换句话说, 它们没有公共的元素.

如果一个集合是通过元素的列举所给出的, 譬如说, 集合 $\mathfrak{M}$ 是由元素 a, b, c 组成, 那么就写成

$$\mathfrak{M} = \{a, b, c\}.$$

这个写法是合理的, 因为按集合相等的意义, 一个集合被它全部的元素决定, 上面这个集合 $\mathfrak{M}$ 的定义性质就是: 与 a 或者 b 或者 c 相等.

---

[1] 原著中为 $\mathfrak{B}$, 另外还有 3 处 $\mathfrak{B}$ 应为 $\mathfrak{C}$. —— 译者注

1.2　映射, 势

如果按照某一个规则, 集合 $\mathfrak{M}$ 的每一个元素 a 都对应一个新的对象 $\varphi(a)$, 那么这个对应就称为一个函数, 而集合 $\mathfrak{M}$ 称为这个函数的定义区域. 如果新的对象 $\varphi(a)$ 全属于一个集合 $\mathfrak{N}$, 那么对应 $a \to \varphi(a)$ 也称为由 $\mathfrak{M}$ 到 $\mathfrak{N}$ 内的映射. 如果集合 $\mathfrak{N}$ 中每个元素都至少用到一次, 那么就称为由 $\mathfrak{M}$ 到 $\mathfrak{N}$ 上的映射, 而 $\mathfrak{N}$ 称为函数 φ 的象集合或者值区域, 元素 $\varphi(a)$ 称为 a 的象, a 称为 $\varphi(a)$ 的原象. 象 $\varphi(a)$ 是由 a 唯一决定的, 但是反过来, a 并不一定由 $\varphi(a)$ 唯一决定. 在整本书中我们总是用映射这个词来表示单值映射.

如果 $\mathfrak{N}$ 的每个元素作为象元素恰恰只出现一次, 那么这个映射就称为可逆单值的或者 1-1 的. 这样就有一个"逆"映射, $\mathfrak{N}$ 中每个元素 b 对应 $\mathfrak{M}$ 中那个以 b 为象的元素.

两个能够互相 1-1 映射的集合称为等势的, 记为

$$\mathfrak{M} \sim \mathfrak{N}.$$

对于等势的集合, 我们也说它们有"相同的势".

例　如果令每个数 n 对应于数 $2n$, 我们就有一个由全体自然数的集合到全体偶数的集合上的 1-1 映射. 因之, 自然数的集合与全体偶数的集合是等势的.

上面的例子说明, 一个集合完全可能与它的一个真子集是等势的. 但是我们在第 1.4 节将看到, 对于"有限"集合, 这个情形不可能发生.

1.3　自然数序列

我们假定自然数的集合

$$1, \ 2, \ 3, \cdots$$

以及这个集合以下的基本性质 (Peano 公理) 是熟知的:

I. 1 是一个自然数.

II. 在自然数集合中, 每个数[①]a 有一个确定的后继 a^+.

III. $a^+ \neq 1$, 这就是说, 没有数以 1 作为后继.

IV. 由 $a^+ = b^+$ 推出 $a = b$, 这就是说, 对于每一个数, 没有或者恰有一个数以它作为后继.

V. 完全归纳原理: 如果自然数的一个集合包含数 1, 并且对于每个属于它的数 a 都包含 a 的后继 a^+, 它就包含全体自然数.

_____
[①] 在这里, "数"总是指"自然数".

完全归纳法这种证明方法就依赖于性质 V. 当我们要证明所有的数都具有一个性质 E 时, 我们就首先对数 1 作证明, 然后在 "归纳假设" 之下, 即假定数 n 具有性质 E, 证明数 n^+ 具有性质 E. 根据 V, 具有性质 E 的自然数的集合必然包含所有自然数.

两个数的和

恰有一种方法使每个数偶 x, y 对应于一个自然数, 记为 $x + y$, 满足以下关系

$$x + 1 = x^+, \quad \text{对每个} x, \tag{1.1}$$

$$x + y^+ = (x + y)^+, \quad \text{对每个} x \text{与每个} y^{①}. \tag{1.2}$$

根据这个定义, 我们以后可以把 a^+ 写成 $a + 1$. 它满足运算规律:

$$(a + b) + c = a + (b + c) \quad \text{(加法的结合律)}, \tag{1.3}$$

$$a + b = b + a \quad \text{(加法的交换律)}, \tag{1.4}$$

$$\text{由 } a + b = a + c \text{ 推出 } b = c. \tag{1.5}$$

两个数的积

恰有一种方法使每个数偶 x, y 都对应于一个自然数, 记为 $x \cdot y$ 或者 xy, 满足以下关系

$$x \cdot 1 = x, \tag{1.6}$$

$$x \cdot y^+ = x \cdot y + x, \quad \text{对每个 } x \text{ 与每个 } y. \tag{1.7}$$

它满足运算规律:

$$ab \cdot c = a \cdot bc \quad \text{(乘法的结合律)}, \tag{1.8}$$

$$a \cdot b = b \cdot a \quad \text{(乘法的交换律)}, \tag{1.9}$$

$$a \cdot (b + c) = a \cdot b + a \cdot c \quad \text{(分配律)}, \tag{1.10}$$

$$\text{由 } ab = ac \text{ 推出 } b = c. \tag{1.11}$$

大于与小于

如果 $a = b + u$, 就写成 $a > b$ 或者 $b < a$. 我们可以证明, 对于任意两个数 a, b, 以下关系有一个且仅有一个成立

$$a < b, \quad a = b, \quad a > b, \tag{1.12}$$

$$\text{由 } a < b \text{ 与 } b < c \text{ 推出 } a < c, \tag{1.13}$$

$$\text{由 } a < b \text{ 推出 } a + c < b + c, \tag{1.14}$$

---

① 对于这个证明以及本节以下各个定理的证明, 读者可以参看 Landau 的小书 *Grundlagen der Analysis*(分析基础), Kap. 1. Leipzig, 1930(有中译本).

$$由\ a < b\ 推出\ ac < bc. \tag{1.15}$$

当 $a > b$ 时, 方程 $a = b + u$ 的解 u(根据 (5), 是唯一的) 用 $a - b$ 表示. 对于 "$a < b$ 或者 $a = b$", 我们简单写为 $a \leqslant b$. 同样地, 可以定义 $a \geqslant b$.

进一步, 我们有重要的定理:

定理 自然数的每一个非空集合都有一个最小数, 这就是说, 有一个小于这个集合中所有其余的数的数.

第二完全归纳法就依赖于这条定理. 为了证明所有的数具有性质 E, 只要在 "归纳假设" —— 即每个 $< n$ 的数已具有性质 E 之下来证任意的数 n 具有性质 E(特别地, $n = 1$ 要具有这个性质, 因为没有 < 1 的数, 所以在这个情形 "归纳假设" 没有[①]. 归纳证明当然必须包括 $n = 1$ 的情形, 否则是不够的). 于是, 所有的数必然全具有性质 E. 否则的话, 不具有性质 E 的数所成的集合非空. 假如它的最小数为 n, 不具有性质 E, 但是所有 $< n$ 的数全具有性质 E, 这是不可能的.

与完全归纳法的两种形式平行的还有所谓 "归纳定义 (或者构造法)". 如果我们要使每个自然数 x 都与一个新的对象 $\varphi(x)$ 相对应, 我们就给出一组 "递归的定义关系", 它把函数值 $\varphi(n)$ 与以前的函数值 $\varphi(m)(m < n)$ 联系起来. 对于这组关系, 我们假定, 一旦 $\varphi(m)(m < n)$ 全给出, 函数值 $\varphi(n)$ 通过这组关系就唯一地被决定, 并且它们同时满足这组关系[②]. 最简单的一种情形是, 对于 $m = n^+$, 函数值 $\varphi(n^+)$ 通过 $\varphi(n)$ 表示出来, 而对于 $m = 1$, 函数值 $\varphi(1)$ 被直接给出. 关系 (1), (2) 以及 (6), (7) 就是例子, 通过它们, 我们定义了和与积. 现在我们断言: 在所作的假定之下, 有一个且只有一个函数 $\varphi(n)$, 它的值适合所给的关系.

证明 所谓自然数序列的一个截段 $(1, n)$ 是指 $\leqslant n$ 的数的全体. 我们首先证明: 在每一截段 $(1, n)$ 上都恰有一个函数 $\varphi_n(x)$, 它定义在这个截段的每个数 x 上并且满足所给的关系. 这个断语对于截段 $(1, 1)$ 是对的, 并且只要对于截段 $(1, n)$ 成立, 对于截段 $(1, n^+)$ 也成立. 因为递归关系给出了函数值 $\varphi(1)$, 并且由前面的函数值 $\varphi(m) = \varphi_n(m)(m \leqslant n)$ 就唯一地决定函数值 $\varphi(n^+)$. 于是我们有了函数 $\varphi_n(x)$ 的序列. 每个函数 $\varphi_n(x)$ 定义在截段 $(1, n)$ 上, 同时也定义在较小的截段 $(1, m)$ 上; 在那里, 它也满足定义关系并且与函数 $\varphi_m(x)$ 重合. 因此, 任意两个函数 $\varphi_n(x)$, $\varphi_m(x)$, 对于它们共同定义的数 x 有相同的函数值.

---

① 在根本不存在 A 的情形, 我们总是认为断语 "所有的 A 都有性质 E" 是真的. 同样地, 在没有 x 具有性质 E 的情形, 对于任意的性质 F, 断语 "由 E 推出 F" 也被认为是真的. 这一点与以上所说的, 空集合包含在每个集合之中是完全吻合的.

虽然在日常语言中这种用法是不习惯的, 但是它的合理性可以由以下这一点得到说明, 即只是在这个意义上, 断语 "由 E 推出 F" 才能够无条件地改述为 "由非 F 推出非 E". "由 E(一定) 推出 F" 的否定语是: 存在一个 x, 对于它 E 是对的, 但 F 是不对的.

② 这个假定包括, 通过这组关系本身函数值 $\varphi(1)$ 就被决定了, 因为在 1 的前面不再有数.

所求的函数 $\varphi(x)$ 必须在所有的截段 $(1, n)$ 上都定义并且满足定义关系, 因此与函数 $\varphi_n(x)$ 重合. 这样的函数有一个且只有一个: 它的值 $\varphi(x)$ 就是所有 $\varphi_n(x)$ 的共同的值. 定理得证.

我们将经常用到这种"归纳构造法".

习题 1.1　性质 E 对于 $n = 3$ 成立, 并且如果它对于 $n \geqslant 3$ 成立, 那么对于 $n + 1$ 也成立. 证明: 性质 E 对于所有的 $n \geqslant 3$ 的数全成立.

通过符号 $-a$(负整数) 与 0(零) 的引入, 我们可以把自然数序列扩充成整数的集合. 为了在整数范围内比较清楚地给出记号 $+, \cdot, <$ 的定义, 用自然数偶 (a, b) 来表示整数是方便的, 表示如下:

用 $(a + b, b)$ 表示自然数 a,
用 (b, b) 表示 0,
用 $(b, a + b)$ 表示负数 $-a$,

这里 b 是任意的自然数.

每个数都有许多符号 (a, b) 表示. 但是, 每个符号 (a, b) 定义一个且只定义一个整数, 即

当 $a > b$ 表示自然数 $a - b$,
当 $a = $ 表示数 0,
当 $a < b$ 表示负数 $-(b - a)$.

我们现在定义:

$$(a, b) + (c, d) = (a + c, b + d),$$

$$(a, b) \cdot (c, d) = (ac + bd, ad + bc),$$

$$(a, b) < (c, d) \text{或者} (c, d) > (a, b), \quad \text{当} \quad a + b < b + c,$$

不难证明: 第一, 这些定义与左端符号的选择无关, 只要它们所表示的数相同; 第二, 它们适合运算规律 (1.3)~(1.5)、(1.8)~(1.15), 当 $c > 0$; 第三, 在扩充了的范围内, 方程 $a + x = b$ 总有唯一解 (解还用 $b - a$ 表示); 第四, $ab = 0$ 当且仅当 $a = 0$ 或者 $b = 0$[①].

习题 1.2　作出以上的证明.

习题 1.3　把习题 1.1 中的 3 换成 0, 作同样的证明.

在整数的初等性质中, 这里只讲了一些以后起作用较大的. 分数的定义与整数的可除性的性质在第 3 章中讲.

---

①负数与零的另外一个引入的办法可参看 Landau E. *Grundlagen der Analysis*, Kap. 4.

1.4 有限与可数集合

一个与自然数序列的某一截段 (也就是与 $\leqslant n$ 的自然数的集合) 等势的集合称为有限的(或有穷的). 空集合也称为有限的.

简单一些说, 一个集合称为有限的, 如果它的元素可以用 1 到 n 的数目加以编号, 不同的元素有不同的编号, 并且每个 1 到 n 的数目都用到. 因之, 一个有限集合 $\mathfrak{A}$ 的元素可以用 $a_1, \cdots, a_n$ 代表:

$$\mathfrak{A} = \{a_1, \cdots, a_n\}.$$

习题 1.4 对 n 作完全归纳法, 证明: 有限集合 $\mathfrak{A} = \{a_1, \cdots, a_n\}$ 的子集合也是有限的.

不是有限的集合称为无限的(或无穷的). 例如全体整数的集合是无穷的, 这一点下面就要证明.

定理 关于有限集合的基本定理也称算术主定理是: 有限集合不能与它的真包集合等势.

证明 假定有一个由有限集合 $\mathfrak{A}$ 到它的一个真包集合 $\mathfrak{Q}$ 上的映射. 集合 $\mathfrak{A}$ 的元素为 $a_1, \cdots, a_n$. 象元素为 $\varphi(a_1), \cdots, \varphi(a_n)$; 在它们之中除去出现元素 $a_1, \cdots, a_n$ 外至少还有另外一个元素, 我们称之为 a_{n+1}.

对于 $n = 1$, 这显然是不可能的. 元素 a_1 不可能有两个不相同的象元素 a_1, a_2.

假设对于 $n - 1$ 的情形不可能有具有以上性质的映射 φ 已经证明; 现在证 n 的情形.

我们不妨假定 $\varphi(a_n) = a_{n+1}$; 假如不是这样, 譬如说

$$\varphi(a_n) = a' \qquad (a' \neq a_{n+1}),$$

而 a_{n+1} 有另一个原象 a_i:

$$\varphi(a_i) = a_{n+1},$$

于是可以作另一个映射来代替 φ, 这个映射使 a_n 对应于 a_{n+1}, a_i 对应于 a', 其余的与 φ 相同.

在函数 φ 之下, 子集合 $\mathfrak{A}' = \{a_1, \cdots, a_{n-1}\}$ 映到集合 $\varphi(\mathfrak{A}')$, 它就是由 $\varphi(\mathfrak{A}) = \mathfrak{Q}$ 中除去元素 $\varphi(a_n) = a_{n+1}$ 所得的集合.

$\varphi(\mathfrak{A}')$ 包含元素 $a_1, \cdots, a_n$, 因此是 $\mathfrak{A}'$ 的一个真包集合并且是 $\mathfrak{A}'$ 的一个单值象, 根据归纳假设, 这是不可能的.

由这条定理首先推出, 一个集合不可能同时与自然数序列的两个不同的截段等势; 否则这两个截段就相互等势, 而其中一定有一个是另一个的真包集合. 因此, 一

个有限集合 $\mathfrak{A}$ 只能与自然数序列的一个截段 $(1, n)$ 等势. 这个唯一决定的数 n 称为集合 $\mathfrak{A}$ 的元素的个数, 它可以作为集合的势的一个度量.

其次, 由定理推出, 自然数序列的一个截段不可能与整个自然数序列等势. 因此自然数的序列是无穷的. 与自然数序列等势的集合称为可数无穷的. 可数无穷集合的元素可以用自然数来编号, 在编号中每个自然数恰用到一次.

有限的与可数无穷的集合统称为可数的.

习题 1.5　证明: 两个不相交的有限集合的并的元素的个数等于这两个集合元素个数的和 (利用 1.3 节中递归公式 (1.1), (1.2) 作完全归纳法).

习题 1.6　证明: r 个两两不相交的元素个数为 s 的集合的并的元素个数为 rs(利用 1.3 节中递归公式 (1.6), (1.7) 作完全归纳法).

习题 1.7　证明: 自然数序列的每一个子集合都是可数的. 由此推知, 一集合是可数的当且仅当它的元素可以用自然数编号, 不同的元素有不同的号码.

不可数集合的例子

所有由自然数组成的可数无穷序列的集合不是可数的. 显然, 这个集合不是有限的. 假设它是可数无穷的, 那么每个序列就有一个号码, 号码为 i 的序列记为

$$a_{i1},\ a_{i2}, \cdots.$$

现在作一个序列

$$a_{11} + 1, a_{22} + 1, \cdots.$$

这个序列一定也有一个号码, 譬如说是 j. 于是就有

$$a_{j1} = a_{11} + 1; \quad a_{j2} = a_{22} + 1; \quad 等等.$$

特别地

$$a_{jj} = a_{jj} + 1,$$

这是一个矛盾.

习题 1.8　证明: 整数 (正的、负的和零) 的集合是可数无穷的. 同样, 偶数的集合是可数无穷的.

习题 1.9　证明: 一个可数无穷集合的势不因添加进去有限多个或者可数无穷多个元素而改变.

定理　可数多个可数集合的并还是可数的.

证明　设所给的集合为 $\mathfrak{M}_1, \mathfrak{M}_2, \cdots$; $\mathfrak{M}_i$ 的元素为 $m_{i1}, m_{i2}, \cdots$.

适合条件 $i + k = 2$ 的元素 m_{ik} 只有有限多个, 同样, 适合条件 $i + k = 3$ 的元素也只有有限多个, 等等. 首先, 把适合条件 $i + k = 2$ 的元素加以编号 (譬如按 i 的上升顺序), 然后, 把适合 $i + k = 3$ 的元素编号, 这样一直下去, 最后每个元素 m_{ik} 都有了号码, 并且不同的元素有不同的号码. 由此即得结论.

1.5　分　　类

等号适合以下的规则：

$$a = a,$$
$$由\ a = b\ 推出\ b = a,$$
$$由\ a = b\ 与\ b = c\ 推出\ a = c.$$

我们把上面的情形说成：关系 $a = b$ 是自反的、对称的与传递的. 如果在某一集合的元素之间定义了一个关系 $a \sim b$(对于每两个元素 a, b 或者是 $a \sim b$ 或者不是), 并且它适合同样的公理：

(1) $a \sim a$;

(2) 由 $a \sim b$ 推出 $b \sim a$;

(3) 由 $a \sim b$ 与 $b \sim c$ 推出 $a \sim c$.

那么就称关系 $a \sim b$ 为一等价关系.

例　在整数中称两个数是等价的, 如果它们的差能被 2 除尽. 这些公理显然是适合的.

如果任给一个等价关系, 那么就可以把全部与某一元素 a 等价的元素合并成一类 $\Re_a$. 于是, 同一类中的元素必相互等价, 因为由 $a \sim b$ 与 $a \sim c$, 根据 (2) 与 (3) 即得 $b \sim c$, 并且所有与类中一个元素等价的元素全属于同一类, 因为由 $a \sim b$ 与 $b \sim c$ 推出 $a \sim c$. 每一类由其中任一个元素决定：如果代替元素 a 我们给出 $\Re_a$ 中另一个元素 b, 那么得到同一类：$\Re_a = \Re_b$. 因此, 类中每一个元素 b 都可以选作这个类的代表.

但是, 如果从不属于同一类的元素 b 出发 (即 b 不与 a 等价), 那么 $\Re_a$ 与 $\Re_b$ 不可能有共同的元素. 因为由 $c \sim a$ 与 $c \sim b$ 就推出 $a \sim b$, 从而 $b \in \Re_a$. 因此在这个情形, 类 $\Re_a$ 与 $\Re_b$ 不相交.

这些类盖满了整个的集合, 因为每个元素 a 都属于一类, 即 a 在 $\Re_a$ 中. 因此, 集合被分成了两两不相交的类. 在上面举的最后一个例子中, 分成的两类是奇数与偶数.

我们看到, $\Re_a = \Re_b$ 当且仅当 $a \sim b$. 如果引入类代替元素, 那么就可以把等价关系 $a \sim b$ 变成相等关系 $\Re_a = \Re_b$.

反过来, 如果一个集合 $\mathfrak{M}$ 被分成了两两不相交的类, 那么可以定义：$a \sim b$ 当 a, b 属于同一类. 关系 $a \sim b$ 显然适合公理 (1)~(3).

第 2 章　群

本章阐述了作为全书基础的几个群论基本概念：群、子群、同构、同态、正规子群和商群.

2.1　群 的 概 念

定义　由任意某种元素 (如数、映射、变换等) 组成的一个非空集合 $\mathfrak{G}$ 称为一个群, 如果下列条件成立：

(1) 给定了一个运算法则, 对于集合 $\mathfrak{G}$ 中的每对元素 a 和 b, 都有集合中的第三个元素与之对应, 这个元素通常称为 a 和 b 的积, 记作 ab 或 $a \cdot b$(两个元素的积可能和因子的次序有关, 即不一定有 $ab = ba$).

(2) 结合律. 对 $\mathfrak{G}$ 中的任意三个元素 a, b, c, 等式

$$ab \cdot c = a \cdot bc$$

成立.

(3) $\mathfrak{G}$ 中存在 (至少) 一个 (左)单位元素 e, 它具有下列性质：对 $\mathfrak{G}$ 中所有元素 a,

$$ea = a.$$

(4) 对 $\mathfrak{G}$ 中每个元素 a, $\mathfrak{G}$ 中存在 (至少) 一个 (左)逆元素 a^{-1}, 它具有性质

$$a^{-1}a = e,$$

在这个等式中, 出现于右端的总是同一个 (左) 单位元素 e.

一个群称为 Abel 群, 如果除了以上各点之外, 还有 $ab = ba$(交换律) 成立.

例　如果集合中的元素是数, 而运算法则是普通的乘法, 那么首先应该把零这个数除外, 它是没有逆元素的. 这时所有不等于零的有理数形成一个群 (单位元素是数 1); 同样, 数 1 和 -1 形成一个群, 单独一个数 1 也形成群.

加群

群的概念和所采用的表记方式无关：基本运算法则也可以是数的加法, 只要规律 (1)~(4) 成立即可. 这时只需改变两个元素 a 和 b 相结合时所得第三元素的名称, 不把它叫做"积", 而在所有运算规律中把"积 $a \cdot b$"的字样改读为"和 $a + b$"

就行. 群 $\mathfrak{G}$ 称为加群或模. 在这一情形下, 单粒元素 e 成了具有以下性质的零元素 0:

$$0 + a = a \quad \text{对所有} a \in \mathfrak{G}.$$

同样, 对应于 a^{-1} 的是 $-a$, 其性质为

$$-a + a = 0.$$

通常假设加法是交换的:

$$a + b = b + a.$$

为简单起见, $a + (-b)$ 写成 $a - b$. 因此

$$(a - b) + b = a + (-b + b) = a + 0 = a.$$

例　有理数的全体形成一个模, 同样, 偶数的全体形成模.

置换

所谓集合 $\mathfrak{M}$ 的一个变换或置换, 指的就是集合 $\mathfrak{M}$ 到它自身之上的一个 1-1 映射, 即这样一个对应 s, 在这个对应之下, $\mathfrak{M}$ 中的每个元素 a 都有一个象元素 $s(a)$ 与之相当, 并且 $\mathfrak{M}$ 中的每个元素恰是一个元素 a 的象. $s(a)$ 也可以写成 sa. $\mathfrak{M}$ 中的元素是变换 s 的作用对象. 变换一词通常用于无限集合, 而置换一词则通常用于有限集合.

如果集合 $\mathfrak{M}$ 是有限的, 并且它的元素都已编好了号码 $1, 2, \cdots, n$, 那么它的每个置换都可以用一个图式完全表达出来, 在这个图式中, 每个号码 k 的下方写着象元素的号码 $s(k)$. 例如

$$s = \begin{pmatrix} 1 & 2 & 3 & 4 \\ 2 & 4 & 3 & 1 \end{pmatrix}$$

就是数码 $1, 2, 3, 4$ 的一个置换, 它把 1 换成 2, 2 换成 4, 3 换成 3, 而把 4 换成 1.

两个变换 s, t 的积 st, 就是先作变换 t, 然后再对象元素作变换 s 所得出的变换[①], 即

$$st(a) = s(t(a)).$$

例如, 如果

$$s = \begin{pmatrix} 1 & 2 & 3 & 4 \\ 2 & 4 & 3 & 1 \end{pmatrix}, \quad t = \begin{pmatrix} 1 & 2 & 3 & 4 \\ 2 & 1 & 4 & 3 \end{pmatrix},$$

[①] 因子的次序完全是约定的. 经常可以看到恰恰相反的记法. 这时 st 的意义是: 先作 s, 再作 t.

则
$$st = \begin{pmatrix} 1 & 2 & 3 & 4 \\ 4 & 2 & 1 & 3 \end{pmatrix}.$$

而
$$ts = \begin{pmatrix} 1 & 2 & 3 & 4 \\ 1 & 3 & 4 & 2 \end{pmatrix}.$$

对变换来说, 结合律:
$$(rs)t = r(st)$$

可以一般地证明如下: 将上式两端作用于任意对象 a, 有

$$(rs)t(a) = (rs)(t(a)) = r(s(t(a))),$$

$$r(st)(a) = r(st(a)) = r(s(t(a))).$$

因而两次都得到同一结果.

单位变换就是这样一个变换 I, 它把每个对象都映射成它自身:

$$I(a) = a.$$

单位变换显然具有群中单位元素的特性, 即对任意变换 s, 有 $Is = s$.

变换 s 的逆变换就是这样一个变换, 它把 $s(a)$ 映射成为 a, 从而抵消 s 的作用. 我们把逆变换记作 s^{-1}, 这样一来, 对任意对象 a, 有

$$s^{-1}s(a) = a,$$

因而有

$$s^{-1}s = I.$$

习题 2.1   集合 $\mathfrak{M}$ 的变换所组成的非空集合 $\mathfrak{G}$ 如果包含 (a) 任意两个变换的乘积, (b) 每个变换的逆, 则 $\mathfrak{G}$ 是一个群.

习题 2.2   平面绕固定点 p 的旋转组成一个群. 如果把关于通过 p 的所有直线的反射也包含进来的话, 就得到了一个非 Abel 群.

习题 2.3   证明元素 e, a 对下列运算法则

$$ee = e, \quad ea = a, \quad ae = a, \quad aa = e$$

组成一个群.

注 我们可以用一个"群表"把群中的运算法则表示出来, 在表格的最上一行和最左一列中写出了群的元素, 两个元素的积写在相应行和列的交叉位置上. 例如, 上面讲到的这个群的群表是

	e	a
e	e	a
a	a	e

习题 2.4 试列出三个数码的全部置换所组成的群的群表.

从以上所证可以看出, 对集合 $\mathfrak{M}$ 的全部置换来说, 公设 (1)~(4) 都满足, 因此, 这些置换的全体形成一个群. 当 $\mathfrak{M}$ 为具有 n 个元素的有限集合时, 它的全部置换所组成的群也称为对称群 $\mathfrak{S}_n$[①].

现在让我们再回到群的一般理论上来.

$ab \cdot c$ 或 $a \cdot bc$ 可简写作 abc.

由 (3) 和 (4) 可知

$$a^{-1}aa^{-1} = ea^{-1} = a^{-1}.$$

左乘 a^{-1} 的一个逆元素即得

$$eaa^{-1} = e,$$

或

$$aa^{-1} = e.$$

因此, 每一个左逆元素同时也是一个右逆元素. 同时还可看到, a^{-1} 的一个逆元素是 a. 其次, 从这里还可得出

$$ae = aa^{-1}a = ea,$$

因此左单位元素同时也是右单位元素.

现在还可以推出群中的 (两侧)可除性.

(5) 方程 $ax = b$ 在 $\mathfrak{G}$ 中有一个解; 同样, 方程 $ya = b$ 也在 $\mathfrak{G}$ 中有一个解, 这里 a 和 b 是 $\mathfrak{G}$ 中的任意元素.

这两个解是 $x = a^{-1}b, y = ba^{-1}$, 因为有

$$a(a^{-1}b) = (aa^{-1})b = eb = b,$$

$$(ba^{-1})a = b(a^{-1}a) = be = b.$$

除法的唯一性也可以同样简单地证明.

[①] 变量 $x_1, x_2, \cdots, x_n$ 的函数, 在 $\mathfrak{S}_n$ 中所有置换下不变者称为"对称函数". 对称群这个名称的来源就在于此.

(6) 由 $ax = ax'$, 同样由 $xa = x'a$, 可得出 $x = x'$.

由 $ax = ax'$ 两端左乘 a^{-1} 可得 $x = x'$. 同样可以证明断言中的第二部分.

特别, 从这里可以推出单位元素 (作为方程 $xa = a$ 的解) 的唯一性以及逆元素 (作为方程 $xa = e$ 的解) 的唯一性. 群中 (唯一) 的单位元素常常记作 1.

可除性条件 (5) 可以作为一个公设来代替公设 (3) 和 (4). 现在让我们假定 (1), (2) 和 (5) 成立, 从而证明 (3). 我们取出一个元素 c, 并将方程 $xc = c$ 的一个解看作 e. 这样便有

$$ec = c.$$

对于任意元素 a, 我们解出方程

$$cx = a.$$

这时便有

$$ea = ecx = cx = a.$$

这就证明了 (3). 公设 (4) 只不过是方程 $xa = e$ 的可解性的一个直接推论而已.

这样一来, 我们就可以将 (1), (2), (5) 当作和 (1)~(4) 等价的群公设来运用.

如果 $\mathfrak{G}$ 是一个有限集合, 那么 (5) 还可以用 (6) 来代替. 这样, 我们就可以不必假定除法的可能性 (除公设 (1) 和 (2) 之外), 只需假定除法的唯一性就行了.

证明　设 a 是任意一个元素. 对每个元素 x, 我们使元素 ax 与之对应. 根据 (6), 这一对应是双方单值的, 也就是说, 集合 $\mathfrak{G}$ 被 1-1 地映射成它的一个子集, 即所有积 ax 的集合. 然而, 根据假定 $\mathfrak{G}$ 是一个有限集合, 它不可能被一对一地映射成一个真子集. 因此, 元素 ax 的全体和集合 $\mathfrak{G}$ 相一致, 也就是说, 每个元素 b 都可表成 $b = ax$ 的形状. 这就是 (5) 中第一项要求所断定的. 同样可以证明 $b = xa$ 的可解性. 这样一来, 就由 (6) 推出了 (5).

一个有限群中元素的个数称为这个群的阶.

进一步的运算规律

关于积的逆元素, 下面的规律成立:

$$(ab)^{-1} = b^{-1}a^{-1}.$$

事实上, 有

$$(b^{-1}a^{-1})(ab) = b^{-1}(a^{-1}ab) = b^{-1}b = e.$$

多个元素的积与和、幂

正像我们曾经把积 $a \cdot bc$ 简写作 abc 一样, 现在我们定义多个因子的连乘积:

$$\prod_{\nu=1}^{n} a_\nu = \prod_{1}^{n} a_\nu = a_1 a_2 \cdots a_n.$$

假设已经给定了一组元素 $a_1, a_2, \cdots, a_N$. 对于 $n < N$ 我们用递归的方式定义:

$$\begin{cases} \prod_{1}^{1} a_\nu = a_1, \\ \prod_{1}^{n+1} a_\nu = \left(\prod_{1}^{n} a_\nu \right) \cdot a_{n+1} ①. \end{cases}$$

特别, $\prod_{1}^{3} a_\nu$ 就是我们已有的 $a_1 a_2 a_3$. 同样, $\prod_{1}^{4} a_\nu = a_1 a_2 a_3 a_4 = (a_1 a_2 a_3) a_4$, 等等.

现在可以仅仅利用结合律证明下面的规律:

$$\prod_{\mu=1}^{m} a_\mu \cdot \prod_{\nu=1}^{n} a_{m+\nu} = \prod_{v=1}^{m+n} a_\nu. \tag{2.1}$$

用文字表达出来就是: 两个连乘积的积等于它们的全部因子在原有次序下的连乘积. 例如:

$$(ab)(cd) = abcd$$

就是公式 (2.1) 的一个特例.

当 $n = 1$ 时, 公式 (2.1) 是显然的 (根据 $\prod$ 记号的定义). 假设这个公式对某一值 n 已经证明, 那么对于下一个值 $n+1$ 将会有

$$\begin{aligned} \prod_{1}^{m} a_\mu \cdot \prod_{1}^{n+1} a_{m+\nu} &= \prod_{1}^{m} a_\mu \left(\prod_{1}^{n} a_{m+\nu} \cdot a_{m+n+1} \right) \\ &= \left(\prod_{1}^{m} a_\mu \cdot \prod_{1}^{n} a_{m+\nu} \right) a_{m+n+1} \\ &= \left(\prod_{1}^{m+n} a_\mu \right) a_{m+n+1} = \prod_{1}^{m+n+1} a_\nu. \end{aligned}$$

这样就证明了公式 (2.1).

---

① 表示变动足数的记号 ν 当然可以换成任意其他的记号而不改变连乘积本身的意义.

注 连乘积 $\prod_1^n a_{m+\nu}$ 也可以写作 $\prod_{m+1}^{m+n} a_\nu$. 在方便的情况下也可以令 $\prod_1^0 a_\nu = e$.

n 个相同因子的积称为一个幂:

$$a^n = \prod_1^n a \quad (特别\ a^1 = a,\ a^2 = aa, 余类推).$$

由前面证明的定理可得

$$a^n \cdot a^m = a^{n+m}. \tag{2.2}$$

此外还可得出

$$(a^m)^n = a^{mn}. \tag{2.3}$$

这个公式的证明留给读者自己 (利用完全归纳法) 去完成.

到目前为止所建立起来的规律 (2.1)~(2.3), 其证明中只用到结合律. 因此, 这些规律在今后可以应用于各种不同的系统, 只要在这些系统中定义了积的概念, 并且结合律成立就行 (例如自然数系), 即使它们不是群也可以.

如果群中的乘法是交换的 (Abel 群), 那么还可以进一步证明连乘积的值与因子的次序无关. 更确切地说: 如果 φ 是把自然数截段 $(1,\ n)$ 映成它自身的一个 1-1 映射, 那么

$$\prod_{\nu=1}^n a_{\varphi(\nu)} = \prod_1^n a_\nu.$$

证明 对于 $n = 1$ 这个断言是显然的. 现在假设它对 $n-1$ 成立. 必定有一个 k 被映射成 n: $\varphi(k) = n$. 这样便有

$$\prod_1^n a_{\varphi(\nu)} = \prod_1^{k-1} a_{\varphi(\nu)} \cdot a_{\varphi(k)} \cdot \prod_1^{n-k} a_{\varphi(k+\nu)} = \left(\prod_1^{k-1} a_{\varphi(\nu)} \cdot \prod_1^{n-k} a_{\varphi(k+\nu)} \right) \cdot a_{\varphi(k)}{}^{①}.$$

此式括号内的乘积由因子 $a_1, \cdots, a_{n-1}$ 按某种顺序组成, 从而根据归纳假设可知, 它等于 $\prod_1^{n-1} a_\nu$, 于是得到

$$\prod_1^n a_{\varphi(v)} = \prod_1^{n-1} a_\nu \cdot a_n = \prod_1^n a_n.$$

根据上面证明的规律可知, 对 Abel 群来说, 我们可以采用

$$\prod_{1 \leqslant i < k \leqslant n} a_{ik}$$

──────────

① 当 $k = 1$ 时, 第一个因子消失; 当 $n = k$ 时第二个因子消失. 可是这并不影响证明本身.

或

$$\prod_{i<k} a_{ik} \quad (i=1,\cdots,n; k=1,\cdots,n)$$

这样的记法. 这种记法的意义是: 可以将满足条件 $1 \leqslant i < k \leqslant n$ 的足数对 i, k 的集合排成任意次序, 然后再相应地作出连乘积.

在任意群中可以按通常方式定义一个元素 a 的零次幂和负幂:

$$a^0 = 1,$$
$$a^{-n} = (a^{-1})^n,$$

并很容易地证明, 规律 (2.2) 和 (2.3) 现在对任意整指数成立.

在一个加群中, 自然地应把 $\prod_1^n a_\nu$ 写成 $\sum_1^n a_\nu$, 并把 a^n 相应地写成 $n \cdot a$. 在整数加群中, 这一定义和两个整数的积的定义一致. 对积所证明的一切结论, 现在可以应用于和.

采用加法记号时, 运算规则 (2.3) 具有结合律的形式:

$$n \cdot ma = nm \cdot a,$$

而 (2.2) 则具有 "分配律" 的形式:

$$ma + na = (m+n)a.$$

除此二者之外, 还有另外一个分配律:

$$m(a+b) = ma + mb$$

(采用乘法记号时应为 $(ab)^m = a^m b^m$, 但这个规律仅在 Abel 群中成立). 利用归纳法很容易证明这个公式.

习题 2.5 证明对 Abel 群来说, 有

$$\prod_{\nu=1}^n \prod_{\mu=1}^m a_{\mu\nu} = \prod_{\mu=1}^m \prod_{\nu=1}^n a_{\mu\nu}.$$

习题 2.6 同样可证

$$\prod_{\nu=1}^n \prod_{\mu=1}^\nu a_{\mu\nu} = \prod_{\mu=1}^n \prod_{\nu=\mu}^n a_{\mu\nu}.$$

习题 2.7 对称群 $\mathfrak{S}_n$ 的阶是 $n! = \prod_1^n \nu$ (对 n 作完全归纳法).

2.2　子　　群

群 $\mathfrak{G}$ 的一个非空子集 $\mathfrak{g}$($\mathfrak{G}$ 中给定了的同一运算法则) 形成一个群的充分必要条件是, 这个子集满足条件 (1)∼(4). 条件 (1) 断言, 如果 a 和 b 属于 $\mathfrak{g}$, 则 ab 也属于 $\mathfrak{g}$. 条件 (2) 对 $\mathfrak{g}$ 自然成立, 因为它即使对 $\mathfrak{G}$ 来说也是成立的. 条件 (3) 和 (4) 断定, 单位元素在 $\mathfrak{g}$ 内, 并且 $\mathfrak{g}$ 在包含每个元素 a 的同时也包含着它的逆元素 a^{-1}. 在这里, 关于单位元素的要求也是多余的, 因为如果 a 是属于 $\mathfrak{g}$ 的任意元素, 则 a^{-1} 也属于 $\mathfrak{g}$, 因而积 $aa^{-1} = e$ 也属于 $\mathfrak{g}$. 这样我们就证明了下面的结论:

群 $\mathfrak{G}$ 中的一个非空子集 $\mathfrak{g}$ 是子群的充分必要条件是:

(1) $\mathfrak{g}$ 在包含任意两个元素 a 和 b 的同时也包含着它们的积 ab;

(2) $\mathfrak{g}$ 在包含每个元素 a 的同时也包含它的逆元素 a^{-1}.

特别, 如果 $\mathfrak{g}$ 是有限子集, 那么甚至连这里的第二项要求也是多余的; 因为在这一情形下我们可以用 (6) 来代替 (3) 和 (4), 而条件 (6) 对 $\mathfrak{g}$ 来说是成立的, 因为它即使对 $\mathfrak{G}$ 来说也成立.

一般地, 我们可以把条件 (1) 和 (2) 合并成为一个条件: $\mathfrak{g}$ 在包含 a 和 b 的同时也包含着 ab^{-1}. 事实上, 在这一条件下 $\mathfrak{g}$ 在包含元素 a 的同时必定包含元素 $aa^{-1} = e$, 进一步可知, 它必包含元素 $ea^{-1} = a^{-1}$, 因此, 它在包含 a 和 b 的同时也包含着 b^{-1} 和 $a(b^{-1})^{-1} = ab$.

当群运算为加法运算 (在 Abel 群中) 时, 子群可由下面的事实来刻画, 即它在包含 a 和 b 的同时也包含着 $a + b$, 在包含 a 的同时也包含着 $-a$. 这两个条件也可以用一个条件来代替, 即子群在包含 a 和 b 的同时也包含着 $a - b$.

子群的例子

每一个群都以单位群 $\mathfrak{E}$ 作为它们的子群, 这就是仅由单个的单位元素组成的子群.

n 个对象的全部置换所组成的对称群 $\mathfrak{G}_n$ 中, 一个最重要的子群就是交错群 $\mathfrak{A}_n$. 这个子群是由所有这样一些置换组成的, 当我们把这种置换作用于变元 $x_1, x_2, \cdots, x_n$ 时, 函数

$$\Delta = \prod_{i<k}(x_i - x_k) \tag{2.4}$$

保持不变. 这种置换称为偶置换, 其余的置换称为奇置换, 后者改变函数 Δ 的符号. 每一个对换(即交换两个数码的置换) 都是奇置换. 两个偶置换或两个奇置换的积是偶置换, 一个偶置换和一个奇置换的积是奇置换. 由第一个性质可知, $\mathfrak{A}_n$ 是一个群. 由于一个固定的对换和一个偶置换相乘的积是奇置换, 和奇置换相乘的积是偶置换, 故偶置换和奇置换是一样多的. 每种置换都是 $n!/2$ 个 (参看习题 2.7).

为了便于写出对称群 $\mathfrak{S}_n$ 中的子群, 我们可以利用熟知的置换的轮换表示法.

我们用 $(pqrs)$ 表示一个轮换, 它把 p 换成 q, q 换 r, r 换 s, s 换成 p, 而使得所有其余的对象不变. 很容易证明, 每一个置换都可以 (除了因子的次序外) 唯一地表成轮换或 "循环" 的乘积

$$(ikl\cdots)(pq\cdots)\cdots$$

的形式, 使得其中没有两个轮换含有相同的数码. 这一乘积中的各个因子是彼此可交换的. 由一个数码组成的循环, 例如 (1), 就是单位置换. 显然有

$$(1\,2\,5\,4) = (2\,5\,4\,1)$$

等等.

利用这样一种记法, 我们可以把 $\mathfrak{S}_3$ 中的 3!=6 个置换表示如下:

$$(1),\ (12),\ (13),\ (23),\ (123),\ (132).$$

这个群中的子群也很容易确定出来 (除 $\mathfrak{S}_3$ 本身之外), 它们是

$$\mathfrak{A}_3 : (1),\quad (123),\quad (132);$$
$$\mathfrak{S}_2 : (1),\quad (12);$$
$$\mathfrak{S}_2' : (1),\quad (13);\qquad \mathfrak{S}_2'' : (1),\quad (23);$$
$$\mathfrak{G} : (1).$$

设 $a, b, \cdots$ 是群 $\mathfrak{G}$ 中的任意一组元素, 除了 $\mathfrak{G}$ 之外, 可能还有别的子群含着这些元素. 所有这些子群的交是一个群 $\mathfrak{A}$. 我们把这个群称为由元素 $a, b, \cdots$ 所生成的群. 这个群显然包含一切可能的积, 例如 $a^{-1}a^{-1}bab^{-1}\cdots$(每个积由有限多个因子构成, 这些因子可以重复出现). 另一方面, 这样一些乘积组成一个群. 这个群包含着元素 $a, b, \cdots$, 因而包含着群 $\mathfrak{A}$, 因此, 后面的这个群和群 $\mathfrak{A}$ 重合. 这样, 我们就证明了下面的结论:

由元素 $a, b, \cdots$ 所生成的群是由所有这样的元素组成的, 其中每个元素都可以表成有限多个生成元素及其逆元素的积.

特别, 一个单独的元素 a 所生成的群由所有的幂 $a^{\pm n}$(包括 $a^0 = e$) 组成. 由于

$$a^n a^m = a^{n+m} = a^m a^n,$$

这个群是一个 Abel 群.

由一个单独元素的一切幂所组成的群称为循环群.

这里可能出现两种不同的情况. 或者所有的幂 a^h 都是互不相同的, 于是循环群

$$\cdots, a^{-2}, a^{-1}, a^0, a^1, a^2, \cdots$$

是无限的. 或者可能出现

$$a^h = a^k, \quad h > k$$

的情形. 这时有

$$a^{h-k} = e \qquad (h - k > 0).$$

在这一情形下, 令 n 为使得 $a^n = e$ 成立的最小正整数. 幂 $a^0, a^1, a^2, \cdots, a^{n-1}$ 一定是互不相同的, 因为由

$$a^h = a^k \qquad (0 \leqslant k < h < n)$$

将会得出

$$a^{h-k} = e \qquad (0 < h - k < n),$$

而这是和我们对 n 所作的假设相违背的.

每个整数 m 都可以表成

$$m = qn + r \qquad (0 \leqslant r < n)$$

的形式, 因此

$$a^m = a^{qn+r} = a^{qn}a^r = (a^n)^q a^r = ea^r = a^r.$$

这就是说, a 的一切可能的幂都已经出现在序列 $a^0, a^1, \cdots, a^{n-1}$ 中了. 因此, 我们所讨论的循环群恰有 n 个元素, 即

$$a^0, a^1, \cdots, a^{n-1}.$$

数 n 乃是 a 所生成的群的阶, 这个数也就称为元素 a 的阶. 如果 a 的各个幂互不相同, 就称它为一个无限阶元素.

例 整数

$$\cdots, -2, -1, 0, 1, 2, \cdots$$

以加法为运算法则组成一个无限循环群. 前面讲到过的群 $\mathfrak{S}_2, \mathfrak{A}_3$ 是阶为 2 和 3 的循环群.

习题 2.8 任给一正整数 n, 证明存在着由置换组成的 n 阶循环群.

习题 2.9 对 n 使用归纳法证明: 当 $n > 1$ 时, $n - 1$ 个对换 $(12), (13), \cdots, (1n)$ 生成对称群 $\mathfrak{S}_n$.

习题 2.10 用同样的方法证明: 当 $n > 2$ 时, $n - 2$ 个 3 循环 $(123), (124), \cdots, (12n)$ 生成交错群 $\mathfrak{A}_n$.

现在让我们来决定一个循环群的全部子群. 设 $\mathfrak{G}$ 是由元素 a 所生成的循环群, $\mathfrak{g}$ 是它的一个异于单位群的子群. 如果 $\mathfrak{g}$ 含有某一具有负指数的元素 a^{-m}, 那么它

的逆元素 a^m 也属于 $\mathfrak{g}$. 现在假设 a^m 是子群 $\mathfrak{g}$ 中具有最小正指数的元素, 我们证明 $\mathfrak{g}$ 中所有元素都是 a^m 的幂. 事实上, 设 a^s 是 $\mathfrak{g}$ 中的任意一个元素, 可命

$$s = qm + r \quad (0 \leqslant r < m),$$

这时 $a^s(a^m)^{-q} = a^{s-mq} = a^r$ 将是 $\mathfrak{g}$ 中的一个元素, 并且 $r < m$. 由于数 m 的选择方式, 必有 $r = 0$. 因此有 $s = qm$, 而 $a^s = (a^m)^q$. 这样, $\mathfrak{g}$ 中所有元素都是 a^m 的幂.

如果 a 具有有限阶 n, $a^n = e$, 那么由于 $a^n = e$ 属于子群 $\mathfrak{g}$, n 必能被 m 除尽: $n = qm$. 这样, 子群 $\mathfrak{g}$ 由元素 $a^m, a^{2m}, \cdots, a^{qm} = e$ 组成, 其阶数为 q. 如果 a 是一个无限阶元素, 则子群 $\mathfrak{g}$ 由互不相同的元素 $e, a^{\pm m}, a^{\pm 2m}, \cdots$ 组成, 因而也是无限的. 这样就证明了结论:

循环群的子群仍是循环群. 它或者仅由单位元素组成, 或者由具有最小可能正指数 m 的元素 a^m 的一切幂组成, 换句话说, 它由原来那个循环群中的元素的 m 次幂组成. 在无限循环群的情形, m 可以是任意的, 而在阶为 n 的有限循环群的情形, m 必须是 n 的一个因子. 在后一情形子群的阶数是 $q = n/m$. 相应于 n 的每一个因子 m, 循环群 $\{a\}$ 有一个而且仅有一个子群 $\{a^m\}$.

2.3 群子集的运算, 陪集

由群 $\mathfrak{G}$ 中的元素所组成的任意集合称为群子集.

两个群子集 $\mathfrak{g}$ 和 $\mathfrak{h}$ 的积 $\mathfrak{gh}$ 就是所有乘积 gh 的集合, 其中 g 取自 $\mathfrak{g}$ 而 h 取自 $\mathfrak{h}$. 如果在积 $\mathfrak{gh}$ 中群子集之一, 譬如说 $\mathfrak{g}$, 是由一个元素 g 组成的, 我们就把 $\mathfrak{gh}$ 简写为 $g\mathfrak{h}$.

显然有下面的规律

$$\mathfrak{g}(\mathfrak{h}\mathfrak{k}) = (\mathfrak{g}\mathfrak{h})\mathfrak{k},$$

因此, 在群子集的连乘积中, 括号是可以去掉不用的 (参看 (2.1)).

如果群子集 $\mathfrak{g}$ 是一个子群, 那么就有

$$\mathfrak{g}\mathfrak{g} = \mathfrak{g}.$$

现在假设 $\mathfrak{g}$ 和 $\mathfrak{h}$ 是 $\mathfrak{G}$ 的子群. 我们要问, 在何种条件下积 $\mathfrak{gh}$ 仍是一个群. $\mathfrak{gh}$ 中的元素的逆元素的全体即 $\mathfrak{hg}$, 因为 gh 的逆元素是 $h^{-1}g^{-1}$. 因此, 要使得 $\mathfrak{gh}$ 仍是一个群, 就必须有

$$\mathfrak{hg} = \mathfrak{gh}, \tag{2.5}$$

即 $\mathfrak{g}$ 必须和 $\mathfrak{h}$ 可交换. 这个条件同时也是充分的. 如果这一条件成立, 那么 $\mathfrak{gh}$ 在包含每一元素 gh 的同时也包含着它的逆元素 $h^{-1}g^{-1}$; 其次, 由于

$$\mathfrak{ghgh} = \mathfrak{gghh} = \mathfrak{gh},$$

$\mathfrak{gh}$ 在包含任意两个元素的同时也包含着它们的积. 因此, $\mathfrak{G}$ 的两个子群 $\mathfrak{g}$ 和 $\mathfrak{h}$ 的积仍是一群, 当且仅当子群 $\mathfrak{g}$ 和 $\mathfrak{h}$ 可交换. 这里当然并不要求 $\mathfrak{g}$ 的每个元素和 $\mathfrak{h}$ 的每个元素可交换. 如果可交换性条件 (2.5) 成立, 那么积 $\mathfrak{gh}$ 就是由 $\mathfrak{g}$ 和 $\mathfrak{h}$ 所生成的群.

在一个 Abel 群中, 条件 (2.5) 是永远成立的. 当 Abel 群是作为加群给出时, $\mathfrak{g}$ 和 $\mathfrak{h}$ 就是一个模的子模, 我们把 $\mathfrak{gh}$ 写成 $(\mathfrak{g}, \mathfrak{h})$, 而记号 $\mathfrak{g}+\mathfrak{h}$ 则暂且保留下来, 用以表示下面将要讨论的 "直和" 这一特殊情形.

如果 $\mathfrak{g}$ 是 $\mathfrak{G}$ 中的一个子群, a 是 $\mathfrak{G}$ 里面的一个元素, 则群子集 $a\mathfrak{g}$ 称为 $\mathfrak{g}$ 在 $\mathfrak{G}$ 中的一个左陪集, $\mathfrak{g}a$ 称为一个右陪集(也称为旁系、同余类等). 如果 a 在 $\mathfrak{g}$ 内, 则 $a\mathfrak{g}=\mathfrak{g}$. 因此, $\mathfrak{g}$ 的左陪集 (右陪集) 当中总是有一个陪集和 $\mathfrak{g}$ 自身相同.

下面主要讨论左陪集, 但所进行的一切讨论也同样适用于右陪集.

两个陪集 $a\mathfrak{g}$, $b\mathfrak{g}$ 完全可以相等, 而不必有 $a = b$. 事实上, 只要 $a^{-1}b$ 属于 $\mathfrak{g}$, 就会有

$$b\mathfrak{g} = aa^{-1}b\mathfrak{g} = a(a^{-1}b\mathfrak{g}) = a\mathfrak{g}.$$

两个不同的陪集不可能有公共的元素, 因为如果陪集 $a\mathfrak{g}$ 和 $b\mathfrak{g}$ 有一个公共元素, 譬如说,

$$ag_1 = bg_2,$$

则必有

$$g_1 g_2^{-1} = a^{-1}b,$$

因此 $a^{-1}b$ 属于 $\mathfrak{g}$; 根据以上所述, $a\mathfrak{g}$ 和 $b\mathfrak{g}$ 相等.

每一个元素 a 都属于某一个陪集, 即陪集 $a\mathfrak{g}$. 根据以上所证, 元素 a 只能属于一个陪集. 这样, 我们就可以把每个元素 a 看作是包含着 a 的陪集 $a\mathfrak{g}$ 的代表元素.

根据以上两小节所述, 陪集构成了群 $\mathfrak{G}$ 的元素的一种分类. 每一个元素都属于一个类而且仅属于一个类[1].

---

[1] 在有些文献中经常可以看到由 Galois 所首先引入的记法:

$$\mathfrak{G} = a_1\mathfrak{g} + a_2\mathfrak{g} + \cdots,$$

这个记法的意义是说, 陪集 $a_v\mathfrak{g}$ 彼此不相交, 而它们的并等于整个群 $\mathfrak{G}$. 我们不采用这种记法, 因为我们要把 "+" 这个记号保留下来, 用来表示以后将要定义的值和.

每两个陪集是等势的, 因为通过 $ag \longrightarrow bg$ 就可以定义 ag 到 bg 之上的一个 1-1 映射.

除了 $\mathfrak{g}$ 本身之外, 其余的陪集都不是群, 因为一个群必须包含着单位元素才行.

子群 $\mathfrak{g}$ 在 $\mathfrak{G}$ 中的不同陪集的个数称为 $\mathfrak{g}$ 在 $\mathfrak{G}$ 中的指数. 指数可以是有限的, 也可以是无限的.

设 N 是群 $\mathfrak{G}$ 的阶数 (假定它是有限的), n 是 $\mathfrak{g}$ 的阶数, j 是指数, 则有关系式

$$N = jn \tag{2.6}$$

成立, 因为 $\mathfrak{G}$ 可以分解成 j 个类, 每个类包含 n 个元素[①].

在有限群的情形, 可以由 (2.6) 来计算指数 j:

$$j = \frac{N}{n}.$$

定理 有限群的子群的阶是整个群的阶的因子[②].

特别, 如果我们命所讨论的子群为由元素 c 所生成的循环群, 那么从这里可以推知:

推论 在一个有限群中, 每个元素的阶数都是群阶数的因子.

这一定理的一个直接的推论是: 在一个具有 n 个元素的群中, 关系式 $a^n = e$ 对每个元素 a 成立.

可能出现这样的情况: 即每一个左陪集 ag 同时也是一个右陪集. 在这一情况下, 任意给定元素 a, 包含着 a 的那个左陪集必定和包含着 a 的那个右陪集相等, 也就是说, 对每个元素 a 都必有

$$ag = ga. \tag{2.7}$$

具有性质 (2.7), 即和 $\mathfrak{G}$ 中每个元素 a 可交换的子群 $\mathfrak{g}$ 称为 $\mathfrak{G}$ 的一个正规子群或不变子群.

如果 $\mathfrak{g}$ 是正规子群, 则两个陪集的积仍是陪集:

$$a\mathfrak{g} \cdot b\mathfrak{g} = a \cdot \mathfrak{g}b \cdot \mathfrak{g} = ab\mathfrak{g}\mathfrak{g} = ab\mathfrak{g}.$$

习题 2.11 试决定 $\mathfrak{G}_3$ 中各个子群的左、右陪集, 这些子群中哪一些是正规子群?

习题 2.12 证明: 对任意子群来说, 一个左陪集中的元素的逆元素组成一个右陪集, 并由此进一步断定, 子群的指数也可以定义为右陪集的个数.

---

① 当 N 为无限时关系式也成立. 但为了说明它的意义, 必须引入基数的积的概念. 这一点我们没有做.

② 这个定理也称为 Lagrange 定理.

习题 2.13 证明: 每一个指数为 2 的子群是正规子群. 例: n 个文字的对称群中, 交错群就是一个指数为 2 的子群.

习题 2.14 Abel 群的子群都是正规子群.

习题 2.15 设 $\mathfrak{G}$ 是由 a 生成的一个循环群, $\mathfrak{g}$ 是 $\mathfrak{G}$ 中一个不等于单位群的子群, 它由具有最小正指数 m 的元素 a^m 生成 (参看 2.2 节), 则 $1, a, a^2, \cdots, a^{m-1}$ 是 $\mathfrak{g}$ 在 $\mathfrak{G}$ 中的全部陪集的代表元素, 而 m 是 $\mathfrak{g}$ 在 $\mathfrak{G}$ 中的指数.

习题 2.16 如果 $\mathfrak{g}$ 在 $\mathfrak{G}$ 中的任意两个左陪集的积仍是一个左陪集, 则 $\mathfrak{g}$ 是 $\mathfrak{G}$ 中的正规子群.

2.4   同构与自同构

现在假设给定了两个集合 $\mathfrak{M}$ 和 $\bar{\mathfrak{M}}$, 并且在每个集合中都定义了元素之间的任意某种关系. 例如, 我们可以想象集合 $\mathfrak{M}$ 和 $\bar{\mathfrak{M}}$ 是两个群, 而元素之间的关系则是由于群性质而成立的等式 $a \cdot b = c$; 也可想象这两个集合是有序的, 而所考虑的关系是 $a > b$.

如果能够在这两个集合之间建立起一个 1-1 对应, 使得在这一对应之下元素之间的关系保持不变, 也就是说, 如果 $\mathfrak{M}$ 中的每个元素 a, 有 $\bar{\mathfrak{M}}$ 中的一个元素 $\bar{a}$ 与之双方单值地相对应, 并且对 $\mathfrak{M}$ 中任意元素 $a, b, \cdots$ 成立的每一关系, 对 $\bar{\mathfrak{M}}$ 中的相应元素 $\bar{a}, \bar{b}, \cdots$ 也成立, 而反过来也是这样, 我们就说, 这两个集合 (相对于所考虑的关系来说) 是同构的, 并且记为 $\mathfrak{M} \simeq \bar{\mathfrak{M}}$. 而上述对应规则称为一个同构.

这样一来, 我们就可以讨论同构的群、同构的有序集或相似有序集等概念了. 两个群之间的一个同构, 就是这样一个 1-1 映射 $a \to \bar{a}$, 在这个映射之下, 由 $ab = c$ 即有 $\bar{a}\bar{b} = \bar{c}$(反之亦然), 因而在这个映射之下与积 ab 相对应的是积 $\bar{a}\bar{b}$.

正像在一般集合论中势相同的集合被看作是彼此等价一样, 序型理论中的相似集、群论中相互同构的群也看作是本质上相同的对象. 在某一集合中已给关系的基础之上所能建立起来的一切概念和定理, 都可以直接地应用于每一个和它同构的集合. 举例来说, 如果在一个集合中定义了乘积的关系, 并且这个集合和一个群同构, 那么这个集合本身也是一个群. 同构把单位元素、逆元素和子群仍旧映成单位元素、逆元素和子群.

特别, 如果两个集合 $\mathfrak{M}$ 和 $\bar{\mathfrak{M}}$ 彼此重合, 也就是说, 如果所考虑的对应双方单值地把每个元素 a 映成同一集合中的元素 $\bar{a}$, 并且保持元素之间的关系, 这样一个对应就称为一个自同构(或 1 自同构).

一个集合的自同构在一定的程度上表达了这个集合的对称性质. 事实上, 一个几何图形的对称性究竟意味着什么呢? 这就是说, 它可以被某些变换 (反射、旋转等等) 变成其自身, 而在这些变换之下某些关系 (如距离、角度、相对位置等) 保持不变, 用我们的语言来说, 就是这个图形, 就其度量性质来说, 能够容许某些自同构.

两个自同构的积 (即 2.1 节中所讲到的变换的积) 显然仍是一个自同构, 一个自同构的逆变换也是一个自同构. 因此, 根据 2.1 节, 一个任意集合 (其元素之间定义了任意某些关系) 的自同构组成一个变换群: 这个集合的自同构群.

特别, 一个群的自同构本身又组成一个群. 我们要对这些自同构当中的某一些作进一步的考察.

设 a 是一个固定的群元素, 那么把 x 变成

$$\bar{x} = axa^{-1} \tag{2.8}$$

的变换是一个自同构. 首先, 由 (2.8) 可以唯一地解出 x 来:

$$x = a^{-1}\bar{x}a,$$

因此这个对应是双方单值的. 其次, 有

$$\bar{x}\bar{y} = axa^{-1} \cdot aya^{-1} = a(xy)a^{-1} = \overline{xy},$$

所以这个对应是一个同构对应.

我们说 axa^{-1} 是由 x 经 a 变换得出的元素, 并称元素 x 和 axa^{-1} 为共轭群元素. 由元素 a 所决定的自同构 $x \rightarrow axa^{-1}$ 称为群的内自同构. 所有其余的自同构 (如果还有其余的自同构的话) 称为外自同构.

在一个内自同构 $x \rightarrow axa^{-1}$ 的作用之下, 子群 $\mathfrak{g}$ 变成子群 $a\mathfrak{g}a^{-1}$, 这个子群称之为和 $\mathfrak{g}$ 共轭的子群.

如果子群 $\mathfrak{g}$ 和它所有的共轭子群相重合, 即对每个元素 a 有

$$a\mathfrak{g}a^{-1} = \mathfrak{g}, \tag{2.9}$$

那么这就意味着子群 $\mathfrak{g}$ 和每个元素 a 可交换:

$$a\mathfrak{g} = \mathfrak{g}a,$$

因而 $\mathfrak{g}$ 是一个正规子群 (2.3 节). 因此, 我们知道:

在所有内自同构之下不变的子群即是正规子群.

这个定理说明了正规子群的另一名称 —— 不变子群的意义.

条件 (2.9) 也可以用一个较弱的条件

$$a\mathfrak{g}a^{-1} \subseteq \mathfrak{g} \tag{2.10}$$

来代替. 如果 (2.10) 对每个元素 a 成立, 那么它对元素 a^{-1} 也成立, 即

$$a^{-1}\mathfrak{g}a \subseteq \mathfrak{g},$$
$$\mathfrak{g} \subseteq a\mathfrak{g}a^{-1}. \tag{2.11}$$

由 (2.10) 和 (2.11) 即可得出 (2.9) 来. 因此

　　如果一个子群在包含每一个元素 b 的同时也包含着所有的共轭元素 aba^{-1}, 那么它就是一个正规子群.

　　习题 2.17　　Abel 群除单位变换之外没有其他的内自同构.

　　习题 2.18　　在一个置换群中, 一个元素 b 的共轭元素 aba^{-1} 可以用下面的方法得出: 先把 b 表成循环的乘积 (2.2 节), 然后将置换 a 作用于这些循环中的数码. 证明这样得到的置换确是 aba^{-1}, 并利用这个定理来计算 aba^{-1}, 其中

$$b = (1\ 2)(3\ 4\ 5),$$
$$a = (2\ 3\ 4\ 5).$$

　　习题 2.19　　试证对称群 $\mathfrak{S}_3$ 没有外自同构, 但有六个内自同构.

　　习题 2.20　　对称群 $\mathfrak{S}_4$ 除了它本身及单位子群之外只有以下两个正规子群:

　　a) 交错群 $\mathfrak{A}_4$.

　　b) "Klein 四元群" $\mathfrak{B}_4$, 它由置换

$$(1),\quad (1\ 2)(3\ 4),\quad (1\ 3)(2\ 4),\quad (1\ 4)(2\ 3)$$

组成. 这是一个 Abel 群, 和问题 1 中抽象地定义的那个群同构.

　　习题 2.21　　如果 $\mathfrak{g}$ 是 $\mathfrak{G}$ 中的一个正规子群, 而 $\mathfrak{H}$ 是一个"中间子群"

$$\mathfrak{g} \subseteq \mathfrak{H} \subseteq \mathfrak{G},$$

则 $\mathfrak{g}$ 也是 $\mathfrak{H}$ 中的正规子群.

　　习题 2.22　　所有的无限循环群都和整数加群同构.

　　习题 2.23　　共轭关系是对称、自反、传递的. 因此可以把群的元素划分成共轭元素的类.

2.5　同态, 正规子群, 商群

　　如果在两个集合 $\mathfrak{M}$ 和 $\mathfrak{N}$ 内定义了某种关系 (如 $a < b$ 或 $ab = c$), 并且对 $\mathfrak{M}$ 的每个元素 a 指定了一个象 $\bar{a} = \varphi(a)$, 使得 $\mathfrak{M}$ 中元素的关系能被它们的象保持 (例如在关系 $<$ 的情形有 $a < b$ 蕴含 $\bar{a} < \bar{b}$), 则称 φ 是从 $\mathfrak{M}$ 到 $\mathfrak{N}$ 的同态映射或同态.

　　例如, 设 $\mathfrak{M}$ 是一个群, $\mathfrak{N}$ 是一个定义了乘积的集合. 如果乘积 ab 总是映到乘积 $\bar{a} \cdot \bar{b}$, 则此映射是群同态. 前面定义的群同构就是一个例子.

如果 φ 是满的, 即 $\mathfrak{N}$ 的每个元素是 $\mathfrak{M}$ 的至少一个元素 a 的象, 则 φ 是 $\mathfrak{M}$ 到 $\mathfrak{N}$ 上的同态.

$\mathfrak{M}$ 到它自身的同态映射称为自同态.

对于 $\mathfrak{M}$ 到 $\overline{\mathfrak{M}}$ 上的同态映射, 集合 $\mathfrak{M}$ 中的那些元素, 在同态映射之下被映成 $\overline{\mathfrak{M}}$ 中同一元素 $\bar{a}$ 者, 可以归为一个类 $\mathfrak{a}$. 每个元素 a 都属于一个而且仅属于一个类 $\mathfrak{a}$. 这就是说, 集合 $\mathfrak{M}$ 可以分解成为许多元素类, 这些元素类和 $\overline{\mathfrak{M}}$ 中的元素双方单值地相对应. 类 $\mathfrak{a}$ 称为 $\bar{a}$ 的逆象.

例 如果命单位元素和某一群中的每个元素相对应, 所得到的就是这个群到单位群的一个同态. 同样, 如果命数 1 和偶置换相对应, 命 -1 和奇置换相对应, 就得到置换群的一个同态, 同态象是数 1 和 -1 的乘法群.

如果将整数 m 映成某一群中元素 a 的幂 a^m, 那么这个映射就是整数加群到元素 a 所生成的循环群的一个同态. 事实上, 在这个映射之下和 $m+n$ 的象将是积 $a^{m+n} = a^m a^n$. 如果 a 是一个无限阶元素, 这个同态就是一个同构.

现在让我们专门研究群的同态.

定理 如果在集合 $\overline{\mathfrak{G}}$ 中定义了元素的积 $\bar{a}\bar{b}$ (即定义了 $\bar{a}\bar{b} = \bar{c}$ 这种形式的关系), 并且有一个群 $\mathfrak{G}$ 被同态地映射成 $\overline{\mathfrak{G}}$, 那么 $\overline{\mathfrak{G}}$ 也是一个群. 简短地说, 一个群的同态象仍是一个群.

证明 首先, $\overline{\mathfrak{G}}$ 中任意三个元素 $\bar{a}, \bar{b}, \bar{c}$ 必是 $\mathfrak{G}$ 中某三个元素, 譬如说, a, b, c 的象. 由

$$ab \cdot c = a \cdot bc$$

立得

$$\bar{a}\bar{b} \cdot \bar{c} = \bar{a} \cdot \bar{b}\bar{c}.$$

其次, 由

$$ae = a \quad (\text{对所有的}a)$$

可得

$$\bar{a}\bar{e} = \bar{a} \quad (\text{对所有的}\bar{a}),$$

而由

$$ba = e \quad (b = a^{-1})$$

可得

$$\bar{b}\bar{a} = \bar{e}.$$

因此, 在 $\overline{\mathfrak{G}}$ 中有一个单位元素, 并且每个元素 $\bar{a}$ 都有一个逆元素. 这就是说, $\overline{\mathfrak{G}}$ 是一个群. 与此同时我们还证明了下面的结论:

同态映射把单位元素变为单位元素, 逆元素变为逆元素.

现在让我们对同态映射 $\mathfrak{G} \to \bar{\mathfrak{G}}$ 所决定的分类作更深入一步的考察. 在这里我们要建立起同态和正规子群之间的一个重要关系.

定理　群 $\mathfrak{G}$ 中被同态 $\mathfrak{G} \sim \bar{\mathfrak{G}}$ 映射成 $\bar{\mathfrak{G}}$ 中单位元素 $\bar{e}$ 的元素类 $\mathfrak{e}$ 是 $\mathfrak{G}$ 的一个正规子群, 其余的元素类是这个正规子群的陪集.

证明　首先可证 $\mathfrak{e}$ 是一个子群. 如果 a 和 b 被这个同态映射成 $\bar{e}$, 则 ab 将被映射成 $\bar{e}^2 = \bar{e}$. 因此 $\mathfrak{e}$ 在包含任意两个元素的同时也包含着它们的积. 其次, a^{-1} 被映射成 $\bar{e}^{-1} = \bar{e}$, 因此 $\mathfrak{e}$ 也包含着每一个元素的逆元素.

左陪集 $a\mathfrak{e}$ 中的元素全都被映射成元素 $\bar{a}\bar{e} = \bar{a}$. 反之, 如果 a' 被映射成 $\bar{a}$, 那么可以找到一个元素 x, 使得

$$ax = a'.$$

这时将有

$$\bar{a}\bar{x} = \bar{a},$$

即

$$\bar{x} = \bar{e}.$$

这就是说, x 属于 $\mathfrak{e}$, 因而 a' 属于 $a\mathfrak{e}$.

这样, 群 $\mathfrak{G}$ 中被映射成元素 $\bar{a}$ 的元素类恰好就是左陪集 $a\mathfrak{e}$.

完全同样地可以证明, 被映射成 $\bar{a}$ 的元素类同时也必定是右陪集 $\mathfrak{e}a$. 因此, 左陪集和右陪集相重合

$$a\mathfrak{e} = \mathfrak{e}a,$$

即 $\mathfrak{e}$ 是一个正规子群. 这就完成了我们的证明.

正规子群 $\mathfrak{e}$ 中的元素在所给的同态之下被映射成单位元素 $\bar{e}$, 这个正规子群称为所给同态的核.

现在让我们提出一个相反的问题: 假设已经给定了 $\mathfrak{G}$ 的一个正规子群 $\mathfrak{g}$, 能不能造出一个同态于 $\mathfrak{G}$ 的群 $\bar{\mathfrak{G}}$ 来, 使得 $\mathfrak{g}$ 的陪集恰好和 $\bar{\mathfrak{G}}$ 的元素相对应?

为了达到这个目的, 我们直接取 $\mathfrak{g}$ 的陪集本身作为所要造出的群 $\bar{\mathfrak{G}}$ 的元素. 根据 2.3 节, 正规子群 $\mathfrak{g}$ 的两个陪集的积仍是一个陪集, 并且如果 a 属于陪集 $a\mathfrak{g}$, b 属于陪集 $b\mathfrak{g}$, 则 ab 属于陪集 $ab\mathfrak{g} = a\mathfrak{g} \cdot b\mathfrak{g}$. 因此, $\mathfrak{g}$ 的陪集组成一个同态于 $\mathfrak{G}$ 的集合, 因而是一个同态于 $\mathfrak{G}$ 的群. 我们称这个群为 $\mathfrak{G}$ 对 $\mathfrak{g}$ 的商群, 并用记号

$$\mathfrak{G}/\mathfrak{g}$$

来表示它. $\mathfrak{G}/\mathfrak{g}$ 的阶就是 $\mathfrak{g}$ 的指数.

这里我们可以看到正规子群的基本重要意义: 它使得我们能够造出同态于已给群的新群来.

我们看到, 如果一个群 $\mathfrak{G}$ 被同态地映射成另一群 $\bar{\mathfrak{G}}$, 那么 $\mathfrak{G}$ 的元素和同态核 e 在 $\mathfrak{G}$ 中的陪集 (双方单值地) 相对应. 这一对应显然是一个同构. 事实上, 如果 $a\mathfrak{g}$ 和 $b\mathfrak{g}$ 是两个陪集, 则它们的积将是 $ab\mathfrak{g}$; 这三个陪集在 $\bar{\mathfrak{G}}$ 中的相应元素将是 $\bar{a}, \bar{b}$ 和 $\overline{(ab)}$, 而由同态性质可知

$$\overline{(ab)} = \bar{a} \cdot \bar{b}.$$

这样一来, 我们就得出了

$$\mathfrak{G}/e \cong \bar{\mathfrak{G}}.$$

这样, 就证明了群的同态定理:

定理 如果群 $\mathfrak{G}$ 被同态地映射成群 $\bar{\mathfrak{G}}$, 则 $\bar{\mathfrak{G}}$ 和商群 $\mathfrak{G}/e$ 同构, 其中 e 是同态的核. 反之, 群 $\mathfrak{G}$ 可同态地映射成每个商群 $\mathfrak{G}/e$ (其中 e 为正规子群).

习题 2.24 每个群 $\mathfrak{G}$ 有两个显而易见的商群: $\mathfrak{G}/\mathfrak{E} \cong \mathfrak{G}$; $\mathfrak{G}/\mathfrak{G} \cong \mathfrak{E}$.

习题 2.25 交错群的商群 ($\mathfrak{S}_n/\mathfrak{A}_n$) 是一个 2 阶循环群.

习题 2.26 Klein 四元群 (习题 2.20) 的商群 $\mathfrak{S}_4/\mathfrak{B}_4$ 和 $\mathfrak{S}_3$ 同构.

习题 2.27 群 $\mathfrak{G}$ 中形如 $aba^{-1}b^{-1}$ 的元素及此种元素的积组成一个群, 称为 $\mathfrak{G}$ 的换位子群. 换位子群是正规子群, 它的商群是 Abel 群. 如果一个正规子群的商群是 Abel 群, 这个正规子群必定包含换位子群.

习题 2.28 如果 $\mathfrak{G}$ 是一个循环群, a 是它的生成元, $\mathfrak{g}$ 是一个指数为 m 的子群, 则 $\mathfrak{G}/\mathfrak{g}$ 是一个 m 阶循环群.

在一个 Abel 群中, 每一个子群都是正规子群 (参看习题 2.14). 前面已经讲过, 如果把群运算记成加法, 那么 Abel 群及其子群称为模. 陪集 $a + \mathfrak{M}$ 称为 $\mathfrak{G}$ 对 $\mathfrak{M}$ 的同余类, 而商群 $\mathfrak{G}/\mathfrak{M}$ 则称为 $\mathfrak{G}$ 对 $\mathfrak{M}$ 的同余类模.

两个元素 a, b 属于同一同余类, 当且仅当它们的差属于 $\mathfrak{M}$. 这样两个元素称为对 $\mathfrak{M}$ 同余, 记为

$$a \equiv b \pmod{\mathfrak{M}},$$

或简写作

$$a \equiv b(\mathfrak{M}).$$

如果 a 和 b (对 $\mathfrak{M}$) 同余, 则在同态 $\mathfrak{G} \sim \mathfrak{G}/\mathfrak{M}$ 下同余类模中的相应元素 $\bar{a}, \bar{b}$ 相等; 反之, 如果 $\bar{a} = \bar{b}$, 则 $a \equiv b(\mathrm{mod}\ \mathfrak{M})$.

举例来说, 在整数系统中一个数 m 的所有倍数显然组成一个模. 因此, 如果差 $a - b$ 可被 m 整除, 我们就记作

$$a \equiv b(m).$$

在这一情况下同余类可由 $0, 1, 2, \cdots, m-1$ 来代表, 而同余类模则是一个 m 阶循环群.

习题 2.29 每个 m 阶循环群都和整数加群对整数 m 的同余类群同构.

第3章 环 与 域

本章中阐述了环、整环、域的定义, 由环来构造其他的环 (以及域) 的一般方法, 整环中的素因子分解定理.

本章的概念在全书中都要用到.

3.1 环

代数与算术中的运算对象是各种各样的: 有时是整数, 有时是有理数、实数、复数、代数数; 还有 n 个变元的多项式或者有理函数等等. 以后我们还会有完全不同性质的对象: 超复数、同余类等等. 因此有必要以一个共同的概念把这些对象概括起来, 并且一般地来研究这些系统中的运算规律.

所谓具有两个运算的系统就是指元素 $a, b, \cdots$ 的一个集合, 其中每两个元素 a, b 都唯一地决定一个和 $a+b$ 以及一个积 $a \cdot b$, 它们还属于这个集合.

一具有两个运算的系统称为环, 如果对于系统中所有的元素, 以下的运算规律成立:

I. 加法的规律.

(a) 结合律: $a + (b + c) = (a + b) + c$.

(b) 交换律: $a + b = b + a$.

(c) 方程 $a + x = b$ 的可解性①, 对所有的 a 与 b.

II. 乘法的规律.

(a) 结合律: $a \cdot bc = ab \cdot c$.

III. 分配律.

(a) $a \cdot (b + c) = ab + ac$.

(b) $(b + c) \cdot a = ba + ca$.

注 如果乘法还适合交换律:

II. (b) $a \cdot b = b \cdot a$,

那么这个环就称为交换的, 以前我们碰到的主要是交换环.

---

① 解的唯一性不必要求, 以后可以推出.

关于加法的规律

加法的三条规律合起来正是说明了环元素对于加法组成一 Abel 群[1]. 因此, 以前对于 Abel 群证明了的定理全可以搬到环上来: 存在一个 (且只有一个)零元素 0, 具有性质

$$a + 0 = a, \quad \text{对所有的 } a.$$

对于每个元素 a 还有一个负元素$-a$, 具有性质

$$-a + a = 0.$$

方程 $a + x = b$ 不但是可解的, 并且解是唯一的; 它的唯一的解是

$$x = -a + b,$$

记为 $b - a$. 因为每个差根据

$$a - b = a + (-b)$$

都能改写成和, 所以在这个意义上, 差与和一样, 次序可以改变, 譬如

$$(a - b) - c = (a - c) - b,$$

等等. 最后, $-(-a) = a$ 与 $a - a = 0$.

关于结合律

正如在 2.1 节中看到的, 根据乘法的结合律, 我们可以定义连乘积

$$\prod_1^n a_\nu = a_1 a_2 \cdots a_n,$$

并且有主要性质

$$\prod_1^m a_\mu \cdot \prod_{\nu=1}^n a_{m+\nu} = \prod_1^{m+n} a_\nu.$$

同样可以定义连加和

$$\sum_1^n a_\nu = a_1 + a_2 + \cdots + a_n,$$

并且证明它的主要性质

$$\sum_1^m a_\mu + \sum_{\nu=1}^n a_{m+\nu} = \sum_1^{m+n} a_\nu.$$

利用 I(b), 连加和中项的次序可以任意改变, 在交换环中连乘积也有同样的性质.

---

[1] 这个群称为环的加法群.

关于分配律

当乘法适合交换律时, III(b) 自然就是 III(a) 的推论.

对 n 作完全归纳法, 由 III(a) 立即推出

$$a(b_1 + b_2 + \cdots + b_n) = ab_1 + ab_2 + \cdots + ab_n.$$

同样, 由 III(b) 推出

$$(a_1 + a_2 + \cdots + a_n)b = a_1b + a_2b + \cdots + a_nb.$$

把二者合起来就有通常和的乘积的规律:

$$(a_1 + \cdots + a_n)(b_1 + \cdots + b_m)$$
$$= a_1b_1 + \cdots + a_1b_m$$
$$\cdots\cdots\cdots$$
$$+ a_nb_1 + \cdots + a_nb_m$$
$$= \sum_{i=1}^{n} \sum_{k=1}^{m} a_ib_k.$$

减法也适合分配律, 譬如

$$a(b - c) = ab - ac,$$

这个由

$$a(b - c) + ac = a(b - c + c) = ab$$

即得.

特别地

$$a \cdot 0 = a(a - a) = a \cdot a - a \cdot a = 0,$$

这就是: 当一个因子是零时, 乘积一定等于零.

在下面的例子中将看到, 这个定理的逆不一定成立: 可能有

$$a \cdot b = 0, \quad a \neq 0, \quad b \neq 0.$$

在这个情形, 我们称 a 与 b 为零因子, 确切地说, a 是左零因子, b 是右零因子 (在交换环中这两个概念没有区别). 把零本身也看成是零因子是方便的. 因此, a 称为左零因子, 如果有一 $b \neq 0$ 使 $ab = 0$[①].

———————————

① 假定在环中有 $\neq 0$ 的元素.

如果在一环中除去零以外不再有零因子, 也就是说, 由 $ab = 0$ 必然推出 $a = 0$ 或者 $b = 0$, 那么这个环就称为无零因子的环. 如果这个环又是交换的, 那么它就称为整环.

例 所有开始时提到的例子 (整数环、有理数环等) 都是无零因子的环. 区间 $(-1, 1)$ 上连续函数的环有零因子, 因为对于

$$f = f(x) = \max(0, \ x),$$
$$g = g(x) = \max(0, \ -x),$$

就有 $f \neq 0^{①}$, $g \neq 0$, $fg = 0$.

习题 3.1 整数偶 (a_1, a_2) 对于运算

$$(a_1, \ a_2) + (b_1, \ b_2) = (a_1 + b_1, \ a_2 + b_2),$$
$$(a_1, \ a_2) \cdot (b_1, \ b_2) = (a_1 b_1, \ a_2 b_2)$$

组成一有零因子的环.

习题 3.2 如果 a 不是左零因子, 那么方程 $ax = ay$ 中 a 可以消去 (特别在整环中任意的 $a \neq 0$ 都可以消去.)

习题 3.3 我们可以造一个环, 以任意的交换群作为它的加法群, 其中任意两个元素的乘积全等于零.

单位元素

如果一个环有一个左单位元素 e:

$$ex = x, \quad \text{对所有的} x,$$

并且, 同时又有一个右单位元素 e':

$$xe' = x, \quad \text{对所有的} x,$$

那么它们必须相等, 因为

$$e = ee' = e'.$$

于是每一个右单位元素和左单位元素都等于 e. 我们简单地就称 e 为单位元素并且说这是一个具有单位元素的环. 单位元素常常就用 1 表示, 虽然它与数 1 是需要区别开的.

整数组成一具有单位元素的环, 偶数组成的环没有单位元素. 存在这样的环, 它有一个或者许多个右单位元素, 但是没有左单位元素, 或者反过来.

---

① $f \neq 0$ 表示: f 不是零函数. 这并不是说 f 完全不取零作为函数值.

逆元素

设 a 是一具有单位元素 e 的环中任意一个元素, 所谓 a 的一个左逆是指这样一个元素 $a_{(l)}^{-1}$:

$$a_{(l)}^{-1}a = e,$$

一个右逆是指元素 $a_{(r)}^{-1}$:

$$aa_{(r)}^{-1} = e.$$

如果元素 a 既有左逆又有右逆, 那么它们一定相等, 因为

$$a_{(l)}^{-1} = a_{(l)}^{-1}(aa_{(r)}^{-1}) = (a_{(l)}^{-1}a)a_{(r)}^{-1} = a_{(r)}^{-1},$$

因此, a 的每个左逆与右逆全相等. 在这个情形我们就说：a 有逆元素, 这个逆元素记为 a^{-1}.

幂与倍

在第 2 章中已经看到, 根据结合律, 对于每一个环元素 a, 我们可以定义幂 a^n(n 是自然数), 它适合通常的规则:

$$\begin{cases} a^n \cdot a^m = a^{n+m}, \\ (a^n)^m = a^{nm}, \\ (ab)^n = a^n b^n. \end{cases} \tag{3.1}$$

最后一条只对交换环成立.

如果这个环有单位元素并且 a 有逆, 我们还可以引入次数为零或负数的幂 (2.1 节), 规则 (3.1) 仍然成立.

同样, 在环的加法群中可以定义倍元

$$n \cdot a \quad (= a + a + \cdots + a, n\text{项})$$

并且有

$$\begin{cases} na + ma = (n+m)a, \\ n \cdot ma = nm \cdot a, \\ n(a+b) = na + nb, \\ n \cdot ab = na \cdot b = a \cdot nb. \end{cases} \tag{3.2}$$

像对于幂一样, 令

$$(-n) \cdot a = -na,$$

于是规则 (3.2) 对于所有的整数 n 与 m(正、负和零) 都成立.

应该注意, 不能把 $n \cdot a$ 理解为两个环元素的乘积, 因为一般地 n 不是环中的元素, 而是由外边引入的一个整数. 如果这个环有单位元素, 那么 na 可以写成真正的乘积, 即

$$na = n \cdot ea = ne \cdot a.$$

习题 3.4 证明: 左零因子没有左逆, 右零因子没有右逆. 特别, 零元素既没有左逆又没有右逆. 一个平凡的例外: 在由单个的元素 0 组成的环中, 它同时就是单位元素, 也就是逆元素 ("零环").

习题 3.5 对于任意的交换环, 对 n 作完全归纳法, 证明二项式定理:

$$(a+b)^n = a^n + \binom{n}{1} a^{n-1}b + \binom{n}{2} a^{n-2}b^2 + \cdots + b^n,$$

这里 $\binom{n}{k}$ 表示整数

$$\frac{n(n-1)\cdots(n-k+1)}{1 \cdot 2 \cdots k} = \frac{n!}{(n-k)!k!}.$$

习题 3.6 证明: 在恰有 n 个元素的环中, 对每个 a, 有

$$n \cdot a = 0$$

(参看 2.3 节, 那里证明了 $a^n = e$).

习题 3.7 如果 a 与 b 可交换, 即 $ab = ba$, 那么 a 与 $-b$, 与 nb, 与 b^{-1} 也可交换. 如果 a 与 b, c 可交换, 那么 a 与 $b+c$, bc 也可交换.

域

一个环称为体, 如果

(a) 它至少有一个非零元素.

(b) 方程

$$\begin{cases} ax = b, \\ ya = b. \end{cases} \tag{3.3}$$

对任意 $a \neq 0$ 可解.

如果这个环又是交换的, 那么它就称为域[①].

正如对于群一样 (第 2 章), 由 (a) 与 (b) 可证明:

[①] 有些作者把体称为域, 然后分成交换的与非交换的域.

(c) 存在一个左单位元素 e. 对于任意的 $a \neq 0$, 解方程 $xa = a$, 记解为 e. 如果 b 是任意元素, 那么解方程 $ax = b$. 由此推出

$$eb = eax = ax = b.$$

同样, 存在一个右单位元素, 因之, 存在单位元素.

由 (b) 立即推出:

(d) 对每个 $a \neq 0$, 存在一左逆. 如同群的情形, 左逆 a^{-1} 也是右逆.

正如在群中所证明的, 由(c)与(d)反过来可以推出(b).

习题 3.8 作出以上的证明.

体没有零因子. 因为由 $ab = 0$, $a \neq 0$, 两边乘以 a^{-1} 立即推出 $b = 0$.

方程(3.3)的解是唯一的. 假如第一个方程有两个解 x, x', 于是

$$ax = ax',$$

从左边乘上 a^{-1} 即得

$$x = x'.$$

(3.3) 的解就是

$$x = a^{-1}b,$$
$$y = ba^{-1}.$$

在交换的情形有 $a^{-1}b = ba^{-1}$, 我们就写成 $\dfrac{b}{a}$.

体中非零元素对于乘法组成一个群: 体的乘法群.

因之体是两个群的联合: 一个乘法群和一个加法群. 这两个群通过分配律联系起来.

例 1 有理数、实数、复数都组成域.

例 2 我们按以下的办法构造一个只由 0, 1 两个元素组成的域: 乘法就按通常 0, 1 这两个数的乘法. 对于加法, 0 是零元素:

$$0 + 0 = 0, \quad 0 + 1 = 1 + 0 = 1.$$

再令 1+1=0. 这个加法正如两个元素的循环群中的运算一样 (2.2 节), 因此适合加法的规律. 乘法的规律成立, 因为它们对于普通的数 0, 1 是成立的. 至于第一个分配律, 我们列举所有的可能性来加以证明: 当其中出现一个零, 结论是显然的. 因之剩下只要验证

$$1 \cdot (1 + 1) = 1 \cdot 1 + 1 \cdot 1,$$

这个归结为 0=0. 最后, 方程 $1 \cdot x = a$ 对每个 a 都有解, 解就是 $x = a$.

习题 3.9 构造一个三个元素的域 (首先讨论它的加法与乘法群可能有怎样的结构).

习题 3.10 有限多个元素的整环是域 (参看 2.1 节中相应的群论定理).

3.2　同态与同构

设 $\mathfrak{R}$ 和 $\mathfrak{S}$ 是具有两个运算的系统, 根据 2.5 节的定义, 从 $\mathfrak{R}$ 到 $\mathfrak{S}$ 里的映射 φ 如果保持关系 $a+b=c$ 与 $ab=d$, 即把和 $a+b$ 映到 $\bar{a}+\bar{b}$, 把积 $a\cdot b$ 映到 $\bar{a}\cdot\bar{b}$, 则 φ 是一个同态. $\mathfrak{R}$ 的象 $\bar{\mathfrak{R}}$ 称为 $\mathfrak{R}$ 的同态象. 如果映射是一一的, 则根据一般的定义 (2.4 节), 它是同构, 记为 $\mathfrak{R}\cong\bar{\mathfrak{R}}$. 关系 $\mathfrak{R}\cong\mathfrak{S}$ 是自反的、传递的并且因为同构映射的逆映射也是同构映射, 所以是对称的.

定理　环的同态象也是环.

证明　设 $\mathfrak{R}$ 是一环, $\bar{\mathfrak{R}}$ 是一具有两个运算的系统, 并且 $\mathfrak{R}\sim\bar{\mathfrak{R}}$. 我们要来证明 $\bar{\mathfrak{R}}$ 也是环. 证明的步骤与群的情形 (2.5 节) 一样:

设 $\bar{a},\bar{b},\bar{c}$ 是 $\bar{\mathfrak{R}}$ 中任意三个元素. 为了证明各条运算规律, 譬如 $\bar{a}(\bar{b}+\bar{c})=\bar{a}\bar{b}+\bar{a}\bar{c}$, 任取 $\bar{a},\bar{b},\bar{c}$ 的三个原象 a,b,c. 因为 $\mathfrak{R}$ 是环, 所以 $a(b+c)=ab+ac$, 根据同态映射的定义推知 $\bar{a}(\bar{b}+\bar{c})=\bar{a}\bar{b}+\bar{a}\bar{c}$. 所有的结合、交换和分配律可以同样证明. 为了证明方程 $\bar{a}+\bar{x}=\bar{b}$ 的可解性, 任取 $\bar{a},\bar{b}$ 的原象 a,b, 解方程 $a+x=b$, 经过同态映射即得 $\bar{a}+\bar{x}=\bar{b}$.

定理　在同态映射下, $\mathfrak{R}$ 的零元素 0 与任意元素 a 的负元素映到 $\bar{\mathfrak{R}}$ 中的零元素与负元素. 如果 $\mathfrak{R}$ 有单位元素 e, 那么它也映到 $\bar{\mathfrak{R}}$ 的单位元素.

证明与群的情形一样.

如果 $\mathfrak{R}$ 是交换的, 显然 $\bar{\mathfrak{R}}$ 也是.

当 $\mathfrak{R}$ 是一整环, 下面我们将看到, $\bar{\mathfrak{R}}$ 不一定是整环; 当 $\mathfrak{R}$ 不是整环时, $\bar{\mathfrak{R}}$ 有可能是整环. 如果映射是同构的, 那么 $\bar{\mathfrak{R}}$ 具有 $\mathfrak{R}$ 的全部代数性质. 由此推出

整环与域的同构象分别是整环与域.

下面的定理在这里看起来几乎是没有什么意义的, 但是以后我们会看到它的重要作用:

定理　设 $\mathfrak{R}$ 与 $\mathfrak{S}'$ 是两个没有公共元素的环. $\mathfrak{S}'$ 包含一个子环 $\mathfrak{R}'$ 与 $\mathfrak{R}$ 同构. 于是存在一个环 $\mathfrak{S}\cong\mathfrak{S}'$. $\mathfrak{S}$ 包含 $\mathfrak{R}$ 作为子环.

证明　我们从 $\mathfrak{S}'$ 中挖出 $\mathfrak{R}'$ 的元素, 并且用 $\mathfrak{R}$ 中在同构映射下与它们对应的元素来代替. 对于原来的元素与替进来的元素, 我们如此定义和与积, 使它们恰与 $\mathfrak{S}'$ 中的和与积对应 (例如, 在代替前为 $a'b'=c'$, a' 被 a 代替, 而 b' 与 c' 经过代替没有变, 那么就定义 $ab'=c'$). 这样, 我们就得到一个环 $\mathfrak{S}\cong\mathfrak{S}'$, $\mathfrak{S}$ 确实包含 $\mathfrak{R}$.

3.3　商 的 构 成

如果交换环 $\mathfrak{R}$ 是嵌在一个体 Ω 中, 那么在 Ω 中由 $\mathfrak{R}$ 的元素可以作商[①]

[①] 由 $ab=ba$ 推出 $ab^{-1}=b^{-1}a$, 这只要从左边和右边乘上 b^{-1} 即得.

$$\frac{a}{b} = ab^{-1} = b^{-1}a(b \neq 0).$$

对于商, 下面的运算规律成立:

$$\begin{cases} \dfrac{a}{b} = \dfrac{c}{d} \quad \text{当且仅当} ad = bc, \\[2mm] \dfrac{a}{b} + \dfrac{c}{d} = \dfrac{ad + bc}{bd}, \\[2mm] \dfrac{a}{b} \cdot \dfrac{c}{d} = \dfrac{ac}{bd}. \end{cases} \tag{3.4}$$

在上面这些式子的两边都乘以 bd 我们就得到等式, 再由 $bdx = bdy$ 推出 $x = y$, 这就证明了以上的规律.

因此我们看到, 商 a/b 组成一域 P, 称为交换环 $\mathfrak{R}$ 的商域. 由规律 (3.4) 我们还看到, 只要能对分子与分母, 也就是 $\mathfrak{R}$ 中的元素进行运算, 那么分式的相等、相加与相乘的方法也就知道了, 换句话说, 商域 P 的结构完全被 $\mathfrak{R}$ 的结构决定, 也就是同构的环的商域也同构. 特别, 一个环的两个商域一定是同构的, 也就是, 如果环 $\mathfrak{R}$ 有商域, 那么商域 P 在同构之下是被环 $\mathfrak{R}$ 唯一决定.

我们现在问: 什么样的环有一个商域? 或者换个说法, 什么样的环可以嵌入一个域?

如果环 $\mathfrak{R}$ 可以嵌入一个域, 那么首先要求在 $\mathfrak{R}$ 中没有零因子, 因为域是没有零因子的. 在交换的情形, 这个条件也是充分的: **每一个整环都能够嵌入一个域**[①].

证明   我们可以把 $\mathfrak{R}$ 只由单个的零元素组成这个平凡的情形除外. 我们考虑所有元素偶 (a, b), $b \neq 0$ 的集合. 这样的元素偶下面将与商 a/b 对应.

规定 $(a, b) \sim (c, d)$, 当 $ad = bc$ (参看前面的公式 (3.1)). 这样定义的关系显然是自反的和对称的, 它也是传递的, 因为由

$$(a, b) \sim (c, d), \quad (c, d) \sim (e, f)$$

推出

$$ad = bc, \quad cf = de,$$

从而

$$adf = bcf = bde,$$

根据 $d \neq 0$ 以及 $\mathfrak{R}$ 的交换性即得

$$af = be,$$
$$(a, b) \sim (e, f).$$

[①] 对于非交换的无零因子的环, 这个定理不再成立. 参看 Malcev A. *Math. Ann.*, 1936, 113.

因之, 关系 ~ 具有等价关系的全部性质. 根据 1.5 节, 它就对于元素偶 (a, b) 定义一个分类, 等价的元素偶属于同一类. 元素偶 (a, b) 所在的一类用符号 a/b 表示. 根据这个定义, $a/b = c/d$ 当且仅当 $(a, b) \sim (c, d)$, 也就是 $ad = bc$.

相应于前面的公式 (3.4) 我们定义这些新符号 a/b 的和与积如下:

$$\frac{a}{b} + \frac{c}{d} = \frac{ad + bc}{bd}, \tag{3.5}$$

$$\frac{a}{b} \cdot \frac{c}{d} = \frac{ac}{bd}. \tag{3.6}$$

这个定义是合理的. 因为首先, 当 $b \neq 0$ 与 $d \neq 0$ 时有 $bd \neq 0$, 所以 $\frac{ad + bc}{bd}$ 与 $\frac{ac}{bd}$ 是可以允许的符号; 其次, 右端的结果是与类 $\frac{a}{b}$ 与 $\frac{c}{d}$ 中代表 (a, b) 与 (c, d) 的选择无关. 在 (3.5) 中把 a 与 b 换成 a' 与 b', 这里

$$ab' = a'b,$$

于是推出

$$adb' = a'db,$$

$$adb' + bcb' = a'db + b'cb,$$

$$(ad + bc)b'd = (a'd + b'c)bd,$$

从而

$$\frac{ad + bc}{bd} = \frac{a'd + b'c}{b'd}.$$

同样地

$$ab' = ba',$$

$$acb'd = a'cbd,$$

$$\frac{ac}{bd} = \frac{a'c}{b'd}.$$

把 (c, d) 换成 (c', d') 也有相应的结果, 这里 $cd' = c'd$.

不难证明, 全部域的性质是满足的. 例如, 加法的结合律就是

$$\frac{a}{b} + \left(\frac{c}{d} + \frac{e}{f}\right) = \frac{a}{b} + \frac{cf + de}{df} = \frac{adf + bcf + bde}{bdf},$$

$$\left(\frac{a}{b} + \frac{c}{d}\right) + \frac{e}{f} = \frac{ad + bc}{bd} + \frac{e}{f} = \frac{adf + bcf + bde}{bdf}.$$

其余规律的证明类似.

这个构造出来的域显然是交换的. 为了证明它包含环 $\mathfrak{R}$, 我们必须把某些商与 $\mathfrak{R}$ 的元素等同起来. 作法如下:

令所有的商 $\dfrac{cb}{b}$ 与元素 c 对应, 其中 $b \neq 0$. 这些商都相等:

$$\frac{cb}{b} = \frac{cb'}{b'}, \quad 因为(cb)b' = b(cb').$$

因之每个元素 c 只与一个商对应. 不同的元素 c, c' 对应的商也不同. 因为由

$$\frac{cb}{b} = \frac{c'b'}{b'}$$

推出

$$cbb' = bc'b',$$

由于 $b \neq 0$, $b' \neq 0$, 所以它们可以消去:

$$c = c'.$$

因此 $\mathfrak{R}$ 的元素 1-1 地对应到某些商.

如果在 $\mathfrak{R}$ 中 $c_1 + c_2 = c_3$ 或者 $c_1 c_2 = c_3$, 那么对于任意的 $b_1 \neq 0$, $b_2 \neq 0$ 以及 $b_3 = b_1 b_2$, 有

$$\frac{c_1 b_1}{b_1} + \frac{c_2 b_2}{b_2} = \frac{c_1 b_1 b_2 + c_2 b_1 b_2}{b_1 b_2} = \frac{c_3 b_3}{b_3},$$

或者

$$\frac{c_1 b_1}{b_1} \cdot \frac{c_2 b_2}{b_2} = \frac{c_1 c_2 b_1 b_2}{b_1 b_2} = \frac{c_3 b_3}{b_3}.$$

对应的商 $\dfrac{c_i b_i}{b_i}$ 相加与相乘正好与环元素 c_i 是一致的, 它们组成一个与 $\mathfrak{R}$ 同构的环. 因此, 我们可以把商 $\dfrac{cb}{b}$ 换成对应的元素 c(3.2 节最后). 这样就证明了这个域包含环 $\mathfrak{R}$.

于是我们证明了对于每个整环 $\mathfrak{R}$ 都存在一个包含它的域.

构造商域是由一个环造出另一个环 (有时是域) 的第一个方法. 例如, 按这个方法由通常的整数环 $\mathbb{Z}$ 就得出了有理数域 $\mathbb{Q}$.

习题 3.11 证明: 每个交换环 $\mathfrak{R}$ (有或者没有零因子) 都可以嵌入一个 "商环", 它是由所有的商 a/b (b 取遍所有的非零因子) 组成. 一般地, 设 $\mathfrak{M}$ 是非零因子的一个集合, 具有性质: 如果 b_1, b_2 属于 $\mathfrak{M}$, 则 $b_1 b_2$ 也属于 $\mathfrak{M}$, 于是商 a/b, 其中 b 是 $\mathfrak{M}$ 中任意元素, 也组成一个商环 $\mathfrak{R}_{\mathfrak{M}}$.

3.4 多 项 式 环

设 $\mathfrak{R}$ 是一环. 用一个新的, 不属于 $\mathfrak{R}$ 的符号 x 作表达式

$$f(x) = \sum a_\nu x^\nu,$$

这里只对有限多个不同的整数 $\nu \geqslant 0$ 求和, 其中 "系数" a_ν 属于 $\mathfrak{R}$. 例如

$$f(x) = a_0 x^0 + a_3 x^3 + a_5 x^5.$$

这种表达式称为多项式, 符号 x 称为不定元. 因之不定元只是一个运算符号. 两个多项式称为相等, 如果它们除去系数为零的项外含有完全相同的项, 而系数为零的项是允许任意删去和添进来的.

如果我们就按通常字母运算的规则把两个多项式 $f(x)$, $g(x)$ 相加或相乘, x 的幂被认为是与环元素交换的 $(ax^\nu = x^\nu a)$ 并把 x 方次相同的项全合并起来, 那么就得到一个多项式 $\sum c_\nu x^\nu$. 在加法的情形有

$$c_\nu = a_\nu + b_\nu \tag{3.7}$$

(如果 a_ν 或 b_ν 不出现, 则取 $a_\nu = 0$ 或 $b_\nu = 0$); 在乘法的情形有

$$c_\nu = \sum_{\sigma+\tau=\nu} a_\sigma b_\tau. \tag{3.8}$$

现在我们用公式 (3.7), (3.8) 来定义两个多项式的和与积, 并且断言:

多项式组成一环.

加法的性质是显然的, 因为它就归结为系统 a_ν, b_ν 的加法. 第一个分配律由

$$\sum_{\sigma+\tau=\nu} a_\sigma(b_\tau + c_\tau) = \sum_{\sigma+\tau=\nu} a_\sigma b_\tau + \sum_{\sigma+\tau=\nu} a_\sigma c_\tau$$

推出, 相应地可以推出第二个分配律. 乘法的结合律由

$$\sum_{\alpha+\tau=\nu} a_\alpha \left(\sum_{\beta+\gamma=\tau} b_\beta c_\gamma \right) = \sum_{\alpha+\beta+\gamma=\nu} a_\alpha b_\beta c_\gamma,$$

$$\sum_{\rho+\gamma=\nu} \left(\sum_{\alpha+\beta=\rho} a_\alpha b_\beta \right) c_\gamma = \sum_{\alpha+\beta+\gamma=\nu} a_\alpha b_\beta c_\gamma$$

推出.

这个由 $\mathfrak{R}$ 得出的多项式环用 $\mathfrak{R}[x]$ 表示. 如果 $\mathfrak{R}$ 是交换的, 则 $\mathfrak{R}[x]$ 也是.

一个非零多项式的次数就是使得 $a_\nu \neq 0$ 的最大的数 ν. 这个 a_ν 称为首项系数或者最高项系数.

零次多项式是 $a_0 x^0$. 我们把这种多项式与基环 $\mathfrak{R}$ 中的元素 a_0 等同起来, 这是可以的, 因为按多项式的加法与乘法, 它们组成一个与基环同构的系统 (参看 3.2 节). 因之多项式环 $\mathfrak{R}[x]$ 包含 $\mathfrak{R}$.

由 $\mathfrak{R}$ 造出 $\mathfrak{R}[x]$ 的方法称为添加(确切地, 环添加) 一个不定元.

如果我们对环 $\mathfrak{R}$ 相继地添加不定元 $x_1, \cdots, x_n$, 也就是作出 $\mathfrak{R}[x_1][x_2] \cdots [x_n]$, 于是得出多项式环 $\mathfrak{R}[x_1, \cdots, x_n]$, 它由所有的和

$$\sum a_{\alpha_1 \cdots \alpha_n} x_1^{\alpha_1} \cdots x_n^{\alpha_n}$$

组成.

在这样的多项式中, 因子 $x_1^{\alpha_1}, \cdots, x_n^{\alpha_n}$ 的次序是允许改变的. 这样, 多项式环 $\mathfrak{R}[x_1][x_2] \cdots [x_n]$ 就与改变不定元的次序所得的多项式环, 譬如说, $\mathfrak{R}[x_2][x_n] \cdots [x_1]$ 等同起来. 这样的等同是合理的, 因 x_i 次序的改变对于和与积的定义没有影响. $\mathfrak{R}[x_1, \cdots, x_n]$ 称为 n 个不定元 $x_i, \cdots, x_n$ 的多项式环.

如果 $\mathfrak{R}$ 特别是整数环, 那么 $\mathfrak{R}[x]$ 就称为整系数多项式环.

不定元用任意的环元素代入

如果 $f(x) = \sum a_\nu x^\nu$ 是 $\mathfrak{R}$ 上一多项式, α 是一个环元素 (它是 $\mathfrak{R}$ 的或者是 $\mathfrak{R}$ 的一个扩环的元素), 它与 $\mathfrak{R}$ 中所有元素交换, 那么在 $f(x)$ 的表达式中可以用 α 来代 x, 得到值 $f(\alpha) = \sum a_\nu \alpha^\nu$. 如果 $g(x)$ 是另一个多项式, $g(\alpha)$ 是 $x = \alpha$ 时的值, 那么和与积

$$f(x) + g(x) = s(x), \quad f(x) \cdot g(x) = p(x)$$

对 $x = \alpha$ 的值为

$$f(\alpha) + g(\alpha) = s(\alpha), \quad f(\alpha) \cdot g(\alpha) = p(\alpha).$$

对于和, 上面式子是显然的. 对于积, 根据公式 (3.8) 有

$$p(\alpha) = \sum c_\nu \alpha^\nu = \sum_\nu \sum_{\lambda+\mu=\nu} a_\lambda b_\mu \alpha^\nu = \sum_\lambda \sum_\mu a_\lambda b_\mu \alpha^{\lambda+\mu}$$
$$= \left(\sum_\lambda a_\lambda \alpha^\lambda \right) \left(\sum_\mu b_\mu \alpha^\mu \right) = f(\alpha)g(\alpha).$$

因此我们证明了: 多项式 $f(x)$, $g(x)$, $\cdots$ 之间所有通过加法与乘法表示的关系在 x 用任意一个与 $\mathfrak{R}$ 中元素全交换的环元素 α 代入之后仍然保持.

对于多元多项式也有相应的定理. 特别是当 $\mathfrak{R}$ 交换时, 多项式 $f(x_1, \cdots, x_n)$ 中的不定元可以用 $\mathfrak{R}$ 中 (或者 $\mathfrak{R}$ 的一个交换扩环中) 的任意元素代入. 基于这种代入的可能性, 我们也称多项式为变元 $x_1, \cdots, x_n$ 的有理整函数.

对于没有常数项的整系数多项式, 代入的范围还可以扩大些: $x_1, \cdots, x_n$ 可以用任意一个环中互相交换的元素来代, 不论这个环是否包含整数环在内.

如果 $\mathfrak{R}$ 是整环, 则 $\mathfrak{R}[x]$ 也是一个整环.

证明 如果 $f(x) \neq 0$ 与 $g(x) \neq 0$, a_α, b_β 分别是 $f(x)$, $g(x)$ 的最高项系数 (不为零), 那么 $a_\alpha b_\beta \neq 0$, 它是 $f(x) \cdot g(x)$ 中 $x^{\alpha+\beta}$ 的系数, 因之 $f(x) \cdot g(x) \neq 0$. 于是 $\Re[x]$ 中没有零因子.

由证明还看出

推论 如果 $\Re$ 是整环, 那么 $f(x) \cdot g(x)$ 的次数等于 $f(x)$ 与 $g(x)$ 的次数的和.

对于 n 元多项式用完全归纳法立即得出

如果 $\Re$ 是整环, 则 $\Re[x_1, \cdots, x_n]$ 也是整环.

项 $a_{\alpha_1 \cdots \alpha_n} x_1^{\alpha_1 \cdots} x_n^{\alpha_n}$ 的次数 就是方次的和 $\sum a_i$. 一个非零多项式的次数就是其中不为零的项的最大次数. 一个多项式称为齐次的或者称为一个齐式, 如果它的项全有相同的次数, 齐次多项式的乘积还是齐次多项式, 当 $\Re$ 是整环时, 乘积的次数等于因子次数的和.

非齐次多项式可以 (唯一地) 写成它的齐次部分的和. 当 $\Re$ 是整环时, 如果两个次数分别为 m, n 的多项式 f, g 相乘, 那么乘积的最高次的齐次部分是一非零的 $m+n$ 次齐式. $f \cdot g$ 中其他的齐次部分次数都比它低, 因之 $f \cdot g$ 的次数为 $m+n$. 因此上面的次数定理 (推论) 对多元多项式也对.

带余除法

设 $\Re$ 是一具有单位元素的环,

$$g(x) = \sum c_\nu x^\nu$$

是首项系数 $c_n = 1$ 的多项式, 而

$$f(x) = \sum a_\nu x^\nu$$

是任意一个次数 $m \geq n$ 的多项式, 从 f 减去 g 的某个倍, 譬如 $a_m x^{m-n} g$, 我们就消去了 f 的首项. 如果这样得出的多项式的次数还 $\geq n$, 那么再减去 g 的一个倍就又消去首项. 这样一直下去, 最后使余式的次数低于 n, 有

$$f - qg = r, \tag{3.9}$$

其中 r 是一个次数低于 g 的多项式或者是零. 这个过程称为带余除法.

特别, 如果 $\Re$ 是一个域并且 $g \neq 0$, 那么假定 $c_n = 1$ 就不必要了, 因为在必要时可以用 c_n^{-1} 乘 g 使首项系数变成 1.

习题 3.12 如果 $x, y, \cdots$ 是无穷多个符号, 我们可以考虑这些不定元的 $\Re$ 多项式, 但是每个多项式只能含有有限多个不定元. 证明: 只要 $\Re$ 是环或者整环, 则这些多项式也组成环或者整环.

3.5 理想, 同余类环

设 o 是一个环.

o 的一个子集合也是环 (o 的子环) 的充分必要条件为

(1) 它是加法群的一个子群, 换句话说, 如果它包含 a, b, 就一定包含 $a - b$(模性).

(2) 如果包含 a, b, 就包含 ab.

在子环中有一些我们称为理想的起着重要的作用, 它们类似于群论中的正规子群.

o 的一个非空子集合 m 称为理想, 或者确切地, 右理想, 如果

(1) 由 $a \in$ m 与 $b \in$ m 推出 $a - b \in$ m(模性).

(2) 由 $a \in$ m, r 是 o 中任意元素推出 $ar \in$ m. 换句话说, 如果模 m 包含 a, 就包含 a 的所有 "右倍元" ar.

同样, 一个模 m 称为左理想, 如果由 $a \in$ m, 对于任意的 $r \in$ o 推出 $ra \in$ m.

如果 m 既是左理想, 又是右理想, 它就称为双边理想.

对于交换环, 这三个概念就重合了, 我们简单地称为理想. 在这一节总假定 o 是交换环. 理想总是用小写的德文字母代表.

理想的例子:

(1) 零理想, 它由单个的零元素组成.

(2) 单位理想, 它包含环中所有的元素.

(3) 由元素 a 生成的理想(a), 它由所有表成形式

$$ra + na \quad (r \in \text{o}, n \text{ 整数})$$

的元素组成. 不难看出, 这个集合的确是理想: 两个这种形式的元素的差还是这种形式, 它的任意一个倍元

$$s \cdot (ra + na) = (sr + ns) \cdot a$$

具有形式 $r'a$, 或者 $r'a + 0 \cdot a$.

理想 (a) 显然是包含 a 的最小的 (在包含关系下) 理想, 因为包含 a 的理想一定包含所有的倍元 ra 以及和 $\pm \sum a = na$, 从而所有的和 $ra + na$. 因此, 理想 (a) 也可以定义为所有包含 a 的理想的交.

如果环 o 有单位元素 e, 那么 $ra + na$ 可以写成 $ra + nea = (r + ne)n = r'a$. 因之在这个情形, (a)是由所有的通常的倍元 ra 组成. 例如, 在整数环中理想 (2) 是由所有偶数组成.

由一个元素 a 生成的理想 (a) 称为主理想. 零理想 (0) 总是主理想; 当 $\mathfrak{o}$ 有单位元素 e, 单位理想 $\mathfrak{o}$ 也是主理想, 即 $\mathfrak{o} = (e)$. 在非交换环里必须区分左、右主理想. 由 a 生成的右主理想由所有的和式 $ar + na$ 组成.

(4) 由元素 $a_1, \cdots, a_n$ 生成的理想同样可以定义为所有表成形式

$$\sum r_i a_i + \sum n_j a_j$$

的元素的集合, 或者是所有包含元素 $a_1, \cdots, a_n$ 的理想的交. 这个理想用 $(a_1, \cdots, a_n)$ 代表, $a_1, \cdots, a_n$ 称为一组理想基.

(5) 同样可以定义由一个无穷集合 $\mathfrak{M}$ 成生的理想 $(\mathfrak{M})$, 它是所有表成有限和

$$\sum r_i a_i + \sum n_j a_j \quad (a_i \in \mathfrak{M}, r_i \in \mathfrak{o}, n_j \text{ 整数})$$

的元素的全体.

同余类

一个理想 $\mathfrak{m}$, 作为环的加法群的子群, 在 $\mathfrak{o}$ 中定义一个分类, 把 $\mathfrak{o}$ 分成 $\mathfrak{m}$ 的陪集或者 $\mathfrak{m}$ 的同余类. 两个元素 a, b 称为对 $\mathfrak{m}$ 同余或者模 $\mathfrak{m}$ 同余, 如果它们属于相同的同余类, 这就是说, $a - b \in \mathfrak{m}$. 记为

$$a \equiv b(\mathrm{mod}\ \mathfrak{m}),$$

或者简写为

$$a \equiv b(\mathfrak{m}).$$

"a 不同余于 b" 写成 $a \not\equiv b$.

如果 $\mathfrak{m}$ 是一主理想 (m), 那么 $a \equiv b(\mathfrak{m})$ 也写成 $a \equiv b((m))$. 在这个情形也可去掉一层括号简写为 $a \equiv b(m)$.

通常地, 对于一个整数的同余式就是一个例子: $a \equiv b(n)$(读为 a 同余于 b 模 n) 就表示 $a - b$ 属于 (n), 也就是说, 它是 n 的倍数.

同余式的计算

如果用元素 c 加到一个对理想 $\mathfrak{m}$ 的同余式 $a \equiv b$ 的两边, 或者用 c 乘同余式的两边, 同余式显然仍成立. 由此进一步推出: 如果 $a \equiv a'$ 与 $b \equiv b'$, 则

$$a + b \equiv a + b' \equiv a' + b',$$
$$ab \equiv ab' \equiv a'b'.$$

因之, 同余式可以相加与相乘.

同余式的两边也可以用一个通常的整数 n 来乘. 由 $n = -1$, 再结合以上的结果就有: 同余式可以相减.

因之同余式完全可以像方程一样计算. 只是一般地不能消去公因子. 例如, 在整数中

$$15 \equiv 3(6),$$

但是虽然 $3 \not\equiv 0(6)$, 并不能得出 $5 \equiv 1(6)$.

习题 3.13   证明: 在整数环中理想 $(m)(m > 0)$ 的同余类可以用数 $0, 1, \cdots, m - 1$ 来代表, 因之可以用 $\mathfrak{K}_0, \mathfrak{K}_1, \cdots, \mathfrak{K}_{m-1}$ 表示.

习题 3.14   在整数环中, 数 10 与 13 合在一起生成的理想是什么?

习题 3.15 $a \equiv b(0)$ 是什么意思?

习题 3.16   元素 a 的所有的倍元 ra 组成一个理想 $\mathfrak{o}a$. 在偶数环中举例说明这个理想不一定与主理想 (a) 重合.

理想与环同态的关系正如正规子群与群同态的关系一样. 我们现在从同态的概念开始.

两个环的同态 $\mathfrak{o} \sim \bar{\mathfrak{o}}$ 定义了环 $\mathfrak{o}$ 的一个分类: 类 $\mathfrak{K}_a$ 是由所有以 $\bar{a}$ 为象元素的元素组成. 这个分类我们现在可以较确切地刻画为:

$\mathfrak{o}$ 中在同态 $\mathfrak{o} \sim \bar{\mathfrak{o}}$ 下对应到零元素的类 $\mathfrak{n}$ 是 $\mathfrak{o}$ 的一个理想, 其余的类都是这个理想的同余类.

证明   首先 $\mathfrak{n}$ 是模. 因为如果 a 与 b 在同态映射下变到零, 那么 $-b$ 也变到零. 从而它们的差 $a - b$ 也变到零. 所以随着 a 与 b 属于类 $\mathfrak{n}$, $a - b$ 也属于类 $\mathfrak{n}$.

$\mathfrak{n}$ 是理想, 因为如果 a 变到零, r 是任意元素, 那么 ra 变到 $\bar{r} \cdot 0 = 0$, 所以 ra 也属于 $\mathfrak{n}$.

代表为 a 的同余类中的元素 $a + c(c \in \mathfrak{n})$ 变到 $\bar{a} + 0 = \bar{a}$, 因之全属于一个类 $\mathfrak{K}_a$. 反过来, 如果元素 b 变到 $\bar{a}$, 那么 $b - a$ 变到 $\bar{a} - \bar{a} = 0$, 因而 $b - a \in \mathfrak{n}$, b 与 a 属于同一个同余类. 这就完成了证明.

于是, 对于每一个同态都有一个理想作为它的核.

我们现在反过来看这个关系: 从 $\mathfrak{o}$ 中一个理想 $\mathfrak{m}$ 出发, 我们问, 是不是有一个与 $\mathfrak{o}$ 同态的环 $\bar{\mathfrak{o}}$, 它的元素恰好与 $\mathfrak{m}$ 的同余类对应.

为了造出这样一个环, 我们和在 2.5 节中一样来做: 我们就取 $\mathfrak{m}$ 的同余类作为要造的这个环的元素, 同余类 $a + \mathfrak{m}$ 用 $\bar{a}$ 表示, 同余类 $b + \mathfrak{m}$ 用 $\bar{b}$ 表示, 定义 $\bar{a} + \bar{b}$ 为 $a + b$ 所在的同余类, $\bar{a} \cdot \bar{b}$ 为 $a \cdot b$ 所在的同余类. 如果 $a' \equiv a$ 是 $\bar{a}$ 中另一个元素,

$b' \equiv b$ 是 $\bar{b}$ 中另一个元素, 那么有[1]

$$a' + b' \equiv a + b,$$
$$a' \cdot b' \equiv a \cdot b.$$

因之 $a' + b'$ 与 $a + b$ 属于同一个同余类, $a' \cdot b'$ 与 $a \cdot b$ 属于同一个同余类. 由此可见, 所给的和与积的定义不依赖于 $\bar{a}, \bar{b}$ 中元素 a, b 的选择.

每个元素 a 对应一个同余类 $\bar{a}$, 这个对应是同态. 因为 $a + b$ 对应于和 $\bar{a} + \bar{b}$, ab 对应于积 $\bar{a}\bar{b}$, 因之同余类组成一个环 (3.2 节). 这个环称为 o 对于理想 $\mathfrak{m}$ 或者 o 模 $\mathfrak{m}$ 的同余类环 $o/\mathfrak{m}$. 上面所给的对应把 o 同态地映射到 $o/\mathfrak{m}$. 在这个同态之下, 理想 $\mathfrak{m}$ 与上面的 $\mathfrak{n}$ 有相同的地位: 它确实是零剩余类里的元素的集合.

这里我们看到了理想的重要性: 利用它们可以造出与一个环同态的环. 造出来的环的元素是一个理想的同余类. 为了把两个同余类相乘或者相加, 只要在同余类中任取两个代表相乘或者相加. 由 $a \equiv b$ 推出 $\bar{a} = \bar{b}$: 同余式在过渡到同余类环中变成了等式, o 中同余式的运算对应于 $o/\mathfrak{m}$ 中等式的运算.

这样造出的与 o 同态的环: 同余类环 $o/\mathfrak{m}$ 基本上穷尽了所有与 o 同态的环. 如果 $\bar{o}$ 是 o 的任意一个同态象, 那么我们看到, $\bar{o}$ 的元素 1-1 地对应于一个理想 $\mathfrak{n}$ 的同余类. 同余类 $\mathfrak{K}_a$ 对应 $\bar{o}$ 中元素 $\bar{a}$. 同余类 $\mathfrak{K}_a$, $\mathfrak{K}_b$ 的和与积分别是 $\mathfrak{K}_{a+b}$ 与 $\mathfrak{K}_{ab}$, 与它们对应的元素是

$$\overline{a + b} = \bar{a} + \bar{b}$$
$$\overline{ab} = \bar{a}\bar{b}.$$

因之, 同余类与 $\bar{o}$ 中元素的这个对应是一个同构. 这就证明了:

每个与 o 同态的环 $\bar{o}$ 都同构于一个同余类环 $o/\mathfrak{n}$. $\mathfrak{n}$ 是所有在 $\bar{o}$ 中象为零的元素组成的理想. 反之, 每个同余类环 $o/\mathfrak{n}$ 都是 o 的一个同态象 (环的同态定理).

同余类环的例子

在整数环中, 对于一正整数 m 的同余类可以用 $\mathfrak{K}_0$, $\mathfrak{K}_1$, $\cdots$, $\mathfrak{K}_{m-1}$ 表示 (参看习题 3.13), 这里 $\mathfrak{K}_a$ 是所有被 m 除余 a 的数组成的同余类. 为了把同余类 $\mathfrak{K}_a$, $\mathfrak{K}_b$ 相乘或者相加, 只要把它们的代表 a, b 相乘或者相加, 然后化为它对于 m 的最小非负余数.

习题 3.17 虽然 o 没有零因子, 同余类环 $o/\mathfrak{m}$ 还是可能有. 在整数环中举一个例.

习题 3.18 同态 $o \sim \bar{o}$ 是同构的充分必要条件为 $\mathfrak{n} = (0)$.

习题 3.19 在域中除去零理想与单位理想外没有其他理想, 证明这个事实. 由此说明, 域有哪些可能的同态象?

---

[1] 所有的同余式自然都是模 $\mathfrak{m}$ 的.

3.6 整除性, 素理想

设 $\mathfrak{b}$ 是环 $\mathfrak{o}$ 的一个理想 (或者更一般地一个模). 如果 a 是 $\mathfrak{b}$ 的一个元素, 那么我们写成 $a \equiv 0(\mathfrak{b})$ 并且说, a 被理想 $\mathfrak{b}$ 整除. 如果一个理想 $\mathfrak{a}$(或者一个模) 的元素全被 $\mathfrak{b}$ 整除, 我们就说 $\mathfrak{a}$ 被 $\mathfrak{b}$ 整除. 这其实就是表示 $\mathfrak{a}$ 是 $\mathfrak{b}$ 的子集合, 记为

$$\mathfrak{a} \equiv 0(\mathfrak{b}).$$

我们称 $\mathfrak{b}$ 是 $\mathfrak{a}$ 的一个因子, $\mathfrak{a}$ 是 $\mathfrak{b}$ 的一个倍理想. 因而, 因子 = 包集合, 倍理想 = 子集合. 如果又有 $\mathfrak{a} \neq \mathfrak{b}$, 即 $\mathfrak{a} \subset \mathfrak{b}$, $\mathfrak{b}$ 就称为 $\mathfrak{a}$ 的一个真因子, $\mathfrak{a}$ 是 $\mathfrak{b}$ 的一个真倍理想.

在具有单位元素的交换环中, 对于主理想来说, $(a) \equiv 0((b))$ 就表示 $a = rb$, 于是理想论的整除性概念就变成了通常的整除性概念.

从现在开始所讨论的环又假定都是交换的.

$\mathfrak{o}$ 中一理想 $\mathfrak{p}$ 称为素理想, 如果它的同余类环 $\mathfrak{o}/\mathfrak{p}$ 是一整环, 也就是没有零因子.

如果 $\mathfrak{p}$ 的同余类与以前一样还用加横表示, 那么
由 $\bar{a}\bar{b} = 0$ 与 $\bar{a} \neq 0$ 推出 $\bar{b} = 0$.
或者同样地, 对 $\mathfrak{o}$ 中任意 a, b, 由

$$ab \equiv 0(\mathfrak{p}),$$
$$a \not\equiv 0(\mathfrak{p})$$

推出

$$b \equiv 0(\mathfrak{p}).$$

用文字来说就是: 如果 $\mathfrak{p}$ 整除乘积, 它一定整除其中一个因子.

显然, 单位理想一定是素理想, 因为条件 $a \not\equiv 0(\mathfrak{p})$ 是不可能被满足的. 零理想是素理想当且仅当环 $\mathfrak{o}$ 本身是一整环. 以后我们将看到, 在整数环 $\mathbb{Z}$ 中由一个素数生成的主理想也是素理想.

$\mathfrak{o}$ 中一理想称为极大的, 如果除去 $\mathfrak{o}$ 本身外它不包含在其他的理想中, 换句话说, 它除去单位理想外没有其他的真因子(例如, 上面提到的 $\mathbb{Z}$ 中素主理想 (p) 是极大的).

在具有单位元素的环 $\mathfrak{o}$ 中, 每一个不等于 $\mathfrak{o}$ 的极大理想 $\mathfrak{p}$ 一定是素理想, 并且它的同余类环 $\mathfrak{o}/\mathfrak{p}$ 是域. 反之, 如果 $\mathfrak{o}/\mathfrak{p}$ 是域, 则 $\mathfrak{p}$ 极大.

证明 在同余类环中我们要来解方程 $\bar{x}\bar{a} = \bar{b}$, 其中 $\bar{a} \neq 0$. 设 $a \not\equiv 0(\mathfrak{p})$, b 为任意元素, $\mathfrak{p}$ 与 a 生成一个理想, 它是 $\mathfrak{p}$ 的一个真因子 (因为它包含 a), 于是它一定

等于 $\mathfrak{o}$. 因之 $\mathfrak{o}$ 中任意的元素 b 都可以表成

$$b = p + ra \quad (p \in \mathfrak{p}, r \in \mathfrak{o}).$$

同态对应到同余类环中即得

$$\bar{b} = \bar{r}\bar{a},$$

从而方程 $\bar{x}\bar{a} = \bar{b}$ 就解出了.

因此这个同余类环是域. 由于域没有零因子, 所以 $\mathfrak{p}$ 是素理想.

反过来, 如果 $\mathfrak{o}/\mathfrak{p}$ 是域, $\mathfrak{a}$ 是 $\mathfrak{p}$ 的一个真因子, a 是 $\mathfrak{a}$ 中一个不属于 $\mathfrak{p}$ 的元素, 那么同余式

$$ax \equiv b(\mathfrak{p})$$

对每个 b 在 $\mathfrak{o}$ 中都有解. 由此推出

$$ax \equiv b(\mathfrak{a}),$$
$$0 \equiv b(\mathfrak{a}),$$

因为 b 是 $\mathfrak{o}$ 中任意元素, 所以 $\mathfrak{a} = \mathfrak{o}$.

整数环中的零理想这个例子说明并不是每个素理想都是极大的, 在整系数多项式环 $\mathbb{Z}[x]$ 中理想 (x) 也是这样一个例子, 因为它以理想 $(2, x)$ 作为一个真因子. 不难看出, 理想 (x) 与 $(2, x)$ 都是素的.

习题 3.20 *证明上面最后一句话.*

习题 3.21 *讨论整数环中理想 (2), (3), 并证明它们都是素理想.*

最大公因子与最小公倍

由两个理想 $\mathfrak{a}$, $\mathfrak{b}$ 的和生成的理想 $(\mathfrak{a}, \mathfrak{b})$ 称为这两个理想的最大公因子(g.c.d.), 它是它们的公因子, 并且每个公因子都能整除它. $(\mathfrak{a}, \mathfrak{b})$ 也称为这两个理想的和, 因为它显然是由所有的元素 $a + b$ 组成, 其中 $a \in \mathfrak{a}, b \in \mathfrak{b}$.

理想 $\mathfrak{a}$, $\mathfrak{b}$ 的交 $\mathfrak{a} \cap \mathfrak{b}$ 称为它们的最小公倍(l.c.m.), 它是它们的公倍并且能整除它们的每个公倍.

3.7 Euclid 环与主理想环

定理 在整数环 $\mathbb{Z}$ 中每个理想都是主理想.

证明 设 $\mathfrak{a}$ 是 $\mathbb{Z}$ 的一个理想. 如果 $\mathfrak{a} = (0)$, 结论是显然的. 如果 $\mathfrak{a}$ 包含一个数 $c \neq 0$, 那么它也包含 $-c$, 两者之中一定有一个是正的. 设 a 是理想 $\mathfrak{a}$ 中最小的正数.

如果 b 是理想中任一个数, r 是 b 被 a 除所得的余数, 于是

$$b = qa + r, \quad 0 \leqslant r < a.$$

因为 a, b 都属于这个理想, 所以 $b - qa = r$ 也属于它. 由 $r < a$ 即得 $r = 0$, 因为 a 是理想中最小的正数, 因此 $b = qa$. 这就是说, 理想中所有的数全是 a 的倍数. 由此得 $\mathfrak{a} = (a)$, 即 $\mathfrak{a}$ 是主理想.

同样可以证明:

如果 P 是域, 那么在多项式环 $P[x]$ 中每个理想都是主理想.

不妨假定 $\mathfrak{a} \neq (0)$. 在 $\mathfrak{a}$ 中取一个次数最低的多项式 a. 因为在多项式环中带余除法, 所以理想中每个多项式都可表成

$$b = qa + r,$$

这里, 如果 $r \neq 0$, 它的次数就低于 a 的次数, 这样, 结论就可同样得到了.

一个具有单位元素的整环称为主理想环, 如果其中每个理想都是主理想. 以上我们证明了整数环 $\mathbb{Z}$ 与多项式环 $P[x]$ 是主理想环.

域显然是主理想环. 因为如果域 P 的一个理想 $\mathfrak{a}$ 不是零理想, 它必包含一个 $u \neq 0$, 因而包含 $a^{-1} \cdot a = 1$. 因此 $\mathfrak{a} = (1)$ 是零理想之外的唯一的理想 (参看习题 3.19).

在以上两个情形中所用的证明方法可以作如下的推广. 设 $\mathfrak{R}$ 是一交换环, 其中每个非零元素 a 都对应一个非负整数 $g(a)$, 具有性质:

(1) 对于 $a \neq 0, b \neq 0$ 有 $ab \neq 0$ 且 $g(ab) \geqslant g(a)$.

(2) (带余除法) 对于任意两个元素 a, b, 其中 $a \neq 0$, 有

$$b = qa + r,$$

这里 $r = 0$ 或者 $g(r) < g(a)$.

在 $\mathfrak{R} = \mathbb{Z}$ 的情形, 令 $g(a) = |a|$, 在 $\mathfrak{R} = P[x]$ 的情形 $g(a)$ 是多项式 a 的次数. 具有这个性质的环称为 Euclid 环. 利用以上对于 $\mathfrak{R} = \mathbb{Z}$ 与 $\mathfrak{R} = P[x]$ 所用的证明方法即得定理:

定理   在 Euclid 环中每个理想都是主理想, 即理想中的元素全是生成元 a 的倍元 qa.

特别, 如果应用这个定理到单位理想, 也就是整个的环上, 那么存在一个元素 a, 所有的环元素都是倍元 qa. 特别, a 本身也能表成:

$$a = ae.$$

由此推出, 对于 $b = qa$,

$$qa = qae, \quad 也就是 \; b = be.$$

这就证明了:

Euclid 环一定有单位元素.

Euclid 环中两个非零元素 a, b 生成的理想 (a, b) 是由所有形式为 $ra + sb$ 的元素组成, 这个理想当然也是主理想, 由一个元素 d 生成, 这就给出

$$d = ra + sb, \tag{3.10}$$

$$\begin{cases} a = gd, \\ b = hd. \end{cases} \tag{3.11}$$

根据 (3.11), d 是 a, b 的一个公因子, 根据 (3.10), d 又是最大公因子, 这就是说, a 与 b 的所有公因子全整除 d. 因之有

定理 在主理想环中, 任意两个元素 a, b 都有一个最大公因子 d, 它可以表成形式(3.10).

最大公因子通常用 $d = (a, b)$ 表示. 更确切地是 $(d) = (a, b)$, 因为只是理想 (d), 而不是 d, 被 a 与 b 所唯一决定. 如果 $(a, b) = 1$, 那么 a 与 b 就称为没有公因子的或者互素的.

上面的最大公因子的存在证明并没有给出它的实际求法. 在 Euclid 环中, 最大公因子可以通过 Euclid 已经给出的辗转相除法 (Euclid 算法[1], 由此才有 Euclid 环的名称) 来求.

假设给了两个环元素 a_0, a_1, 其中 $g(a_1) \leqslant g(a_0)$. 于是按带余除法, 有

$$a_0 = q_1 a_1 + a_2, \quad g(a_2) < g(a_1),$$
$$a_1 = q_2 a_2 + a_3, \quad g(a_3) < g(a_2).$$

再这样一直做下去, 直到除出的余是零为止:

$$a_{s-1} = q_s a_s.$$

数 $a_0, a_1, a_2, \cdots, a_s$ 全可以表成形式 $ra_0 + ta_1$. a_s 的每一个因子 (特别是 a_s 本身) 按最后的等式也是 a_{s-1} 的因子, 从而也是 a_{s-2} 的因子, 最后它也是 a_1 与 a_0 的因子, 因此 a_s 是 a_0 与 a_1 的最大公因子.

以上考虑可以推广到非交换的情形, 只是必须要求有左边的与右边的带余除法:

$$b = q_1 a + r_1 = a q_2 + r_2, \quad g(r_1) < g(a), \quad g(r_2) < g(a).$$

---

[1] Euclid. 几何原本. 第七篇. 定理 1 与 2.

于是推出, 每个左理想都包含一个元素 a, 理想中的元素全是 a 的左倍元 qa, 同样, 每个右理想也有一个元素 a, 理想中的元素全是 a 的右倍元 aq. 如果应用这个结论到单位理想上, 那么就可以证明左单位元素与右单位元素的存在, 从而单位元素存在.

与以上一样, 最后可以证明两个元素 a, b 的左边的以及右边的最大公因子的存在.

在一体 P 上的多项式环 $P[x]$ 是非交换的 Euclid 环的一个最重要的例子.

习题 3.22   关系 $(a, b)=(d)$ 不因环 $\mathfrak{o}$ 扩张到任一个包环 $\bar{\mathfrak{o}}$ 而改变.

习题 3.23   假如数 r 与 s 互素, 即 $(r, s)=1$. 群 $\mathfrak{G}$ 中任一个阶为 $r \cdot s$ 的元素 a 都是一个唯一决定的阶为 s 的方幂 $a^{\lambda r}$ 与一个唯一决定的阶为 r 的方幂 $a^{\mu s}$ 的乘积.

习题 3.24   如果 a 是一个阶为 n 的循环群的生成元, 那么所有的方幂 a^{μ} 也是生成元, 其中 $(\mu, n)=1$.

Euclid 环的又一个例子

复数 $a + bi$(a, b 是通常整数) 组成 Gauss 整数环.

由乘法的定义

$$(a+bi)(c+di) = (ac-bd) + (ad+bc)i$$

推出, 如果定义数 $\alpha = a+bi$ 的 "模" 为

$$N(\alpha) = (a+bi)(a-bi) = a^2 + b^2,$$

那么就有等式

$$N(\alpha\beta) = N(\alpha)N(\beta). \tag{3.12}$$

模 $N(\alpha)$ 是一个通常的整数, 只有当 α 为零时才为零, 否则总是正的 (它是平方和). 由 (3.12) 可知, 只有 α 或者 β 为零, 乘积 $\alpha\beta$ 才能为零, 因之它是一个整环.

根据 3.3 节, 它有一个商域. 如果 $\alpha = a + bi \neq 0$, 那么 $\alpha^{-1} = \dfrac{a - bi}{N(\alpha)}$, 因之商域中的元素全可以表成形式 $\dfrac{a}{n} + \dfrac{b}{n}i$($a$, b, n 是整数). 这些 "分数" 组成 "Gauss 数域". 对于这个域中的元素完全一样地有模的定义与等式 (3.12).

为了证明 Gauss 整数环有带余除法, 我们对于给定的数 α 与 $\beta \neq 0$ 来找一个数 $\alpha - \lambda\beta$, 它比 β 有较小的模. 首先取一个分数 $\lambda' = a' + b'i$, 使 $\alpha - \lambda'\beta = 0$, 然后

取分别与 a', b' 最近的整数 a, b, 令 $\lambda = a + bi$, $\lambda' - \lambda = \varepsilon$. 于是有

$$\alpha - \lambda\beta = a - \lambda'\beta + \varepsilon\beta = \varepsilon\beta,$$
$$N(\alpha - \lambda\beta) = N(\varepsilon)N(\beta),$$
$$N(\varepsilon) = N(\lambda' - \lambda) = (a' - a)^2 + (b' - b)^2 \leqslant \left(\frac{1}{2}\right)^2 + \left(\frac{1}{2}\right)^2 < 1,$$
$$N(\alpha - \lambda\beta) < N(\beta).$$

这就证明了带余除法，从而这个环是 Euclid 环[①].

3.8　因 子 分 解

在这一节我们只考虑具有单位元素的整环. 首先来看一下, 在这样的环中如何定义素元素 (或者不可分解元素) 比较合适. 在讨论中, 我们只考虑环中非零元素, 这一点就不到处声明了.

在整数环中通常的素数总有以下两种分解:

$$p = p \cdot 1 = (-p) \cdot (-1).$$

在分解中一定有一个因子是 "可逆元素", 所谓可逆元素就是逆 ε^{-1} 也在整数环中的数 ε. 1 与 -1 是可逆元素.

一般地, 如果给了一个具有单位元素的整数, 那么在环中有逆元素 ε^{-1} 的元素 ε 称为可逆元素[②]. 显然 ε^{-1} 也是可逆元素.

每个元素 a 总有分解

$$a = a\varepsilon^{-1} \cdot \varepsilon,$$

其中 ε 是一个可逆元素. 我们可以称这种以可逆元素作为一个因子的分解为平凡的分解.

如果一个元素 $p \neq 0$ 只有平凡的分解, 即由 $p = ab$ 推出 a 或 b 是一可逆元素, 它就称为不可分解元素或素元素 (对于整数就是素数; 对于多项式就是不可约多项式.)

---

① 关于是否在任意的主理想环中都有 Euclid 算法或者广义的 Euclid 算法的问题, 参看 Hasse H. *J. reine u. angew. Math.*, 1928, 159: 3–12. 关于在哪些代数数环中有 Euclid 算法的问题, Perron O (*Math. Ann.*, 107: 489), Oppenheim A (*Math. Ann.*, 109: 349), Berg E (*Kgl. Fysiogr. Sällskapets Lund Förhandl*, N5: 5), Hofreiter N (*Mh. Math. Physik*, 42: 397), Behrbohm H 与 Redei L(*I. reine u. angew. Math.*, 174: 198) 都曾经研究过.

② 在原文中, 可逆元素是 Einheit, 单位元素是 Einselement, 它们常常作为同义词来用. 但是在因子分解的讨论中, 二者必须严格区分.

两个只差一个可逆元素作为因子的元素, a 与 $b = a\varepsilon^{-1}$ 常常被称为相伴的元素. 它们之中的每一个都是另一个的因子. 对于所属的主理想有

$$(a) \subseteq (b), \quad (b) \subseteq (a), \quad \text{从而} (a) = (b).$$

因之相伴的元素生成相同的主理想.

反之, 如果两个元素 a, b 互为因子:

$$a = bc, \quad b = ad.$$

那么

$$b = bcd, \quad \text{从而} 1 = cd, \quad c = d^{-1},$$

因之 c 与 d 是可逆元素, a 与 b 是相伴的.

如果 c 是 a 的一个因子, 但不与 a 相伴, 即 $a = cd, d$ 不是可逆元素, 那么 c 就称为 a 的一个真因子. 在这个情形, a 就不是 c 的因子, 理想 (c) 是理想 (a) 的一个真因子. 否则, 假如 a 是 c 的因子, 即 $c = ab$, 于是

$$a = cd = abd,$$
$$1 = bd,$$

d 就要是可逆元素了.

素元素现在也可以定义为一个非零元素, 它除去可逆元素外没有真因子.

定理   在 Euclid 环中, 如果 b 是 a 的一个真因子, 则 $g(b) < g(a)$.

证明   用 a 除 b 有

$$b = aq + r, \quad g(r) < g(a).$$

以 $a = bc$ 代入, 即得

$$r = b - aq = b(1 - cq),$$
$$g(r) \geqslant g(b), \quad \text{从而} g(b) \leqslant g(r) < g(a).$$

在 Euclid 环中每个非零元素 a 都可以分解成素元素的连乘积:

$$a = p_1 p_2 \cdots p_r.$$

注   定理可以推广到主理想环, 但必须使用选择公理 (9.2 节). 本书的这一部分要保持初等, 因此不使用选择公理. 这里只给出 Euclid 环的证明.

证明 我们对 $g(a)$ 作完全归纳法: 假定结论对于所有的 $g(b) < n$ 的元素 b 已经成立, 而 $g(a) = n$. 如果 a 是素元素: $a = p$, 那么没有什么可证的. 如果 a 可以分解: $a = bc$, 其中 b 与 c 都是 a 的真因子, 那么

$$g(b) < g(a), \quad g(c) < g(a).$$

按归纳假定, b 与 c 都是素元素的乘积. 因之 $a = bc$ 也是素元素的乘积.

我们现在讨论素因子分解 $a = p_1 p_2 \cdots p_r$ 的唯一性究竟怎样, 讨论不限于 Euclid 环, 也包括一般的主理想环.

在主理想环中, 一个非可逆的不可分解元素生成极大素理想(它的同余类环因之是域).

证明 如果 p 不可分解, 那么 p 除去可逆元素外没有其他的真因子, 也就是 (因为每个理想都是主理想) 理想 (p) 除去单位理想外没有真理想因子.

注 在同余类环中, 方程 $\overline{ax} = \overline{b}$ 或者在原来环中同余式 $ax \equiv b(p)$ 的可解性自然也可以由以下事实推出, 由 $a \not\equiv 0(p)$ 必有 $(a, p) = 1$, 于是

$$1 = ar + ps,$$
$$b = arb + psb,$$
$$b \equiv arb(p).$$

一个直接的推论是: 如果素元素 p 整除一个乘积, 它一定整除其中一个因子. 因为这个同余类环没有零因子.

习题 3.25 利用 Euclid 算法解同余式

$$6x \equiv 7(19).$$

习题 3.26 如果在主理想环里 c 是不可分解元素, c 整除乘积 ab 而 c 不整除 a, 则 c 整除 b.

现在已经可以来证明在主理想环中的素因子分解唯一性定理. 设

$$a = p_1 p_2 \cdots p_r = q_1 q_2 \cdots q_s \tag{3.13}$$

是元素 a 在主理想环中的两个分解. 我们把 a 是可逆元素这个平凡的情形除外, 这时所有的 p_i 与 q_i 自然都是可逆元素. 我们可以假定 p_1 与 q_1 不是可逆元素并且在 p_i 与 q_i 中所有的可逆元素都与 p_1, q_1 合并起来. 这样, 可设 p_i 与 q_i 中没有可逆元素. 现在我们断言: $r = s$ 并且除去次序与差一个可逆的因子外, p_i 与 q_i 完全一样.

对于 $r = 1$ 结论是显然的, 因为根据 $a = p_1$ 的不可分解性, 乘积 $q_1 \cdots q_s$ 只能包含一个因子 $q_1 = p_1$. 对 r 作完全归纳法. 因为 p_1 整除乘积 $q_1 \cdots q_s$, 它必然整除

其中一个 q_i. 重新排列次序可令 p_1 整除 q_1:

$$q_1 = \varepsilon_1 p_1, \tag{3.14}$$

这里 ε_1 必须是可逆元素, 否则 q_1 就不是素元素了. 把 (3.14) 代入 (3.13) 并消去 p_1 得

$$p_2 \cdots p_r = (\varepsilon_1 q_2) q_3 \cdots q_s. \tag{3.15}$$

按归纳假定, (3.15) 中两端的因子除去差可逆因子外重合. 因为 p_1 与 q_1 也只差一个可逆因子, 这就完成了证明.

由所证的定理推出: Euclid 环中的元素, 除去因子的次序以及差可逆因子外, 可以唯一地表成素元素的乘积. 特别地, 这个定理在整数环中, 在系数在域中的一元多项式环中以及在 Gauss 整数环中是成立的.

习题 3.27   整系数多项式 $f(x)$ 模素数 p 可以唯一地表成模 p 的不可分解因子的乘积.

习题 3.28   Gauss 数环中可逆元素是什么? 在这个环中把 2, 3, 5 分解成素因子的乘积.

习题 3.29   在数 $a + b\sqrt{-3}$ 组成的环中, 4 有两个本质上不同的素因子分解:

$$4 = 2 \cdot 2 = (1 + \sqrt{-3})(1 - \sqrt{-3}).$$

习题 3.30   在主理想环中, 由与元素 a 互素的元素组成的模 a 的同余类在乘法下成一群.

在第 5 章将看到, 唯一因子分解定理在一些非主理想的环中也成立. 对于所有这样的环我们现在证明定理:

定理   如果 $\mathfrak{o}$ 中每个元素可以唯一地分解成素元素的乘积, 那么每个不可分解元素生成一素理想, 每个非零的可分解元素不生成素理想.

证明   设 p 不可分解. 如果 $ab \equiv 0(p)$, 那么 p 一定出现在 ab 的分解中. 把 a 与 b 的因子分解合在一起就得到 ab 的因子分解, 因之 p 一定出现在 a 的分解中或者 b 的分解中, 即 $a \equiv 0(p)$ 或者 $b \equiv 0(p)$.

现在设 p 可分解: $p = ab$, a, b 是 p 的真因子. 于是 $ab \equiv 0(p)$ 而 $a \not\equiv 0(p)$, $b \not\equiv 0(p)$. 理想 (p) 不是素理想.

习题 3.31   证明: 在具有唯一因子分解的环中, 任意两个或多个元素都有一个 "最大公因子" 与一个 "最小公倍", 它们除可逆因子外是唯一决定的.

注   在这种环中, 元素意义的最大公因子与理想意义的最大公因子不一定一致. 例如, 在整系数一元多项式环中, 元素 2 与 x 除去可逆元素外没有公因子, 但是理想 $(2, x)$ 并不是单位理想 (第 5 章将证明, 在这个环中有唯一的因子分解).

第4章 向量空间和张量空间

4.1 向量空间

(1) 设 K 是一个体, 其中的元素记为 $a, b, \cdots$ 称为系数或纯量; (2) 设 $\mathfrak{M}$ 是一个模 (即加法 Abel 群), 其元素为 $\boldsymbol{x}, \boldsymbol{y}, \cdots$ 称为向量; (3) $\boldsymbol{x}a$ 是向量与纯量的乘法, 具有以下性质:

V1. $\boldsymbol{x}a \in \mathfrak{M}$.

V2. $(\boldsymbol{x} + \boldsymbol{y})a = \boldsymbol{x}a + \boldsymbol{y}a$.

V3. $\boldsymbol{x}(a + b) = \boldsymbol{x}a + \boldsymbol{x}b$.

V4. $\boldsymbol{x}(ab) = (\boldsymbol{x}a)b$.

V5. $\boldsymbol{x}1 = \boldsymbol{x}$.

如果这些条件被满足, 就称 $\mathfrak{M}$ 是 K 上向量空间, 或更精确地说, 右 K 向量空间, 因为纯量 a 作用在向量的右边. 类似可以定义左 K 向量空间, 不过左 K 向量空间的结合律 V4 应该改成

V4*. $(ab)\boldsymbol{x} = a(b\boldsymbol{x})$.

如果 K 是域, 我们可以把 $\boldsymbol{x}a$ 写成 $a\boldsymbol{x}$. 右向量空间也成为左向量空间. 不过当 K 的乘法不可交换时, 必须区分右向量空间与左向量空间.

我们喜欢把 $\boldsymbol{x}(ab)$ 或 $(\boldsymbol{x}a)b$ 写成 $\boldsymbol{x}ab$. 且把 $\mathfrak{M}$ 的零元写成 0, 如同 K 的零元.

体 K 的所有扩体都可作为向量空间的例子, 更一般的例子是包含体 K 的环 R, 如果 K 与 R 有相同的单位元, 也是向量空间.

从性质 V2 可以推导出:

$$(\boldsymbol{x}_1 + \cdots + \boldsymbol{x}_r)a = \boldsymbol{x}_1 a + \cdots + \boldsymbol{x}_r a,$$
$$(\boldsymbol{x} - \boldsymbol{y})a = \boldsymbol{x}a - \boldsymbol{y}a,$$
$$0 \cdot a = 0.$$

从性质 V3 同样可以推导出:

$$\boldsymbol{x}(a_1 + \cdots + a_s) = \boldsymbol{x}a_1 + \cdots + \boldsymbol{x}a_s,$$
$$\boldsymbol{x}(a - b) = \boldsymbol{x}a - \boldsymbol{x}b,$$
$$\boldsymbol{x} \cdot 0 = 0.$$

如果在向量空间 $\mathfrak{M}$ 内存在有限多个生成元 $e_1, \cdots, e_m$, 使得 $\mathfrak{M}$ 里的任何元素可以由这些元以及 K 里的系数 a^k 表示[①]：

$$\boldsymbol{x} = \sum e_k a^k. \tag{4.1}$$

就称 $\mathfrak{M}$ 是有限维的或有限的.

如果生成元之一 e_k 能被其他生成元 e_i 表示, 那么 e_k 作为 $\mathfrak{M}$ 的生成元是多余的. 我们可从序列 $e_1, \cdots, e_m$ 里删除这个多余的元素, 并如此继续, 直到没有多余的 e_i 为止. 这样留下 n 个基向量 $\boldsymbol{p}_1, \cdots, \boldsymbol{p}_n$, 其中没有一个向量能表示成其他向量的线性组合. 如果一组向量中没有一个能表示成其余向量的线性组合, 就称这组向量线性无关.

如果 $\boldsymbol{p}_1, \cdots, \boldsymbol{p}_n$ 线性无关, 则

$$\boldsymbol{p}_1 a^1 + \cdots + \boldsymbol{p}_n a^n = 0 \tag{4.2}$$

蕴含

$$a^1 = 0, \cdots, a^n = 0.$$

事实上, 如果某个 $a^i \neq 0$, 则 (4.2) 里的 $\boldsymbol{p}_i$ 可以用其余向量表示.

如果 $\boldsymbol{p}_1, \cdots, \boldsymbol{p}_n$ 构成向量空间 $\mathfrak{M}$ 的线性无关基, 那么任意向量 $\boldsymbol{x}$ 用 $\boldsymbol{p}_k$ 表示时, K 里的系数 x^k 是唯一确定的：

$$\boldsymbol{x} = \sum \boldsymbol{p}_k x^k. \tag{4.3}$$

这是因为如果同一个向量 $\boldsymbol{x}$ 有另一个表达式：

$$\boldsymbol{x} = \sum \boldsymbol{p}_k y^k, \tag{4.4}$$

那么 (4.3) 式减去 (4.4) 式后得到一个线性关系式

$$\sum \boldsymbol{p}_k (x^k - y^k) = 0,$$

因此所有的差 $x^k - y^k$ 等于 0, 从而对所有的 k 有 $x^k = y^k$.

从 (4.3) 式可以知道, 每个向量 $\boldsymbol{x}$ 可以对应于 K 里唯一确定的系数序列 $x^1, \cdots, x^n$, 我们称它为向量 $\boldsymbol{x}$ 关于基 $\boldsymbol{p}_1, \cdots, \boldsymbol{p}_n$ 的坐标. 反之, 对于 K 里 n 个系数的序列, 根据 (4.3) 式, 可以对应唯一的向量 $\boldsymbol{x}$. 当基取定时, 就有了一一对应关系

$$\boldsymbol{x} \rightleftarrows (x^1, \cdots, x^n). \tag{4.5}$$

---

① 利用上标记述系数 a^k 是遵循 Einstein 在向量和张量运算里引入的符号规则. 按照这个规则, 如果一个指数同时作为上标和下标出现在一个乘积里, 就意味对它们求和.

向量加法可以通过坐标相加来实现:

$$\boldsymbol{x} + \boldsymbol{y} = \sum \boldsymbol{p}_k x^k + \boldsymbol{p}_k y^k = \sum \boldsymbol{p}_k (x^k + y^k).$$

向量与 a 相乘可以通过坐标与 a 相乘来实现:

$$\boldsymbol{x} a = \left(\sum \boldsymbol{p}_k x^k \right) a = \sum \boldsymbol{p}_k (x^k a).$$

基元素的个数 n 称为向量空间 $\mathfrak{M}$ 的维数. 在 4.2 节我们将看到维数与基的选取无关.

以下我们构造一个 n 维向量空间, 使得它可以成为所有相同维数向量空间的范例. 定义向量 $\boldsymbol{x}$ 为 K 内 n 个元素的序列 $x^1, \cdots, x^n$. 两个向量 $\boldsymbol{x}$ 与 $\boldsymbol{y}$ 的和定义为 n 元组 $(x^1 + y^1, \cdots, x^n + y^n)$. 向量 $\boldsymbol{x}$ 被 a 乘则是把每个 x^k 乘以 a. 这样定义的加法和乘法满足向量空间的所有定义条件. 以下 n 个向量

$$\boldsymbol{e}_k = (0, \cdots, 1, 0, \cdots, 0) \quad (1 \text{ 在第 } k \text{ 个位置})$$

构成一个基, 这是因为任意向量 $\boldsymbol{x} = (x^1, \cdots, x^n)$ 可以唯一表示成

$$\boldsymbol{x} = \sum \boldsymbol{e}_k x^k.$$

这个典范线性空间的维数确实是 n.

从对应关系 (4.5) 可得以下结论:

K 上每个 n 维向量空间都同构于由 n 元组 $(x^1, \cdots, x^n)$ 组成的典范线性空间.

习题 4.1 如果我们从一个基 $\boldsymbol{p}_1, \cdots, \boldsymbol{p}_n$ 转换到同一向量空间的另一个基 $\boldsymbol{e}_1, \cdots, \boldsymbol{e}_n$, 并且旧的基元素 $\boldsymbol{p}_k$ 可以由新的基元素 $\boldsymbol{e}_i$ 通过系数 p_k^i 表示出来:

$$\boldsymbol{p}_k = \sum \boldsymbol{e}_i p_k^i,$$

那么向量 $\boldsymbol{x}$ 的新坐标 $'x^i$ 可以用旧坐标如下表示:

$$'x^i = \sum p_k^i x^k.$$

4.2 维数不变性

我们要证明向量空间 $\mathfrak{M}$ 的维数, 也就是线性无关基的元素个数, 与基的选取无关.

如果有等式

$$\boldsymbol{y} = \boldsymbol{x}_1 a^1 + \cdots + \boldsymbol{x}_m a^m, \tag{4.6}$$

就称 $\boldsymbol{y}$ 与 $\boldsymbol{x}_1, \cdots, \boldsymbol{x}_m$ 线性相关 (对于 K). 这等价于在线性关系式

$$\boldsymbol{y}b + \boldsymbol{x}_1 b^1 + \cdots + \boldsymbol{x}_m b^m = 0 \tag{4.7}$$

中有 $b \neq 0$. 特别, 当 $\boldsymbol{y} = 0$ 时, 就说 $\boldsymbol{y}$ 与空集线性相关.

对于线性相关的概念有一系列的定理成立, 以下将分成基础定理与导出定理来提出. 基础定理直接从概念的定义导出. 相反地, 导出定理则由基础定理导出, 而不必再应用定义, 因而不必再考虑 "线性相关性" 概念的意义. 这样做的好处是在以后引入 "代数相关" 概念时, 只要基础定理成立, 同样的导出定理也成立.

只需三个基础定理就够了. 第一个是自明的.

基础定理 1　每一 $\boldsymbol{x}_i$ 与 $\boldsymbol{x}_1, \cdots, \boldsymbol{x}_m$ 线性相关.

基础定理 2　若 $\boldsymbol{y}$ 与 $\boldsymbol{x}_1, \cdots, \boldsymbol{x}_m$ 线性相关, 而不与 $\boldsymbol{x}_1, \cdots, \boldsymbol{x}_{m-1}$ 线性相关, 那么 $\boldsymbol{x}_m$ 与 $\boldsymbol{x}_1, \cdots, \boldsymbol{x}_{m-1}, \boldsymbol{y}$ 线性相关.

证明　在方程 (4.7) 中必须 $b^m \neq 0$, 否则 $\boldsymbol{y}$ 将与 $\boldsymbol{x}_1, \cdots, \boldsymbol{x}_{m-1}$ 线性相关.

基础定理 3　若 $\boldsymbol{z}$ 与 $\boldsymbol{y}_1, \cdots, \boldsymbol{y}_n$ 线性相关, 又每一 $\boldsymbol{y}_j$ 与 $\boldsymbol{x}_1, \cdots, \boldsymbol{x}_m$ 线性相关, 那么 $\boldsymbol{z}$ 与 $\boldsymbol{x}_1, \cdots, \boldsymbol{x}_m$ 线性相关.

证明　由 $\boldsymbol{z} = \sum \boldsymbol{y}_k a^k$ 及 $\boldsymbol{y}_k = \sum \boldsymbol{x}_i b_k^i$ 推出

$$\boldsymbol{z} = \sum_k \left(\sum_i \boldsymbol{x}_i b_k^i \right) a^k = \sum \boldsymbol{x}_i b_k^i a^k = \sum_i \boldsymbol{x}_i \left(\sum_k b_k^i a^k \right).$$

由基础定理 1 及 3 推出

导出定理 1　若 $\boldsymbol{z}$ 与 $\boldsymbol{y}_1, \cdots, \boldsymbol{y}_n$ 线性相关, 那么 $\boldsymbol{z}$ 也与任何一个包有 $\boldsymbol{y}_1, \cdots, \boldsymbol{y}_n$ 的组 $\boldsymbol{x}_1, \cdots, \boldsymbol{x}_m$ 线性相关.

当 $\boldsymbol{y}_1, \cdots, \boldsymbol{y}_n$ 除次序外与 $\boldsymbol{x}_1, \cdots, \boldsymbol{x}_m$ 一致时, 就给出一个特殊情形. 因此, 线性相关的概念不依赖于 $\boldsymbol{x}_1, \cdots, \boldsymbol{x}_m$ 的次序.

定义　元素 $\boldsymbol{x}_1, \cdots, \boldsymbol{x}_n$ 被称为线性无关的, 假如其中没有一个元素与其余元素线性相关.

线性无关的概念不依赖于 $\boldsymbol{x}_1, \cdots, \boldsymbol{x}_n$ 的次序. 空集永远叫做线性无关的. 单独一个元素 $\boldsymbol{x}$, 当它与空集无关, 因而 $\boldsymbol{x} \neq 0$ 时, 是线性无关的.

导出定理 2　若 $\boldsymbol{x}_1, \cdots, \boldsymbol{x}_{n-1}$ 线性无关而 $\boldsymbol{x}_1, \cdots, \boldsymbol{x}_{n-1}, \boldsymbol{x}_n$ 则不然, 那么 $\boldsymbol{x}_n$ 与 $\boldsymbol{x}_1, \cdots, \boldsymbol{x}_{n-1}$ 线性相关.

证明　在元素 $\boldsymbol{x}_1, \cdots, \boldsymbol{x}_{n-1}, \boldsymbol{x}_n$ 之中必有一个与其余的线性相关. 如果这个元素是 $\boldsymbol{x}_n$, 那么我们已经证完了. 若不是 $\boldsymbol{x}_n$, 而是例如 $\boldsymbol{x}_{n-1}$, 那么 $\boldsymbol{x}_{n-1}$ 与 $\boldsymbol{x}_1, \cdots, \boldsymbol{x}_{n-2}, \boldsymbol{x}_n$ 线性相关而不与 $\boldsymbol{x}_1, \cdots, \boldsymbol{x}_{n-2}$ 线性相关, 从而 (基础定理 2) $\boldsymbol{x}_n$ 与 $\boldsymbol{x}_1, \cdots, \boldsymbol{x}_{n-2}, \boldsymbol{x}_{n-1}$ 线性相关.

导出定理 3 有限多个向量 $x_1, \cdots, x_n$ 的组含有一个 (可能是空的) 线性无关部分组, 而一切 x_i $(i = 1, \cdots, n)$ 都与它线性相关.

证明 由这一组中选出一个含有尽可能多的线性无关向量的部分组. 每一个含于这个部分组内的 x_i, 根据基础定理 1, 也与这一部分组线性相关. 而每一不含于这个部分组内的 x_i, 根据导出定理 2, 与这一部分组线性相关.

定义 两个有限组 $x_1, \cdots, x_r$ 与 $y_1, \cdots, y_s$ 说是 (线性) 等价的, 假如每一 y_k 与 $x_1, \cdots, x_r$ 线性相关, 而每一 x_i 与 $y_1, \cdots, y_s$ 线性相关.

根据定义, 等价关系是对称的, 根据基础定理 1, 是自反的, 而根据基础定理 3, 是传递的. 如果一个元素 z 与两个等价组之中的一个线性相关, 那么根据基础定理 3, 它也与另一个线性相关. 根据导出定理 3, 每一有限组等价于一个线性无关部分组.

以下的替换定理是属于 Steinitz 的.

导出定理 4 设 $y_1, \cdots, y_s$ 线性无关而每一 y_j 与 $x_1, \cdots, x_r$ 线性相关, 那么在 x_i 的组里, 存在一个恰好含有 s 个元素的部分组 $\{x_{i_1}, \cdots, x_{i_s}\}$, 可以把它用 $\{y_1, \cdots, y_s\}$ 来替换, 使得由 $\{x_1, \cdots, x_r\}$ 通过替换所得的组与原来的组 $\{x_1, \cdots, x_r\}$ 等价. 由此特别有 $s \leqslant r$.

证明 对于 $s = 0$, 论断是明显的: 这时没有 y_j 而且没有什么可替换的. 假设论断对于 $\{y_1, \cdots, y_{s-1}\}$ 已经被证明, 并且假设 $\{y_1, \cdots, y_{s-1}\}$ 替换了 $\{x_{i_1}, \cdots, x_{i_{s-1}}\}$. 通过这一替换, 形成一个与 $\{x_1, \cdots, x_r\}$ 等价的组 $\{y_1, \cdots, y_{s-1}, x_k, x_l, \cdots\}$. 现在 y_s 与 $\{x_1, \cdots, x_r\}$ 线性相关, 从而也与等价组 $\{y_1, \cdots, y_{s-1}, x_k, x_l, \cdots\}$ 线性相关. 因此又存在 $\{y_1, \cdots, y_{s-1}, x_k, x_l, \cdots\}$ 的一个极小部分组, 使得 y_s 仍与它线性相关. 这个极小部分组不能完全由 y_j 组成, 因为 y_j 与 y_s 线性无关. 因此, 极小部分组 $\{y_j, \cdots, x_k\}$ 至少有一个 x_k, 我们称为 x_{i_s}. 根据基础定理 2, $x_k = x_{i_s}$ 与由 $\{y_j, \cdots, x_k\}$ 通过以 y_s 替换 x_k 所形成的组线性相关, 因而也与较大的组线性相关, 这个较大的组是由 $\{y_1, \cdots, y_{s-1}, x_k, x_l, \cdots\}$ 通过替换 $x_k \to y_s$ 而形成的. 令这个组是 $\{y_1, \cdots, y_{s-1}, y_s, x_l, \cdots\}$, 它与 $\{y_1, \cdots, y_{s-1}, x_k, x_l, \cdots\}$ 等价, 这是因为 x_k 与前一组线性相关, 而 y_s 也与后一组线性相关. 这样, 我们又将替换向前推进一步. 新的组 $\{y_1, \cdots, y_{s-1}, y_s, x_l, \cdots\}$ 与 $\{y_1, \cdots, y_{s-1}, x_k, x_l, \cdots\}$ 等价, 从而也与原来的组 $\{x_1, \cdots, x_r\}$ 等价.

导出定理 5 两个等价的线性无关组 $\{x_1, \cdots, x_r\}$ 与 $\{y_1, \cdots, y_s\}$ 由相同个数的元素组成.

证明 根据导出定理 4 有 $s \leqslant r$ 及 $r \leqslant s$.

从导出定理 5 可以知道, 向量空间 $\mathfrak{M}$ 的两个线性无关基 $\{x_1, \cdots, x_r\}$ 和 $\{y_1, \cdots, y_s\}$ 有相同个数的元素. 所以向量空间的维数与基的选取无关. 维数也称为关于 K 的线性秩或秩.

若 $\mathfrak{M}$ 关于 K 的维数是 r, 那么由替换定理可知, 在 $\mathfrak{M}$ 的 $r+1$ 个元素中, 总有一个元素与其他元素线性相关. 我们也可以把 $\mathfrak{M}$ 关于 K 的秩定义为 $\mathfrak{M}$ 的线性无关元素的最大个数. 因此可得以下结论:

$\mathfrak{M}$ 的线性子空间 $\mathfrak{N}$ (即与 K 的乘积相容的子模) 的维数最高等于 $\mathfrak{M}$ 的维数.

所谓 $\mathfrak{M}$ 的基总是指线性无关基. 在这个意义下假定 $\boldsymbol{p}_1, \cdots, \boldsymbol{p}_r$ 是 $\mathfrak{M}$ 的基, $\boldsymbol{e}_1, \cdots, \boldsymbol{e}_s$ 是 $\mathfrak{N}$ 的基. 根据替换定理, 把向量组 $\{\boldsymbol{p}_1, \cdots, \boldsymbol{p}_r\}$ 中的 s 个元素用 $\boldsymbol{e}_1, \cdots, \boldsymbol{e}_s$ 替换后, 得到的向量组与 $\{\boldsymbol{p}_1, \cdots, \boldsymbol{p}_r\}$ 等价. 我们把剩下的 $\boldsymbol{p}_i$ 重新命名为 $\boldsymbol{e}_{s+1}, \cdots, \boldsymbol{e}_r$. 这样就得到了新的生成元组:

$$\{\boldsymbol{e}_1, \cdots, \boldsymbol{e}_s, \ \boldsymbol{e}_{s+1}, \cdots, \boldsymbol{e}_r\}.$$

这个向量组仍然是线性无关的, 否则 $\mathfrak{M}$ 的维数会小于 r. 这样就证明了以下结论:

s 维线性子空间 $\mathfrak{N}$ 的一个基可以通过添加 $r-s$ 个元素 $\boldsymbol{e}_{s+1}, \cdots, \boldsymbol{e}_r$ 后成为全空间 $\mathfrak{M}$ 的基.

习题 4.2   通常的复数 $a+bi$ 构成实数域上的一个 2 维向量空间.

习题 4.3   区间 $0 \leqslant x \leqslant 1$ 上的连续实函数 $f(x)$ 的全体构成实数域上的向量空间, 但它不是有限秩的.

4.3   对偶向量空间

设 $\mathfrak{M}$ 是体 K 上的 n 维向量空间. $\mathfrak{M}$ 上的线性型 f 是定义在 $\mathfrak{M}$ 上, 在 K 内取值 $f(\boldsymbol{x})$ 的函数, 并且具有如下线性性质:

$$f(\boldsymbol{x} + \boldsymbol{y}) = f(\boldsymbol{x}) + f(\boldsymbol{y}), \tag{4.8}$$

$$f(\boldsymbol{x}a) = f(\boldsymbol{x})a. \tag{4.9}$$

如果向量 $\boldsymbol{x}$ 由 n 个基向量 $\boldsymbol{p}_1, \cdots, \boldsymbol{p}_n$ 表示成

$$\boldsymbol{x} = \boldsymbol{p}_1 x^1 + \cdots + \boldsymbol{p}_n x^n,$$

那么由 (4.8) 和 (4.9) 可得

$$f(\boldsymbol{x}) = f(\boldsymbol{p}_1)x^1 + \cdots + f(\boldsymbol{p}_n)x^n = u_1 x^1 + \cdots + u_n x^n, \tag{4.10}$$

其中 $u_i = f(\boldsymbol{p}_i)$. 因此线性型 $f(\boldsymbol{x})$ 是坐标 $x^1, \cdots, x^n$ 的齐次线性函数, 它的系数 $u_1, \cdots, u_n$ 在 K 内取值. 这些系数可以在 K 内任意选取. (4.10) 式定义的线性型 $f(\boldsymbol{x})$ 总具有性质 (4.8) 和 (4.9).

两个线性型 $f(\boldsymbol{x})$ 与 $g(\boldsymbol{x})$ 之和仍是线性型. 线性型 $f(\boldsymbol{x})$ 的左边乘以常数因子 a 可以得到线性型 $af(\boldsymbol{x})$.

我们现在把线性型 $f, g, \cdots$ 称为协向量, 记为 $\boldsymbol{u}, \boldsymbol{v}, \cdots$. 以后把 $f(\boldsymbol{x})$ 改写成 $\boldsymbol{u} \cdot \boldsymbol{x}$, 称之为协向量 $\boldsymbol{u}$ 与向量 $\boldsymbol{x}$ 的纯量积. 纯量积的计算规则如下:

$$\boldsymbol{u} \cdot (\boldsymbol{x} + \boldsymbol{y}) = \boldsymbol{u} \cdot \boldsymbol{x} + \boldsymbol{u} \cdot \boldsymbol{y},$$

$$\boldsymbol{u} \cdot \boldsymbol{x}a = (\boldsymbol{u} \cdot \boldsymbol{x})a,$$

$$(\boldsymbol{u} + \boldsymbol{v}) \cdot \boldsymbol{x} = \boldsymbol{u} \cdot \boldsymbol{x} + \boldsymbol{v} \cdot \boldsymbol{x},$$

$$a\boldsymbol{u} \cdot \boldsymbol{x} = a(\boldsymbol{u} \cdot \boldsymbol{x}).$$

因为可以用基体 K 的元素 $a, b, \cdots$ 左乘协向量, 协向量构成一个左向量空间, 称为 $\mathfrak{M}$ 的对偶空间 $\mathfrak{D}$. 如果取定了空间 $\mathfrak{M}$ 的基 $\boldsymbol{p}_1, \cdots, \boldsymbol{p}_n$, 那么由 (4.10) 式, 每个协向量 $\boldsymbol{u}$ 可以对应 n 个系数 $u_1, \cdots, u_n$ 的序列. 反之, 对每个这样的序列 $u_1, \cdots, u_n$, 可以对应唯一确定的协向量 $\boldsymbol{u}$:

$$\boldsymbol{u} \cdot \boldsymbol{x} = u_1 x^1 + \cdots + u_n x^n. \tag{4.11}$$

称 $u_1, \cdots, u_n$ 为协向量 $\boldsymbol{u}$ 的坐标. 两个协向量 $\boldsymbol{u}$ 与 $\boldsymbol{v}$ 相加相当于它们的坐标 u_i 与 v_i 相加. 用 a 左乘协向量 $\boldsymbol{u}$ 相当于它们的坐标左乘 a. 因此, 对偶空间 $\mathfrak{D}$ 同构于由 n 元组 $(u_1, \cdots, u_n)$ 构成的典范左向量空间. 所以 $\mathfrak{D}$ 与 $\mathfrak{M}$ 有相同维数. 当 K 是域时, $\mathfrak{D}$ 与 $\mathfrak{M}$ 同构.

如同 4.1 节, 协向量

$$\boldsymbol{q}^i = (0, \cdots, 1, 0, \cdots, 0) \quad (1 \text{ 出现在第 } i \text{ 位})$$

构成 $\mathfrak{D}$ 的基. 这个基通过以下方程

$$\boldsymbol{q}^i \cdot \boldsymbol{p}_k = \delta_k^i = 1, \quad \text{若} i = k, \text{否则等于 } 0 \tag{4.12}$$

与空间 $\mathfrak{M}$ 的基 $\boldsymbol{p}_1, \cdots, \boldsymbol{p}_n$ 相关联. 通过关系式 (4.12) 相联系的 $\mathfrak{M}$ 与 $\mathfrak{D}$ 的基称为相互对偶的. 协向量 $\boldsymbol{u}$ 关于基 $\boldsymbol{q}^1, \cdots, \boldsymbol{q}^n$ 的坐标就是前面定义的 $u_1, \cdots, u_n$.

纯量积 (4.11) 不仅对固定的 $\boldsymbol{u}$ 定义了 $\boldsymbol{x}$ 的一个线性型, 而且也对固定的 $\boldsymbol{x}$ 定义了 $\boldsymbol{u}$ 的一个线性型. $\mathfrak{D}$ 上的线性型都能如此得到, 因此 $\mathfrak{D}$ 的对偶空间仍是 $\mathfrak{M}$.

4.4 体上的线性方程组

作为解线性方程组的准备, 我们先考虑对偶空间 $\mathfrak{D}$ 里的 r 维线性子空间 $\mathfrak{C}$. 根据 4.2 节, $\mathfrak{C}$ 的基 $\boldsymbol{q}^1, \cdots, \boldsymbol{q}^r$ 可以扩充成 $\mathfrak{D}$ 的基 $\boldsymbol{q}^1, \cdots, \boldsymbol{q}^n$. 根据 4.3 节, 与对偶空间的这个基相对应, 存在 $\mathfrak{M}$ 的一个对偶基 $\boldsymbol{p}_1, \cdots, \boldsymbol{p}_n$, 因为 $\mathfrak{M}$ 是 $\mathfrak{D}$ 的对偶空间.

我们要找一个向量 $x \in \mathfrak{M}$, 使得 x 与子空间 $\mathfrak{C}$ 的所有协向量 u 的纯量积都等于零:

$$u \cdot x = 0, \quad \text{对所有的 } u \in \mathfrak{C}. \tag{4.13}$$

为此, x 只要满足 r 个线性方程

$$q^i \cdot x = 0 \quad (i = 1, \cdots, r). \tag{4.14}$$

如果把 x 用基向量 $p_1, \cdots, p_n$ 表示出来, 并且利用关系式 (4.12), 则 (4.14) 等价于

$$x^1 = 0, \cdots, x^r = 0. \tag{4.15}$$

因此, 所求向量具有以下的形式:

$$x = p_{r+1} x^{r+1} + \cdots + p_n x^n,$$

其中系数 $x^{r+1}, \cdots, x^n$ 可以取任意值. 这些向量构成了 $\mathfrak{M}$ 的一个 $n-r$ 维线性子空间 $\mathfrak{N}$. 这个子空间是由基向量 $p_{r+1}, \cdots, p_n$ 张成的.

反之, 已知 $\mathfrak{N}$, 要求出协向量 u, 使得它与 $\mathfrak{N}$ 的所有向量的纯量积都等于零, 那么我们得到的恰是 $\mathfrak{C}$ 里的协向量. 所以得到以下的结论.

在 $\mathfrak{D}$ 内的 r 维子空间 $\mathfrak{C}$ 与 $\mathfrak{M}$ 的 $n-r$ 维子空间 $\mathfrak{N}$ 之间有一个一一对应关系. 这个对应是如下定义的: $\mathfrak{N}$ 由与 $\mathfrak{C}$ 的协向量具有零纯量积的向量构成, $\mathfrak{C}$ 由与 $\mathfrak{N}$ 的向量具有零纯量积的协向量构成.

现在我们转向线性方程组的理论. 先考虑 n 个未知量 $x^1, \cdots, x^n$ 的 s 个齐次线性方程的情形:

$$\sum a_{ik} x^k = 0 \quad (i = 1, \cdots, s). \tag{4.16}$$

我们把 $x^1, \cdots, x^n$ 看成向量空间 $\mathfrak{M}$ 的向量 x 的坐标. 方程 (4.16) 可以写成

$$a_i \cdot x = 0, \tag{4.17}$$

其中 a_i 是坐标为 $a_{i1}, \cdots, a_{in}$ 的协向量. 如果某个协向量 a_i 与其他协向量线性相关, 那么相应的方程可以略去. 这样最终可以得到有 r 个独立方程的组 (4.17). 线性无关的协向量 a_i 生成对偶空间 $\mathfrak{D}$ 里的 r 维子空间 $\mathfrak{C}$. (4.17) 的解构成 $\mathfrak{M}$ 的与 $\mathfrak{C}$ 正交的子空间 $\mathfrak{N}$.

(4.17) 的独立方程个数 r, 也就是线性无关协向量 a_i 的个数, 称为方程组的秩. 这样就有如下结论:

r 秩齐次线性方程组的解 x 构成 $\mathfrak{M}$ 的 $n-r$ 维子空间 $\mathfrak{N}$, 也就是说, 存在 $n-r$ 个线性无关的解 $y^{(1)}, \cdots, y^{(n-r)}$, 使得所有的解都是它们的线性组合.

为了写出方程组 (4.16) 的解, 我们使用众所周知的逐次消元法. 这个方法也可用于非齐次线性方程组的情形:

$$\sum a_{ik}x^k = c_i \quad (i = 1, \cdots, s). \tag{4.18}$$

如果一个方程的系数全部是零, 那么或者 $c_i \neq 0$, 方程是矛盾的; 或者 $c_i = 0$, 方程是多余的. 当 x^k 的系数非零时, 我们可以从这个方程解出 x^k, 并代入其余方程. 不断重复这个过程, 经过若干步后, 或者导致矛盾, 或者可把某些 x^k (例如, $x^1, \cdots, x^r$) 用其他未知量表示, 剩下的未知量 $x^{r+1}, \cdots, x^n$ 可以任意取值.

如果方程组是齐次的 (所有的 $c_i = 0$), 那么它总有一个零解 $(0, \cdots, 0)$. 仅当方程组的秩小于 r 时才有非零解.

习题 4.4 方程组 (4.18) 有解当且仅当线性型 a_i 间具有的线性关系式也被相应的 c_i 满足, 也就是说,

$$\sum b^i a_i = 0 \quad \text{蕴含} \quad \sum b^i c_i = 0.$$

习题 4.5 n 个未知量 n 个齐次线性方程的组有非零解的必要条件是线性型 $a_1, \cdots, a_n$ 线性相关, 也就是说, 如下的 "转置线性方程组"

$$\sum y^i a_{ik} = 0$$

有非零解 $(y^1, \cdots, y^n)$.

4.5 线 性 变 换

设 $\mathfrak{M}$ 和 $\mathfrak{N}$ 是线性空间. 线性变换是从 $\mathfrak{M}$ 到 $\mathfrak{N}$ 的映射 A, 它具有以下两个性质:

$$A(x + y) = Ax + Ay, \tag{4.19}$$

$$A(xc) = (Ax)c. \tag{4.20}$$

由 (4.19), 可以得出

$$A(x - y) = Ax - Ay, \tag{4.21}$$

$$A(x_1 + \cdots + x_r) = Ax_1 + \cdots + Ax_r. \tag{4.22}$$

如果 $\mathfrak{M}$ 的维数是 m, $p_1, \cdots, p_m$ 是一个基, 那么线性变换 A 作用在任意向量 x 上的效果由它在基向量上的作用效果完全确定. 设

$$x = p_1 x^1 + \cdots + p_m x^m.$$

则由 (4.22) 和 (4.20) 可得

$$y = Ax = (Ap_1)x^1 + \cdots + (Ap_m)x^m. \tag{4.23}$$

如果 $\mathfrak{N}$ 的维数是 n, 那么我们可以在 (4.23) 式的两边把向量 $\boldsymbol{y}$ 和 $\boldsymbol{A}\boldsymbol{p}_k$ 用 $\mathfrak{N}$ 的基向量 $\boldsymbol{q}_1, \cdots, \boldsymbol{q}_n$ 表示出来:

$$\boldsymbol{y} = \sum \boldsymbol{q}_i y^i, \tag{4.24}$$

$$\boldsymbol{A}\boldsymbol{p}_k = \sum \boldsymbol{q}_i a_k^i. \tag{4.25}$$

代入 (4.23) 式并比较两边的系数, 可得

$$y^i = \sum a_k^i x^k. \tag{4.26}$$

因此, 线性变换 $\boldsymbol{A}$ 可以由矩阵 $\boldsymbol{A}$ 来确定, 也就是由体 K 内的 mn 个排成长方块的元素 a_k^i 确定:

$$\boldsymbol{A} = \begin{pmatrix} a_1^1 & a_2^1 & \cdots & a_m^1 \\ \vdots & \vdots & & \vdots \\ a_1^n & a_2^n & \cdots & a_m^n \end{pmatrix}.$$

如果取定了基 $\boldsymbol{p}_1, \cdots, \boldsymbol{p}_m$ 与 $\boldsymbol{q}_1, \cdots, \boldsymbol{q}_n$, 那么每个线性变换 $\boldsymbol{A}$ 确定了唯一的矩阵 $\boldsymbol{A}$, 反之亦对. 矩阵元素 a_k^i 的第一个指标 i 是行指标, 第二个指标 k 是列指标. 根据 (4.25), 第 k 列元素是向量 $\boldsymbol{A}\boldsymbol{p}_k$ 的坐标.

如果在变换 $\boldsymbol{A}$ 的后面再接一个把空间 $\mathfrak{N}$ 映入 r 维向量空间 $\mathfrak{R}$ 的第二个变换 $\boldsymbol{B}$:

$$z^h = \sum b_i^h y^i, \tag{4.27}$$

我们得到把 $\mathfrak{M}$ 映到 $\mathfrak{R}$ 内的线性变换 $\boldsymbol{C} = \boldsymbol{B}\boldsymbol{A}$, 其公式为

$$z^h = \sum b_i^h a_k^i x^k = \sum c_k^h x^k, \tag{4.28}$$

相应的矩阵是

$$\boldsymbol{C} = \boldsymbol{B}\boldsymbol{A}, \tag{4.29}$$

矩阵元素有以下关系式:

$$c_k^h = \sum b_i^h a_k^i. \tag{4.30}$$

公式 (4.30) 定义了矩阵的乘法. 当矩阵 $\boldsymbol{B}$ 的列数等于矩阵 $\boldsymbol{A}$ 的行数时, 我们就可以构造矩阵 $\boldsymbol{B}$ 与 $\boldsymbol{A}$ 的乘积 $\boldsymbol{B}\boldsymbol{A}$. 根据 (4.30), 乘积矩阵 $\boldsymbol{B}\boldsymbol{A}$ 的元素 c_k^h 可以从 $\boldsymbol{B}$ 的第 h 行元素与 $\boldsymbol{A}$ 的第 k 列元素对应相乘后再相加而得到.

如同变换的乘法, 矩阵的乘法也满足结合律:

$$\boldsymbol{D}(\boldsymbol{B}\boldsymbol{A}) = (\boldsymbol{D}\boldsymbol{B})\boldsymbol{A}.$$

因而可以简写成 $\boldsymbol{D}\boldsymbol{B}\boldsymbol{A}$. 对多于 3 个因子的乘积也有同样的结论.

我们对于坐标为 x^k 的向量 $\boldsymbol{x}$, 指定一个只有一个列的矩阵

$$X = \begin{pmatrix} x^1 \\ x^2 \\ \vdots \\ x^m \end{pmatrix}.$$

对于取定的基向量 $\boldsymbol{p}_1, \cdots, \boldsymbol{p}_m$, 这个矩阵唯一确定一个向量 $\boldsymbol{x} = \sum \boldsymbol{p}_k x^k$. 变换公式 (4.26) 现在可以写成矩阵等式:

$$Y = AX.$$

如果 $\mathfrak{M}$ 和 $\mathfrak{N}$ 有相同的维数, 那么 A 是方阵. 特别, 空间 $\mathfrak{M}$ 到自身的线性变换可以表示成一个方阵.

象空间 $A\mathfrak{M}$ 的维数就是线性无关象向量 $A\boldsymbol{x}$ 的个数, 称为线性变换 A 的秩. 矩阵 A 的线性无关列的个数称为 A 的列秩. 如果矩阵 A 是变换 A 的矩阵, 则矩阵 A 的列是向量 $A\boldsymbol{p}_1, \cdots, A\boldsymbol{p}_m$, 因此我们有以下的结论:

变换 A 的秩等于矩阵 A 的列秩.

如果秩等于空间 $\mathfrak{M}$ 的维数 m, 则映射 A 是 1-1 的. 如果还有空间 $\mathfrak{N}$ 的维数等于 $\mathfrak{M}$ 的维数, 那么象空间 $A\mathfrak{M}$ 等于 $\mathfrak{N}$, A 是 $\mathfrak{M}$ 到 $\mathfrak{N}$ 上的 1-1 线性映射. 这样的变换 A 称为非奇异的, 对应的矩阵 A 也称为非奇异的. 方阵是奇异的当且仅当它的列秩小于 n.

由于非奇异变换是 1-1 的, 因此有逆变换 A^{-1}, 它抵消了变换 A:

$$A^{-1}A = I, \tag{4.31}$$

这里的 I 代表单位变换, 它把每个变量 $\boldsymbol{x}$ 映到它自己. 它的矩阵是单位矩阵:

$$I = \begin{pmatrix} 1 & 0 & \cdots & 0 \\ 0 & 1 & \cdots & 0 \\ \vdots & \vdots & & \vdots \\ 0 & 0 & \cdots & 1 \end{pmatrix}.$$

如果先施行变换 A^{-1} 然后再施行 A, 可以得到同样的单位变换:

$$AA^{-1} = I. \tag{4.32}$$

等式 (4.31) 和 (4.32) 也可以写成矩阵等式:

$$A^{-1}A = AA^{-1} = I. \tag{4.33}$$

为了把矩阵 A^{-1} 写出来, 我们从方程组 (4.26) 里解出 x^k, 这通常可以用逐次消元法来做 (见 4.4 节). 设解为

$$x^k = \sum b_j^k y^j, \tag{4.34}$$

那么矩阵 $B = (b_j^k)$ 就是逆矩阵 $\boldsymbol{A}^{-1}$.

我们现在要研究当在 $\mathfrak{M}$ 和 $\mathfrak{N}$ 内引入新基时, 变换 $\boldsymbol{A}$ 的矩阵 $\boldsymbol{A}$ 如何变化. 设旧基是 $\boldsymbol{p}_1, \cdots, \boldsymbol{p}_n$ 与 $\boldsymbol{q}_1, \cdots, \boldsymbol{q}_m$, 新基是 $\boldsymbol{p}_1', \cdots, \boldsymbol{p}_n'$ 与 $\boldsymbol{q}_1', \cdots, \boldsymbol{q}_m'$. 新基可以由旧基表示成

$$\boldsymbol{p}_i' = \sum \boldsymbol{p}_j f_i^j, \tag{4.35}$$

$$\boldsymbol{q}_j' = \sum \boldsymbol{q}_k g_j^k. \tag{4.36}$$

系数 f_i^j 和 g_j^k 分别构成非奇异矩阵 $\boldsymbol{F}$ 和 $\boldsymbol{G}$. 设 $\boldsymbol{G}$ 的逆矩阵是 $\boldsymbol{G}^{-1} = \boldsymbol{H}$. 利用这个矩阵 $\boldsymbol{H} = (h_k^l)$, 我们可以解出 (4.36) 中的 $\boldsymbol{q}_k$:

$$\boldsymbol{q}_k = \sum \boldsymbol{q}_l' h_k^l. \tag{4.37}$$

由 (4.35), 矩阵 $\boldsymbol{A}$ 可以通过由 $\boldsymbol{q}_k$ 表示 $\boldsymbol{A}\boldsymbol{p}_j$ 而得到:

$$\boldsymbol{A}\boldsymbol{p}_j = \sum \boldsymbol{q}_k a_j^k. \tag{4.38}$$

为了得到新矩阵, 我们用 $\boldsymbol{q}_l'$ 表示 $\boldsymbol{A}\boldsymbol{p}_i'$:

$$\boldsymbol{A}\boldsymbol{p}_i' = \sum (\boldsymbol{A}\boldsymbol{p}_j) f_i^j = \sum \boldsymbol{q}_k a_j^k f_i^j$$
$$= \sum \boldsymbol{q}_l' h_k^l a_j^k f_i^j.$$

这样得到新的矩阵

$$\boldsymbol{A}' = \boldsymbol{H}\boldsymbol{A}\boldsymbol{F} = \boldsymbol{G}^{-1}\boldsymbol{A}\boldsymbol{F}. \tag{4.39}$$

当 $\mathfrak{M} = \mathfrak{N}$ 时有 $\boldsymbol{F} = \boldsymbol{G}$, 可得

$$\boldsymbol{A}' = \boldsymbol{F}^{-1}\boldsymbol{A}\boldsymbol{F}. \tag{4.40}$$

习题 4.6   空间 $\mathfrak{M}$ 到它自身的非奇异线性变换构成一个群.

习题 4.7   如果对于从 $\mathfrak{M}$ 到 $\mathfrak{N}$ 内的线性变换定义和 $\boldsymbol{A} + \boldsymbol{B}$ 为

$$(\boldsymbol{A} + \boldsymbol{B})\boldsymbol{x} = \boldsymbol{A}\boldsymbol{x} + \boldsymbol{B}\boldsymbol{x},$$

则 $\boldsymbol{A} + \boldsymbol{B}$ 仍是线性变换. 它的矩阵是矩阵 $\boldsymbol{A}$ 与 $\boldsymbol{B}$ 之和, 即其矩阵元素为

$$c_k^i = a_k^i + b_k^i.$$

4.5.1   转置 $\boldsymbol{A}^{\mathrm{T}}$

对于 $\mathfrak{M}$ 到 $\mathfrak{N}$ 内的每个变换 $\boldsymbol{A}$, 可以得到对偶空间 $\mathfrak{N}^d$ 到 $\mathfrak{M}^d$ 内的一个变换 $\boldsymbol{A}^{\mathrm{T}}$ 与之对应. 事实上, 设 $\boldsymbol{v}$ 是 $\mathfrak{N}^d$ 的固定协向量, $\boldsymbol{x}$ 是 $\mathfrak{M}$ 的变化向量, 则纯量积

$$\boldsymbol{v} \cdot \boldsymbol{A}\boldsymbol{x}$$

是 $\boldsymbol{x}$ 的线性型, 因此是 $\boldsymbol{x}$ 与协向量 $\boldsymbol{u}$ 的纯量积:

$$v \cdot A\boldsymbol{x} = \boldsymbol{u} \cdot \boldsymbol{x}. \tag{4.41}$$

这个协向量 $\boldsymbol{u}$ 显然依赖于 $\boldsymbol{v}$. 我们可以令

$$\boldsymbol{u} = \boldsymbol{A}^{\mathrm{T}}\boldsymbol{v}, \tag{4.42}$$

然后就有

$$v \cdot A\boldsymbol{x} = \boldsymbol{A}^{\mathrm{T}}\boldsymbol{v} \cdot \boldsymbol{x}. \tag{4.43}$$

由 (4.43) 定义的变换 $\boldsymbol{A}^{\mathrm{T}}$ 称为 $\boldsymbol{A}$ 的转置.

用坐标表示, (4.41) 可写成

$$\sum v_i a_k^i x^k = \sum u_k x^k.$$

由此可得

$$u_k = \sum v_i a_k^i.$$

因此, 变换 $\boldsymbol{A}^{\mathrm{T}}$ 的矩阵元素是同样的 a_k^i, 只不过现在 k 成了行指标, i 成了列指标. 这样得到的矩阵称为转置矩阵, 记为 $\boldsymbol{A}^{\mathrm{T}}$.

习题 4.8　　$\boldsymbol{A}^{\mathrm{T}}$ 的秩等于 $\boldsymbol{A}$ 的秩.

习题 4.9　　$\boldsymbol{A}^{\mathrm{T}}$ 的秩也等于 $\boldsymbol{A}$ 的行秩, 也就是线性无关行的个数. 这里的行看成左向量空间的元素, 列看成右向量空间的元素.

习题 4.10　　从习题 4.8 和 4.9 可以得出: 矩阵 $\boldsymbol{A}$ 的行秩等于它的列秩.

4.6　张　　量

设 $\mathfrak{M}$ 是域 K 上的 n 维向量空间, 有一个基 $\boldsymbol{p}_1, \cdots, \boldsymbol{p}_n$. $\mathfrak{M}$ 的向量可表成

$$\boldsymbol{x} = \boldsymbol{p}_1 x^1 + \cdots + \boldsymbol{p}_n x^n. \tag{4.44}$$

我们考虑在 K 内取值的双线性型 $f(\boldsymbol{x}, \boldsymbol{y})$, 也就是满足以下性质的一对向量 $\boldsymbol{x}$ 与 $\boldsymbol{y}$ 的函数:

$$f(\boldsymbol{x} + \boldsymbol{y}, \boldsymbol{z}) = f(\boldsymbol{x}, \boldsymbol{z}) + f(\boldsymbol{y}, \boldsymbol{z}), \tag{4.45}$$

$$f(\boldsymbol{x}, \boldsymbol{y} + \boldsymbol{z}) = f(\boldsymbol{x}, \boldsymbol{y}) + f(\boldsymbol{x}, \boldsymbol{z}), \tag{4.46}$$

$$f(\boldsymbol{x}a, \boldsymbol{y}) = f(\boldsymbol{x}, \boldsymbol{y}) \cdot a, \tag{4.47}$$

$$f(\boldsymbol{x}, \boldsymbol{y}b) = f(\boldsymbol{x}, \boldsymbol{y}) \cdot b. \tag{4.48}$$

只要知道了

$$t_{ik} = f(\boldsymbol{p}_i, \boldsymbol{p}_k) \tag{4.49}$$

就可以知道双线性型 $f(\boldsymbol{x}, \boldsymbol{y})$. 有

$$f(\boldsymbol{x}, \boldsymbol{y}) = f\left(\sum \boldsymbol{p}_i x^i, \sum \boldsymbol{p}_k y^k\right) = \sum t_{ik} x^i y^k, \tag{4.50}$$

其中 i 和 k 取 1 到 n 的值. 我们称 t_{ik} 为双线性型 f 的坐标. 如果在基域 K 里任意选取 t_{ik}, 那么由 (4.50) 式定义的型具有性质 (4.45)~(4.48). 所以在双线性型与 n^2 个坐标 (t_{ik}) 间存在一一对应的关系.

如同 4.3 节的线性型那样, 双线性型也可以相加, 可以与 K 的常数相乘. 它们构成一个 n^2 维向量空间. 这个空间的元素称为张量, 或更精确些, 称为秩 2 协变张量. 我们把这个张量记为 $\boldsymbol{t}$, 并且把 $f(\boldsymbol{x}, \boldsymbol{y})$ 写成 $\boldsymbol{t} \cdot \boldsymbol{xy}$. 由 (4.50),

$$\boldsymbol{t} \cdot \boldsymbol{xy} = \sum t_{ik} x^i y^k.$$

我们也可以省去中间的点号, 写成 $\boldsymbol{txy}$.

可以类似地考虑多重线性型或任意秩的协变张量

$$f(\boldsymbol{x}, \boldsymbol{y}, \boldsymbol{z}, \cdots) = \boldsymbol{t} \cdot \boldsymbol{xyz} \cdots,$$

它关于 $\boldsymbol{x}, \boldsymbol{y}, \boldsymbol{z}, \cdots$ 都是线性的. 其坐标为

$$t_{ikl\cdots} = f(\boldsymbol{p}_i, \boldsymbol{p}_k, \boldsymbol{p}_l, \cdots) = \boldsymbol{t} \cdot \boldsymbol{p}_i \boldsymbol{p}_k \boldsymbol{p}_l \cdots,$$

从而有

$$\boldsymbol{t} \cdot \boldsymbol{xyz} \cdots = f(\boldsymbol{x}, \boldsymbol{y}, \boldsymbol{z}, \cdots) = \sum t_{ikl\cdots} x^i y^k z^l \cdots.$$

与此相对偶, 可以构造反变张量, 也就是以协向量 $\boldsymbol{u}, \boldsymbol{v}, \cdots$ 作为变量的多重线性型. 例如

$$\boldsymbol{t} \cdot \boldsymbol{uvw} = g(\boldsymbol{u}, \boldsymbol{v}, \boldsymbol{w}) = \sum t^{ikl} u_i v_k w_l.$$

秩 1 协变张量就是协向量, 而秩 1 反变张量一一对应于空间 $\mathfrak{M}$ 的向量 $\boldsymbol{x}$.

$$\boldsymbol{t} \cdot \boldsymbol{u} = \boldsymbol{u} \cdot \boldsymbol{x} = \sum x^i u_i.$$

根据 Einstein 的观点, 我们也把协向量与向量称为协变向量与反变向量.

最后还有混合张量, 它们是以向量和协向量作为变量的多重线性型. 例如

$$\boldsymbol{t} \cdot \boldsymbol{ux} = f(\boldsymbol{u}, \boldsymbol{x}) = \sum t_i^k u^i x_k.$$

习题 4.11 秩 2 张量关于 x 和 y 对称, 即

$$t \cdot xy = t \cdot yx$$

的充分必要条件是它的坐标对称:

$$t_{ik} = t_{ki}.$$

习题 4.12 坐标为 a_k^i 的秩 2 混合张量 a 一一对应于空间 $\mathfrak{M}$ 到自身的线性变换 A, A 的矩阵元素是 a_k^i. 而且由下式表示的对应关系

$$a \cdot ux = u \cdot Ax$$

是不变的, 即与坐标系的选取无关.

习题 4.13 坐标为 g_{ik} 的协变张量 g 由以下等式

$$u \cdot z = g \cdot zx$$

或

$$u_i = \sum g_{ik} x^k$$

定义了从空间 $\mathfrak{M}$ 到对偶空间 $\mathfrak{M}^*$ 的线性变换 $x \to u$. 如果变换是非奇异的, 那么它是可逆的:

$$x^k = \sum g^{kl} u_l.$$

矩阵 (g_{ik}) 与 (g^{kl}) 的乘积是单位矩阵:

$$\sum g_{ik} g^{kl} = \delta_i^l.$$

4.7 反对称双线性型与行列式

设 K 是域, $\mathfrak{M}$ 是以 $p_1, \cdots, p_n$ 为基的 K 上 n 维向量空间.

双线性型 $f(x, y) = \sum t_{ik} x^i y^k$ 如果对任意的 x, y 有

$$f(x, y) + f(y, x) = 0, \tag{4.51}$$

$$f(x, x) = 0, \tag{4.52}$$

就被称为是交错的或反对称的. 性质 (4.51) 可以从 (4.52) 推导出来, 这是因为从 (4.52) 可得

$$f(x + y, x + y) = f(x, x) + f(x, y) + f(y, x) + f(y, y) = 0,$$

再由 (4.52) 可得

$$f(x, y) + f(y, x) = 0.$$

把 (4.51) 和 (4.52) 应用到基向量就能得出

$$t_{ik} + t_{ki} = 0, \tag{4.53}$$

$$t_{ii} = 0. \tag{4.54}$$

反过来, (4.51) 和 (4.52) 又能从 (4.53) 和 (4.54) 推导出来. 为此, 只要证明 (4.52) 就够了. 我们有

$$f(\boldsymbol{x}, \boldsymbol{x}) = \sum t_{ik} x^i x^k = \sum t_{ii} x^i x^i + \sum_{i<k} (t_{ik} + t_{ki}) x^i x^k = 0.$$

如果多重线性型 $F(\boldsymbol{x}, \boldsymbol{y}, \boldsymbol{z}, \cdots)$ 关于它的任意一对变量都是反对称的, 就称为反对称的. 为此, 只要当它的任意两个变量相等时有 $F(\boldsymbol{x}, \cdots) = 0$ 就可以了. 把这些性质应用到坐标 $t_{ikl\cdots}$, 就相当于在任意两个下标相等时取零值, 而在任意两个下标交换位置时改变符号:

$$t_{\cdots j \cdots j \cdots} = 0,$$

$$t_{\cdots j \cdots k \cdots} = -t_{\cdots k \cdots j \cdots}.$$

现在我们专门考察秩 n 的反对称多重线性型. 它们的坐标 $t_{ij\cdots}$ 有 n 个下标, 每个下标的变化范围都是从 1 至 n. 如果两个下标相等, 就有 $t_{ij\cdots} = 0$. 因此只需考虑下标构成 $12\cdots n$ 的置换的坐标 $t_{ij\cdots}$ 就够了. 设

$$t_{12\cdots n} = a.$$

任意下标集都可以从 $12\cdots n$ 通过逐次对换得到. 我们可以通过这样的对换先把下标 1 移到需要的位置, 然后再移 2 及其他下标. 每次对换使 $t_{ij\cdots}$ 乘以 -1. 偶数个对换 (ik) 的乘积是偶置换, 而奇数个对换的乘积是奇置换. 如果 π 是把 $12\cdots n$ 变到 $ijk\cdots$ 的置换, 则

$$\begin{cases} t_{ijk\cdots} = a, & \text{若 } \pi \text{ 是偶置换,} \\ t_{ijk\cdots} = -a, & \text{若 } \pi \text{ 是奇置换.} \end{cases} \tag{4.55}$$

如果取 $a = 1$, 就得到一个特殊的反对称多重线性型

$$D(\boldsymbol{x}, \boldsymbol{y}, \cdots) = \sum \pm x^i y^j z^k \cdots. \tag{4.56}$$

这个反对称多重线性型的特征是它在基向量 $\boldsymbol{p}_1, \cdots, \boldsymbol{p}_n$ 上的值是 1:

$$D(\boldsymbol{p}_1, \cdots, \boldsymbol{p}_n) = 1. \tag{4.57}$$

从 (4.55) 可知, 任何反对称多重线性型都等于 aD:

$$F = aD, \tag{4.58}$$

或者, 由于 $F(\boldsymbol{p}_1, \cdots, \boldsymbol{p}_n) = a$,

$$F(\boldsymbol{x}, \boldsymbol{y}, \cdots) = F(\boldsymbol{p}_1, \cdots, \boldsymbol{p}_n) \cdot D(\boldsymbol{x}, \boldsymbol{y}, \cdots). \tag{4.59}$$

由此我们得到了以下定理:

定理 存在唯一的反对称多重线性型 D, 它在基向量 $\boldsymbol{p}_1, \cdots, \boldsymbol{p}_n$ 上取值 1. 任何反对称多重线性型 F 可从 D 乘以

$$a = F(\boldsymbol{p}_1, \cdots, \boldsymbol{p}_n)$$

得到.

型 $D(\boldsymbol{x}, \boldsymbol{y}, \cdots)$ 称为 n 个向量 $\boldsymbol{x}, \boldsymbol{y}, \cdots$ 关于基 $\boldsymbol{p}_1, \cdots, \boldsymbol{p}_n$ 的行列式.

如果把 $\mathfrak{M}$ 取为 4.1 节的典范向量空间, 它的向量是 n 元组 $(x^1, \cdots, x^n)$, 那么 $\mathfrak{M}$ 里有一个自然基

$$\boldsymbol{e}_k = (0, \cdots, 1, 0, \cdots, 0). \tag{4.60}$$

向量 $(x^1, \cdots, x^n)$ 关于这个基的坐标就是 $x^1, \cdots, x^n$. 这样行列式 D 成为 n 个 n 元组的函数, 我们可把这 n 个 n 元组排列成矩阵 $\boldsymbol{B}$ 的列:

$$\boldsymbol{B} = \begin{pmatrix} x^1 & y^1 & \cdots \\ x^2 & y^2 & \cdots \\ \vdots & \vdots & \\ x^n & y^n & \cdots \end{pmatrix}. \tag{4.61}$$

根据前述, 这个函数 D 由以下三个性质唯一确定:

(1) D 关于矩阵 $\boldsymbol{B}$ 的每个列都是线性的.

(2) 当两个列相等时 D 等于 0.

(3) 如果各个列用基向量 (4.60) 代入, 则 D 等于 1.

行列式 D 通常写成

$$D = \begin{vmatrix} x^1 & y^1 & \cdots \\ x^2 & y^2 & \cdots \\ \vdots & \vdots & \\ x^n & y^n & \cdots \end{vmatrix} = \sum \pm x^i y^j z^k \cdots. \tag{4.62}$$

行列式 D 的最重要性质是乘法定理. 这个定理不难证明, 只要把线性变换 $\boldsymbol{A}$ 作用在向量 $\boldsymbol{x}, \boldsymbol{y}, \cdots$ 上, 观察

$$D(\boldsymbol{A}\boldsymbol{x}, \boldsymbol{A}\boldsymbol{y}, \cdots).$$

这个型仍然是多重线性的, 并且当任意两个向量 $\boldsymbol{x}, \boldsymbol{y}, \cdots$ 相等时等于 0. 应用前述定理, 也就是 (4.59), 我们发现

$$D(\boldsymbol{Ax}, \boldsymbol{Ay}, \cdots) = D(\boldsymbol{Ap}_1, \cdots, \boldsymbol{Ap}_n) \cdot D(\boldsymbol{x}, \boldsymbol{y}, \cdots). \tag{4.63}$$

向量 $\boldsymbol{Ap}_k$ 的坐标是 $a_k^1, a_k^2, \cdots$. 我们可以把 (4.63) 写成

$$\begin{vmatrix} \sum a_i^1 x^i & \sum a_i^1 y^i & \cdots \\ \sum a_i^2 x^i & \sum a_i^2 y^i & \cdots \\ \vdots & \vdots & \end{vmatrix} = \begin{vmatrix} a_1^1 & a_2^1 & \cdots \\ a_1^2 & a_2^2 & \cdots \\ \vdots & \vdots & \end{vmatrix} \cdot \begin{vmatrix} x^1 & y^1 & \cdots \\ x^2 & y^2 & \cdots \\ \vdots & \vdots & \end{vmatrix}. \tag{4.64}$$

这就是乘法定理. 如果把矩阵 $\boldsymbol{B}$ 的元素记为 b_k^j, 那么乘法定理也可以写成

$$\begin{vmatrix} \sum a_i^1 b_1^i & \sum a_i^1 b_2^i & \cdots \\ \sum a_i^2 b_1^i & \sum a_i^2 b_2^i & \cdots \\ \vdots & \vdots & \end{vmatrix} = \begin{vmatrix} a_1^1 & a_2^1 & \cdots \\ a_1^2 & a_2^2 & \cdots \\ \vdots & \vdots & \end{vmatrix} \cdot \begin{vmatrix} b_1^1 & b_2^1 & \cdots \\ b_1^2 & b_2^2 & \cdots \\ \vdots & \vdots & \end{vmatrix}.$$

或者把矩阵 $\boldsymbol{A}$ 的行列式记为 $\mathrm{Det}(\boldsymbol{A})$, 就能简写成

$$\mathrm{Det}(\boldsymbol{AB}) = \mathrm{Det}(\boldsymbol{A}) \cdot \mathrm{Det}(\boldsymbol{B}). \tag{4.65}$$

特别, 如果 $\boldsymbol{A}$ 是非奇异矩阵, $\boldsymbol{B}$ 是它的逆矩阵, 那么 (4.65) 的左边等于 1, 从而有

$$\mathrm{Det}(\boldsymbol{A}) \cdot \mathrm{Det}(\boldsymbol{A}^{-1}) = 1. \tag{4.66}$$

因此非奇异矩阵 $\boldsymbol{A}$ 的行列式不等于 0.

我们也可以把公式 (4.63) 写成以下形式

$$D(\boldsymbol{Ax}, \boldsymbol{Ay}, \cdots) = \mathrm{Det}(\boldsymbol{A}) \cdot D(\boldsymbol{x}, \boldsymbol{y}, \cdots).$$

两边乘以任意因子 c, 可得

$$cD(\boldsymbol{Ax}, \boldsymbol{Ay}, \cdots) = \mathrm{Det}(\boldsymbol{A}) \cdot cD(\boldsymbol{x}, \boldsymbol{y}, \cdots)$$

或

$$F(\boldsymbol{Ax}, \boldsymbol{Ay}, \cdots) = \mathrm{Det}(\boldsymbol{A}) \cdot F(\boldsymbol{x}, \boldsymbol{y}, \cdots),$$

这里 F 是任意的多重线性型. 因此, 为了从型 $F(\boldsymbol{x}, \boldsymbol{y}, \cdots)$ 得到 $F(\boldsymbol{Ax}, \boldsymbol{Ay}, \cdots)$, 必须乘上因子 $\mathrm{Det}(\boldsymbol{A})$. 从而 $\mathrm{Det}(\boldsymbol{A})$ 仅与变换 $\boldsymbol{A}$ 有关, 而与计算矩阵 $\boldsymbol{A}$ 使用的基 $\boldsymbol{p}_1, \cdots, \boldsymbol{p}_n$ 无关. 这样就可以把 $\mathrm{Det}(\boldsymbol{A})$ 称为线性变换 $\boldsymbol{A}$ 的行列式, 而不需指出使用怎样的基. 对于任意选取的基, 它总是等于矩阵 $\boldsymbol{A}$ 的行列式:

$$\mathrm{Det}(\boldsymbol{A}) = \mathrm{Det}(\boldsymbol{A}). \tag{4.67}$$

习题 4.14 如果矩阵的列线性相关, 那么它的行列式等于 0.

习题 4.15 线性变换 $\boldsymbol{A}$ 的行列式等于 0 当且仅当 $\boldsymbol{A}$ 是奇异的.

习题 4.16 n 个未知量的 n 个线性方程的组

$$\sum a_k^i x^k = c^i$$

对于任意选取的 c^i 都有唯一解的充分必要条件是矩阵 (a_k^i) 的行列式不等于 0.

习题 4.17 n 个未知量的 n 个线性方程的组

$$\sum a_k^i x^k = 0$$

仅当行列式等于 0 时才有非零解.

转置

考虑行列式

$$F = \begin{vmatrix} x^1 & x^2 & \cdots & x^n \\ y^1 & y^2 & \cdots & y^n \\ \vdots & \vdots & & \vdots \end{vmatrix} = \sum \pm x^1 y^2 \cdots,$$

其中右边的和式是关于向量 $\boldsymbol{x}, \boldsymbol{y}, \cdots$ 所有可能的置换取的. 函数 F 是交错的, 并且在基向量 $\boldsymbol{e}_1, \cdots, \boldsymbol{e}_n$ 上取值 1. 因此 F 等于行列式 $D(\boldsymbol{x}, \boldsymbol{y}, \cdots)$. 这样就得到以下结论:

转置矩阵 $\boldsymbol{A}^{\mathrm{T}}$ 的行列式等于矩阵 $\boldsymbol{A}$ 的行列式:

$$\mathrm{Det}(\boldsymbol{A}^{\mathrm{T}}) = \mathrm{Det}(\boldsymbol{A}). \tag{4.68}$$

习题 4.18 证明

$$\begin{vmatrix} (\boldsymbol{u} \cdot \boldsymbol{x}) & (\boldsymbol{u} \cdot \boldsymbol{y}) & \cdots \\ (\boldsymbol{v} \cdot \boldsymbol{x}) & (\boldsymbol{v} \cdot \boldsymbol{y}) & \cdots \\ \vdots & \vdots & \end{vmatrix} = D(\boldsymbol{u}, \boldsymbol{v}, \cdots) \cdot D(\boldsymbol{x}, \boldsymbol{y}, \cdots).$$

习题 4.19 多于 n 个向量 $\boldsymbol{x}, \boldsymbol{y}, \cdots$ 的交错多重线性型 $F(\boldsymbol{x}, \boldsymbol{y}, \cdots)$ 等于 0.

习题 4.20 由 $(n+1)$ 个协向量 $\boldsymbol{u}, \boldsymbol{v}, \cdots$ 与 $(n+1)$ 个向量 $\boldsymbol{x}, \boldsymbol{y}, \cdots$ 的纯量积 $\boldsymbol{u} \cdot \boldsymbol{x}, \cdots$ 构成的 $(n+1)$ 行 $(n+1)$ 列行列式等于 0.

4.8 张量积, 缩并与迹

仍设 $\mathfrak{M}$ 是域 K 上的 n 维向量空间.

我们用以下方式构造两个向量 $\boldsymbol{x}$ 与 $\boldsymbol{y}$ 的张量积 $\boldsymbol{x} \otimes \boldsymbol{y}$. 让两个协向量 $\boldsymbol{u}$ 和 $\boldsymbol{v}$ 各自独立地取遍对偶空间 $\mathfrak{M}^d$, 并且构造乘积

$$f(\boldsymbol{u}, \boldsymbol{v}) = (\boldsymbol{u} \cdot \boldsymbol{x})(\boldsymbol{v} \cdot \boldsymbol{y}).$$

这个乘积是 u 和 v 的双线性型, 因此定义了一个张量 t:

$$t \cdot uv = (u \cdot x)(v \cdot y). \tag{4.69}$$

称这个张量为张量积 $t = x \otimes y$. (4.69) 的定义不依赖于基的选取. 其坐标表示式为

$$\sum t^{ik} u_i v_k = \left(\sum u_i x^i \right) \left(\sum v_k y^k \right),$$

因而

$$t^{ik} = x^i y^k. \tag{4.70}$$

现在证明以下定理:

定理   从向量对 (x, y) 到向量空间 $\mathfrak{N}$ 内的任何双线性映射都可以用以下方式得到: 先构造向量对 (x, y) 的张量积 $t = x \otimes y$, 然后再把秩 2 张量的空间 $\mathfrak{T}$ 线性映射到 $\mathfrak{N}$ 内.

证明   如 4.6 节所述, 在 $\mathfrak{N}$ 里取值 $B(x, y)$ 的双线性映射 B 可以表示成以下公式:

$$B(x, y) = \sum s_{ik} x^i y^k, \tag{4.71}$$

其中 s_{ik} 是 $\mathfrak{N}$ 里的向量. 我们现在用下式定义从 $\mathfrak{T}$ 到 $\mathfrak{N}$ 内的线性映射 S:

$$St = \sum s_{ik} t^{ik}. \tag{4.72}$$

把这个映射应用到张量积 $t = x \otimes y$, 从 (4.70) 可得

$$S(x \otimes y) = \sum s_{ik} x^i y^k = B(x, y).$$

这就完成了证明.

推论   线性映射 S 由双线性映射 $B(x, y)$ 唯一确定.

证明   基向量的张量积 $p_i \otimes p_k$ 构成张量空间 $\mathfrak{T}$ 的基. 如果知道了值 $S(p_i \otimes p_k)$, 线性变换 S 也唯一地确定了.

值得注意的是, 定理和推论的陈述都与基的选取无关. 只是在证明过程中才引入基 $p_1, \cdots, p_n$.

习题 4.21   对于多重线性映射 $S(x, y, z, \cdots)$ 给出相应的定理.

上面的定理显然可以适用于向量 x 和 y 分别属于不同向量空间的情形. 设 $\mathfrak{D}$ 是 $\mathfrak{M}$ 的对偶空间. 我们可以构造 $\mathfrak{M}$ 的向量 x 与 $\mathfrak{D}$ 的协向量 u 之间的张量积:

$$t = x \otimes u.$$

它的坐标是

$$t^i_k = x^i u_k.$$

我们现在考虑双线性映射 B, 它在 x, u 上的取值是纯量积 $x \cdot u = u \cdot x$:

$$B(x, u) = x \cdot u.$$

根据定理和推论, 存在从张量空间 $\mathfrak{T}$ 到 K 内的唯一确定的线性映射, 使得

$$S(x \otimes u) = x \cdot u. \tag{4.73}$$

公式 (4.71) 和 (4.72) 提供了把 St 用张量 t 的坐标表示的方法. 公式 (4.71) 在这里相当于

$$x \cdot u = \sum x^i u_i,$$

所以 (4.72) 在这里相当于

$$St = \sum t_i^i. \tag{4.74}$$

算子 S 称为混合张量 t 的缩并. 从上面的证明可以看出, 缩并是一个不变算子, 也就是说与坐标系没有关系.

如果把张量的分量 t_k^i 写成矩阵

$$T = (t_k^i),$$

那么缩并就是对角线元求和, 也就是矩阵 T 的迹:

$$S(T) = \sum t_i^i. \tag{4.75}$$

因此矩阵的迹是张量 t 的不变量, 与坐标系的选取无关.

坐标为 t_k^i 的张量 t 一一对应于矩阵为 (t_k^i) 的线性变换 T (参见习题 4.12). 这个对应可以通过以下与坐标无关的等式定义:

$$t \cdot ux = u \cdot Tx.$$

这样就能得到以下定理:

矩阵 T 的迹 $S(T) = \sum t_i^i$ 是线性变换 T 的不变量.

这个定理也可以不使用张量积直接证明. 实际上从迹的定义 (4.75) 立即可得

$$S(BA) = S(AB),$$

$$S(CAB) = S(ABC).$$

如果我们以 $B = F$, $C = F^{-1}$ 直接代入, 这里 F 是非奇异矩阵, 就能得到

$$S(F^{-1}AF) = S(A).$$

而根据 (4.41), $F^{-1}AF$ 是线性变换 A 关于某个新基的矩阵, 因而迹 $S(A)$ 与基的选取无关.

第5章 多 项 式

本章研究关于系数在一个交换环 $\mathfrak{o}$ 中的一元及多元多项式的简单定理.

5.1 微 分 法

在这一节里, 将不用连续性思想对于任意多项式环 $\mathfrak{o}[x]$ 来定义有理整函数的微商.

令 $f(x) = \sum a_i x^i$ 是 $\mathfrak{o}[x]$ 中任意一个多项式. 在一个多项式环 $\mathfrak{o}[x, h]$ 中作多项式 $f(x+h) = \sum a_i(x+h)^i$, 并且依 h 的幂展开, 于是得

$$f(x+h) = f(x) + hf_1(x) + h^2 f_2(x) + \cdots,$$

或

$$f(x+h) \equiv f(x) + h \cdot f_1(x) (\mathrm{mod} h^2).$$

h 的 次幂的 (唯一确定) 系数 $f_1(x)$ 叫做 $f_1(x)$ 的导数, 通常记作 $f'(x)$. $f'(x)$ 显然也可以这样得到: 作差 $f(x+h) - f(x)$, 用其中所含的有理整因子 h 去除, 然后在所得的多项式中令 $h = 0$. 由此易见, 当 $\mathfrak{o}$ 就是实数域时, 导数的定义与通常把 $\lim\limits_{h \to 0} \dfrac{f(x+h) - f(x)}{h}$ 作为微商的定义是一致的. 因此导数也可以记作 $\dfrac{df}{dx}$ 或 $\dfrac{d}{dx} f(x)$, 或者当 f 除 x 外还含有其他变元时, 记作 $\partial f / \partial x$.

下列运算规则成立:

$$(f+g)' = f' + g', \tag{5.1}$$

$$(fg)' = f'g + fg'. \tag{5.2}$$

证明 (5.1):

$$f(x+h) + g(x+h) \equiv f(x) + hf'(x) + g(x) + hg'(x)(\mathrm{mod} h^2).$$

证明 (5.2):

$$\begin{aligned} f(x+h)g(x+h) &\equiv \{f(x) + hf'(x)\}\{g(x) + hg'(x)\} \\ &\equiv f(x)g(x) + h\{f'(x)g(x) + f(x)g'(x)\}(\mathrm{mod} h^2). \end{aligned}$$

同样可证一般的

$$(f_1 + \cdots + f_n)' = f_1' + f_2' + \cdots + f_n', \tag{5.3}$$

$$(f_1 f_2 \cdots f_n)' = f_1' f_2 \cdots f_n + f_1 f_2' \cdots f_n + \cdots + f_1 f_2 \cdots f_n'. \tag{5.4}$$

由 (5.4) 进一步推出

$$(ax^n)' = nax^{n-1}. \tag{5.5}$$

由 (5.3) 及 (5.5) 推出

$$\left(\sum_0^n a_k x^k \right)' = \sum_0^n k a_k x^{k-1}.$$

通过这些公式, 微商也可以形式地定义.

习题 5.1　设 $F(z_1, \cdots, z_m)$ 是一个多项式而 $F_v = \partial F / \partial z_v$. 证明公式

$$\frac{d}{dx} F(f_1(x), \cdots, f_m(x)) = \sum_1^m F_v(f_1, \cdots, F_m) \frac{df_v}{dx}.$$

习题 5.2　对于 r 次齐次多项式 $f(x_1, \cdots, x_n)$, 由方程

$$f(hx_1, \cdots, hx_n) = h^r f(x_1, \cdots, x_n)$$

推导 "Euler 微分方程":

$$\sum_v \frac{\partial f}{\partial x_v} x_v = rf.$$

习题 5.3　给出系数在一个域内的有理分函数 $f(x)/g(x)$ 的导数的代数定义, 并且证明关于和、积及商的微分法的熟知的运算规则.

5.2　多项式的零点

令 $\mathfrak{o}$ 是一个有单位元素的整环.

$\mathfrak{o}$ 的一个元素 α 叫做 $\mathfrak{o}[x]$ 中一个多项式 $f(x)$ 的零点或根, 如果 $f(\alpha) = 0$. 下列定理成立:

定理　若 α 是 $f(x)$ 的一个零点, 则 $f(x)$ 可以被 $x - \alpha$ 整除.

证明　以 $x - \alpha$ 除 $f(x)$ 得到

$$f(x) = q(x) \cdot (x - \alpha) + r,$$

此处 r 是一个常数. 以 $x = \alpha$ 代入得

$$0 = r,$$

从而

$$f(x) = q(x) \cdot (x - \alpha).$$

假若 $\alpha_1, \cdots, \alpha_k$ 是 $f(x)$ 的不同的零点, 则 $f(x)$ 能被乘积 $(x-\alpha_1)(x-\alpha_2)\cdots(x-\alpha_k)$ 整除.

证明　对于 $k=1$, 定理刚才已经被证明. 假设定理已经对于值 $k-1$ 被证明, 那么有

$$f(x) = (x - \alpha_1)\cdots(x - \alpha_{k-1})g(x).$$

以 $x = \alpha_k$ 代入, 得

$$0 = (\alpha_k - \alpha_1)\cdots(\alpha_k - \alpha_{k-1})g(\alpha_k),$$

因为 o 没有零因子, 又 $\alpha_k \neq \alpha_1, \cdots, \alpha_k \neq \alpha_{k-1}$, 所以

$$g(\alpha_k) = 0,$$

于是由上面的定理:

$$g(x) = (x - \alpha_k) \cdot h(x),$$

$$f(x) = (x - \alpha_1)\cdots(x - \alpha_{k-1})(x - \alpha_k)h(x).$$

推论　一个异于零的 n 次多项式在一个整环中至多有 n 个零点.

这一命题在一个没有单位元素的整环中也成立, 因为这样的一个整环总可以嵌入一个域 (有单位元素) 内. 然而, 它在有零因子的环中不成立. 例如, 在模 16 的同余类环内, 多项式 x^2 有零点 0, 4, 8, 12, 并且甚至还有这样的环, 在其中这个多项式有无穷多个零点 (习题 3.13).

若 $f(x)$ 能被 $(x-\alpha)^k$ 整除, 但不能被 $(x-\alpha)^{k+1}$ 整除, 那么就称 α 为 $f(x)$ 的一个 k 重零点(或 k 重根). 有

定理　$f(x)$ 的一个 k 重零点对它的导数 $f'(x)$ 来说至少是一个 $(k-1)$ 重零点.

证明　由 $f(x) = (x-\alpha)^k g(x)$ 推出

$$f'(x) = k(x - \alpha)^{k-1}g(x) + (x - \alpha)^k g'(x),$$

从而 $f'(x)$ 能被 $(x-\alpha)^{k-1}$ 整除.

同样可以证明: $f(x)$ 的一个单零点不再是导数 $f'(x)$ 的零点.

我们现在转向关于多元多项式的零点的一些定理.

定理　如果多项式 $f(x_1, \cdots, x_n)$ 不为零, 并且对于不定元 $x_1, \cdots, x_n$ 的每一个都有一个无限集供它取值, 而这些无限集包含在 o 或包含在一个包含 o 的整环中, 那么至少有一组值 $x_1 = \alpha_1, x_2 = \alpha_2, \cdots, x_n = \alpha_n$, 使得 $f(\alpha_1, \cdots, \alpha_n) \neq 0$.

证明　$f(x_1, \cdots, x_n)$ 作为 x_n 的多项式 (系数是在整环 $o[x_1, \cdots, x_{n-1}]$ 内), 至多有有限个零点. 因此在供 x_n 选取的值的无限集中, 有一个值 α_n 使得

$$f(x_1, \cdots, x_{n-1}, \alpha_n) \neq 0.$$

把这个表示式作为 x_{n-1} 的多项式处理. 于是有一个值 α_{n-1} 使得

$$f(x_1,\cdots,x_{n-2},\alpha_{n-1},\alpha_n)\neq 0.$$

如此等等.

推论 如果对于一个无限整环中一切特殊值x_i来说, 多项式$f(x_1,\cdots,x_n)$的值都是零, 那么它 ("恒等地") 等于零.

应该注意, 在代数里, 关于 $x_1,\cdots,x_n$ 的多项式等于零意味着它的一切系数都等于零, 而不是说对于 $x_1,\cdots,x_n$ 可能取的一切值, 多项式的值都是零. 因此方才所建立的定理并不是同语的反复.

习题 5.4 把最后这个定理推广到一组有限个多项式 $f_i(x_1,\cdots,x_n)$ 上, 其中每一个多项式都不恒等于零.

5.3 内插公式

我们仍回到一元多项式上, 但假定它的系数区域是一个域. 根据已证明的定理, 如果两个次数 $\leqslant n$ 的多项式在 $n+1$ 个点上的值相同, 那么它们彼此相等. 因为它们的差有 $n+1$ 个零点而最高是 n 次的. 因此至多存在一个多项式, 它在 $n+1$ 个不同的点 $\alpha_0,\cdots,\alpha_n$ 取给定的值 $f(\alpha_i)$. 另一方面, 总存在一个次数 $\leqslant n$ 的多项式, 它在这些点取所给定的值, 就是多项式

$$f(x)=\sum_{i=0}^{n}\frac{f(\alpha_i)(x-\alpha_0)\cdots(x-\alpha_{i-1})(x-\alpha_{i+1})\cdots(x-\alpha_n)}{(\alpha_i-\alpha_0)\cdots(\alpha_i-\alpha_{i-1})(\alpha_i-\alpha_{i-1})\cdots(\alpha_i-\alpha_n)}. \tag{5.6}$$

这样, 存在而且只存在一个次数$\leqslant n$的多项式, 它在 $n+1$ 个点 α_i 取给定的值 $f(\alpha_i)$, 这个多项式由公式 (5.6) 给出. 公式 (5.6) 叫做 Lagrange内插公式.

具有所希望的性质的一个多项式也可以通过 Newton内插公式

$$f(x)=\lambda_0+\lambda_1(x-\alpha_0)+\lambda_2(x-\alpha_0)(x-\alpha_1)+\cdots$$
$$+\lambda_n(x-\alpha_0)(x-\alpha_1)\cdots(x-\alpha_{n-1}) \tag{5.7}$$

得到, 此处系数 $\lambda_0,\cdots,\lambda_n$ 依次通过代入值 $x=\alpha_0,\cdots,x=\alpha_n$ 来确定.

最好按下面的方式进行计算: 首先, 在 (5.7) 中令 $x=\alpha_0$ 而得到

$$f(\alpha_0)=\lambda_0.$$

由 (5.7) 减去它并且用 $x-\alpha_0$ 去除, 于是得

$$\frac{f(x)-f(\alpha_0)}{x-\alpha_0}=\lambda_1+\lambda_2(x-\alpha_1)+\cdots+\lambda_n(x-\alpha_1)\cdots(x-\alpha_{n-1}). \tag{5.8}$$

把左端称作 $f(\alpha_0, x)$. 在 (5.8) 中令 $x = \alpha_1$, 有

$$f(\alpha_0, \alpha_1) = \lambda_1.$$

由 (5.8) 减去它并且用 $x - \alpha_1$ 去除, 得

$$\frac{f(\alpha_0, x) - f(\alpha_0, \alpha_1)}{x - \alpha_1} = \lambda_2 + \lambda_3(x - \alpha_2) + \cdots + \lambda_n(x - \alpha_2)\cdots(x - \alpha_{n-1}).$$

把左端称作 $f(\alpha_0, \alpha_1, x)$. 令 $x = \alpha_2$ 得

$$f(\alpha_0, \alpha_1, \alpha_2) = \lambda_2.$$

按这个方式继续下去. 一般, 令 (根据完全归纳定义)

$$f(\alpha_0, \cdots, \alpha_k, x) = \frac{f(\alpha_0, \cdots, \alpha_{k-1}, x) - f(\alpha_0, \cdots, \alpha_{k-1}, \alpha_k)}{x - \alpha_k}, \tag{5.9}$$

并且如上求得

$$f(\alpha_0, \cdots, \alpha_{k-1}, x) = \lambda_k + \lambda_{k+1}(x - \alpha_k) + \cdots + \lambda_n(x - \alpha_k)\cdots(x - \alpha_{n-1}),$$
$$f(\alpha_0, \cdots, \alpha_k) = \lambda_k. \tag{5.10}$$

$f(\alpha_0, \cdots, \alpha_k)$ 叫做函数 $f(x)$ 对于点 $\alpha_0, \cdots, \alpha_k$ 的 k 次差商. 由 (5.9) 有

$$f(\alpha_0, \alpha_1) = \frac{f(\alpha_1) - f(\alpha_0)}{\alpha_1 - \alpha_0},$$

$$f(\alpha_0, \alpha_1, \alpha_2) = \frac{f(\alpha_0, \alpha_2) - f(\alpha_0, \alpha_1)}{\alpha_2 - \alpha_1},$$

$$f(\alpha_0, \cdots, \alpha_n) = \frac{f(\alpha_0, \cdots, \alpha_{n-2}, \alpha_n) - f(\alpha_0, \cdots, \alpha_{n-2}, \alpha_{n-1})}{\alpha_n - \alpha_{n-1}}. \tag{5.11}$$

k 次差商也可以定义为一个次数 $\leqslant k$ 的多项式 $\varphi_k(x)$ 中 x^k 的系数, 这个多项式在点 $\alpha_0, \cdots, \alpha_k$ 上取值 $f(\alpha_0), \cdots, f(\alpha_k)$. 根据 Newton 内插公式, 这个多项式由

$$\varphi_k(x) = \lambda_0 + \lambda_1(x - \alpha_0) + \cdots + \lambda_k(x - \alpha_0)\cdots(x - \alpha_{k-1})$$

给出. 而在这个表达式中 x^k 的系数正好是 $\lambda_k = f(\alpha_0, \cdots, \alpha_k)$.

由最后给出的定义推出, k 次差商不依赖于点 $\alpha_0, \cdots, \alpha_k$ 的顺序 (即号码). 这个性质在实际计算时可以如此加以利用, 即当 $\alpha_0, \cdots, \alpha_k$ 是作为有理数按自然顺序给出时, 差商永远仅对邻接点 α_ν 作出, 并且用公式

$$f(\alpha_0, \alpha_1, \cdots, \alpha_k) = \frac{f(\alpha_1, \cdots, \alpha_k) - f(\alpha_0, \cdots, \alpha_{k-1})}{\alpha_k - \alpha_0} \tag{5.12}$$

代替公式 (5.11), 这个公式是在公式 (5.11) 中交换 α_ν 而得到的. 于是差商可以按以下方法排列成一个格式:

$$
\begin{array}{llll}
f(\alpha_0) & & & \\
f(\alpha_1) & f(\alpha_0, \alpha_1) & f(\alpha_0, \alpha_1, \alpha_2) & \cdots \\
f(\alpha_2) & f(\alpha_1, \alpha_2) & f(\alpha_1, \alpha_2, \alpha_3) & \\
f(\alpha_3) & f(\alpha_2, \alpha_3) & \cdots & \\
& \cdots & &
\end{array}
$$

根据 (5.12), 每一个后面的列都是由它前一列作一阶差商而构成的. 如果还有新的点出现, 这个格式可以任意向下继续. 如果 $f(x)$ 是一个 n 次多项式, 那么第 $n+1$ 列中都是常数, 即 x^n 的系数 λ_n. 这时在第 $n+2$ 列中全是零.

高阶算术数列

假定基域包含有理数域并且点 $\alpha_0, \alpha_1, \alpha_2, \cdots$ 取作相邻的整数, 例如 $0, 1, 2, \cdots$. 作出上面的差商格式, 那么根据 (5.12) 出现在第 $k+1$ 列差商中的分母 $\alpha_k - \alpha_0, \alpha_{k+1} - \alpha_1, \cdots$ 都等于 k, 把第二列乘以 1, 第三列乘以 2, 第四列乘以 $2 \cdot 3$, 一般, 第 $k+1$ 列乘以 $k!$, 那么代替差商格式, 我们得到差分格式:

$$
\left\{
\begin{array}{llll}
a_0 & & & \\
a_1 & \Delta a_0 & \Delta^2 a_0 & \cdots \\
a_2 & \Delta a_1 & \Delta^2 a_1 & \\
a_3 & \Delta a_2 & \vdots & \\
\vdots & \vdots & &
\end{array}
\right. \tag{5.13}
$$

在其中令 $f(\alpha_\nu) = a_\nu.\Delta a_\nu$ 表示 $a_{\nu+1} - a_\nu$; $\Delta^2 a_\nu$ 表示 $\Delta\Delta a_\nu = \Delta a_{\nu+1} - \Delta a_\nu$, 等等. 若 $a_0, a_1, \cdots$ 是一个 n 次多项式的值, 那么根据上述, n 次差分是常数而 $n+1$ 次差分是零. 这个多项式本身由公式 (5.7) 给出, 其中

$$
\lambda_k = \frac{\Delta^k a_0}{k!}. \tag{5.14}
$$

这一命题的逆命题也成立:

若序列 $a_0, a_1, a_2, \cdots$ 的 $n+1$ 次差分等于零, 那么 $a_0, a_1, \cdots$ 是一个 n 次多项式 $f(x)$ 的值, 这个多项式由公式 (5.7) 及 (5.14) 给出.

事实上, 若是以多项式 $f(x)$ 的值作一个差分格式, 并且与上面所给出的格式 (5.13) 比较, 那么就看出, 两个格式中各列的第一个元素 $a_0, \Delta a_0, \Delta^2 a_0, \cdots, \Delta^n a_0$ 都一样, 而第 $n+1$ 列的元素都是零, 由此依次推出, 在两个格式中, 第 n 列, 第 $n-1$ 列 , $\cdots$, 最后第一列的元素都相同.

刚才所导出的想法同时又告诉我们, 当各列的第一个元素 $\Delta^k a_0 = k! \lambda_k (k = 0, 1, \cdots, n)$ 给出时, 怎样从最后一列开始来计算格式 (5.13) 中所有的元素. 下面的例子 $(n = 3, a_0 = 0, \Delta a_0 = 1, \Delta^2 a_0 = 6, \Delta^3 a_0 = 6)$ 可以说明这种计算法:

$$
\begin{array}{llll}
0 & & & \\
 & 1 & & \\
1 & & 6 & \\
 & 7 & & 6 \\
8 & & 12 & \\
 & 19 & & 6 \\
27 & & 18 & \\
 & 37 & & 6 \\
64 & & 24 & \\
 & 61 & & \\
125 & & &
\end{array}
\qquad
\begin{array}{l}
\lambda_0 = 0, \\[2mm]
\lambda_1 = 1, \\[2mm]
\lambda_2 = \dfrac{6}{2} = 3, \\[2mm]
\lambda_3 = \dfrac{6}{6} = 1.
\end{array}
$$

$$
\begin{aligned}
f(x) &= \lambda_0 + \lambda_1 x + \lambda_2 x(x-1) + \lambda_3 x(x-1)(x-2) \\
&= x + 3x(x-1) + x(x-1)(x-2) = x^3.
\end{aligned}
$$

所谓一个零阶算术数列指的是一个由完全相同的数所组成的数列 $c, c, c, \cdots$, 而一个 n 阶算术数列指的是这样的一个数列, 它的差分数列是一个 $n-1$ 阶算术数列. 很明显, 假如格式 (5.13) 的第 $n+2$ 列全由零组成, 那么它的第一列作成一个 n 阶算术数列, 于是, 上面的证明也可以如下地叙述:

一个 n 次多项式 $f(x)$ 在点 $0, 1, 2, 3, \cdots$ 的值构成一个 n 阶算术数列, 而每一个 n 阶算术数列都是由一个次数最高为 n 的多项式在这些点的值所组成. 多项式 $f(x)$ 由公式 (5.7) 及 (5.14) 求得. 这样, 一个 n 阶算术数列的一般项 a_x 由公式

$$
a_x = f(x) = a_0 + (\Delta a_0)_x + \frac{\Delta^2 a_0}{2} x(x-1) + \cdots + \frac{\Delta^n a_0}{n!} x(x-1) \cdots (x-n+1)
$$

给出.

差分格式 (5.13) 在求由数值表 (例如由实验得出) 所给出的函数的插值及积分时可以找到实际应用. 设 $a_0, a_1, a_2, \cdots$ 是一个函数 $\varphi(x)$ 对于等距的变量值 $\alpha_0, \alpha_0 + h, \alpha_0 + 2h, \cdots$ 的值, 实践表明, 对于比较规则的函数以及不太大的步长 h, 二次、三次、四次或者在最复杂的情形五次差分实际上是零, 从而这个函数在某些相邻的区间内恰如一个最高是四次的多项式. 因此, 为了数值内插及积分的目的, 可以在表中取 2 至 5 个邻接的值作出一个多项式来代替这个函数. 内插法利用公式 (5.7) 作出. 在多数情形, 一次及二次差分, 从而线性或二次多项式就够了. 在把差分 $\Delta^k a_\nu$ 换算成差商时, 除了因子 $k!$ 外, 还有区间长 h 的幂出现. 因此代替 (5.14), 我们应用公式

$$
\lambda_k = \frac{\Delta^k a_0}{k! h^k}.
$$

如果变量值 $\alpha_0, \alpha_1, \cdots$ 不是等距的, 那么代替差分 $\Delta^k a_\nu$, 一开始就应该作出差商 (5.12). 关于计算的详细情形以及误差的估计等可参考有关的专著[1].

---

[1] 例如, Kowalewski. *Interpolation und Genäherte Quadratur*. Leipzig, 1930.

习题 5.5 n 阶算术数列的部分和 $s_m = \sum_{\nu=0}^{m-1} a_\nu$ (此处 $s_0 = 0$) 构成一个 $n+1$ 阶算术数列. 由此导出和的公式

$$s_m = ma_0 + \binom{m}{2} \Delta a_0 + \cdots + \binom{m}{n+1} \Delta^n a_0.$$

习题 5.6 给出关于和 $\sum_{\nu=0}^{m-1} \nu, \sum_{v=0}^{m-1} \nu^2, \sum_{\nu=0}^{m-1} \nu^3$ 的公式.

5.4 因 子 分 解

在 4.1 节里已经看到, 对于多项式环 $K[x]$, 此处 K 是一个域, 分解成素因子的唯一分解定理成立. 我们现在将证明以下的更一般的基本定理:

定理 若 $\mathfrak{G}$ 是一个有单位元素的整环, 并且在 $\mathfrak{G}$ 中唯一素因子分解定理成立, 那么这个定理在多项式环 $\mathfrak{G}[x]$ 中也成立.

这里所举出的证明是属于 Gauss 的.

设 $f(x) = \sum_0^n a_i x^i$ 是 $\mathfrak{G}[x]$ 中一个异于零的多项式. $a_0, \cdots, a_n$ 在 $\mathfrak{G}$ 中的最大公因子 d (参考习题 3.31) 叫做 $f(x)$ 的容度. 把 d 括出, 有

$$f(x) = d \cdot g(x),$$

其中 $g(x)$ 有容度 1. $g(x)$ 与 d 除可逆元素的因子外是唯一确定的. 具有容度 1 的多项式叫做本原多项式(关于 $\mathfrak{G}$ 的).

引理 1 两个本原多项式的积仍是一个本原多项式.

证明 设

$$f(x) = a_0 + a_1 x + \cdots$$

及

$$g(x) = b_0 + b_1 x + \cdots$$

是本原多项式. 假设 $f(x) \cdot g(x)$ 的系数有一个非可逆元素的最大公因子 d. 若 p 是 d 的一个素因子, 那么 p 一定能整除 $f(x)g(x)$ 的所有系数. 令 a_r 是 $f(x)$ 中第一个不能被 p 整除的系数, b_s 是 $g(x)$ 中第一个不能被 p 整除的系数.

$f(x)g(x)$ 中 x^{r+s} 的系数有形状

$$a_r b_s + a_{r+1} b_{s-1} + a_{r+2} b_{s-2} + \cdots + a_{r-1} b_{s+1} + a_{r-2} b_{s+2} + \cdots.$$

这个和应该能被 p 整除. 另一方面. 除第一项外, 其余项都能被 p 整除. 因此 $a_r b_s$ 能被 p 整除, 于是 a_r 或 b_s 应该能被 p 整除, 这与假设相违.

令 Σ 是 $\mathfrak{G}$ 的商域 (3.3 节). 于是在 $\Sigma[x]$ 中每一个多项式都能唯一分解 (3.8 节). 为了由 $\Sigma[x]$ 中的分解过渡到 $\mathfrak{G}[x]$ 中的一个分解, 我们应用以下事实: $\Sigma[x]$ 中每一多项式 $\varphi(x)$ 可以写成 $\dfrac{F(x)}{b}$ 的形状 ($F(x)$ 属于 $\mathfrak{G}[x]$, b 属于 $\mathfrak{G}$), 此处 b 可以看作是 $\varphi(x)$ 中各个系数分母的积, 于是 $F(x)$ 可以写成 "容度乘本原多项式" 的积:

$$F(x) = af(x),$$
$$\varphi(x) = \frac{a}{b}f(x). \tag{5.15}$$

我们现在陈述:

引理 2   在 (5.15) 中出现的本原多项式 $f(x)$ 除 $\mathfrak{G}$ 中的可逆元素外由 $\varphi(x)$ 唯一确定. 反过来, 根据 (5.15), $\varphi(x)$ 除相差一个 $\Sigma[x]$ 中的可逆元素因子外由 $f(x)$ 唯一确定, 按照这种方法, 对于 $\Sigma[x]$ 中每一个 $\varphi(x)$ 有一个本原多项式 $f(x)$ 与它对应, 那么对于两个多项式的积 $\varphi(x) \cdot \psi(x)$, 除可逆元素外, 有相应的本原多项式的积与它对应(反过来也对). 若 $\varphi(x)$ 在 $\Sigma[x]$ 中不可分解, 那么 $f(x)$ 在 $\mathfrak{G}[x]$ 中也不可分解(反过来也对).

证明   设给出 $\varphi(x)$ 的两个不同的表示:

$$\varphi(x) = \frac{a}{b}f(x) = \frac{c}{d}g(x).$$

于是

$$adf(x) = cbg(x). \tag{5.16}$$

左端的容度是 ad, 右端的是 cb. 所以必须

$$ad = \varepsilon cb,$$

此外 ε 是 $\mathfrak{G}$ 的一个可逆元素, 把这个式子代入 (5.16) 并且用 cb 去除, 得

$$\varepsilon f(x) = g(x).$$

因此 $f(x)$ 与 $g(x)$ 仅相差 $\mathfrak{G}$ 中的一个可逆元素.

对于两多项式

$$\varphi(x) = \frac{a}{b}f(x),$$
$$\psi(x) = \frac{c}{d}g(x)$$

的积, 立刻得

$$\varphi(x)\psi(x) = \frac{ac}{bd}f(x)g(x),$$

根据引理 1, $f(x)g(x)$ 仍是一个本原多项式. 因此乘积 $f(x)g(x)$ 与乘积 $\varphi(x)\psi(x)$ 对应.

最后, 若 $\varphi(x)$ 不可分解, 那么 $f(x)$ 也不可分解. 因为由分解 $f(x) = g(x)h(x)$ 将立即导致分解

$$\varphi(x) = \frac{a}{b}f(x) = \frac{a}{b}g(x) \cdot h(x).$$

反过来可以同样证明.

这样, 引理 2 被证明.

由引理 2, $\varphi(x)$ 的唯一因子分解可以直接转到相应的本原多项式上. 因此, 本原多项式除可逆元素外可以唯一地分解成本原的素因子.

现在转向 $\mathfrak{S}[x]$ 中任意多项式的因子分解. 不可分解的多项式一定或者是一个不可分解的常数, 或者是一个不可分解的本原多项式. 因为其他每一个多项式总可以分解成容度乘本原多项式. 因此要分解一个多项式 $f(x)$, 必须首先把 $f(x)$ 分解成容度乘本原多项式, 然后再分别将这两部分分解成素因子. 前者的分解根据基本定理的假设, 除可逆元素外是可能的和唯一的, 后者根据方才所证, 也是如此. 于是基本定理被证明.

作为证明的附带结果, 我们有

若 $\mathfrak{S}[x]$ 中一个多项式 $F(x)$ 在 $\Sigma[x]$ 中可分解, 那么它在 $\mathfrak{S}[x]$ 中已经可分解.

因为由 $F(x) = d \cdot f(x)$, 有一个本原多项式 $f(x)$ 与 $F(x)$ 对应, 并且根据引理 2, $F(x)$ 在 $\Sigma[x]$ 中的一个分解导致 $f(x)$ 在 $\mathfrak{S}[x]$ 中的一个分解. 随同 $f(x)$ 一起, $F(x)$ 也可分解.

例如, 一个有理整系数多项式若有有理系数分解, 那么它也有整系数分解. 因此, 当一个整系数多项式不能分解成整系数因子时, 它也不能分解成有理系数因子.

利用完全归纳法, 由基本定理可以得到进一步的结果:

若 $\mathfrak{S}$ 是一个有单位元素的整环并且在 $\mathfrak{S}$ 中唯一因子分解定理成立, 那么这个定理在多项式环 $\mathfrak{S}[x_1, \cdots, x_2]$ 中也成立.

由此推出关于整系数多项式 (任意个变数的), 关于系数取自一个域中的多项式等等的唯一因子分解.

由 Gauss 引理所引入的 "本原多项式" 的概念, 特别在处理多元多项式环时有用. 设 K 是一个域, $K[x_1, \cdots, x_n]$ 中多项式 f 说是关于 $x_1, \cdots, x_{n-1}$ 本原的, 如果它关于整环 $K[x_1, \cdots, x_{n-1}]$ 是本原的, 换一句话说, 它没有只依赖于 $x_1, \cdots, x_{n-1}$ 的非常数因子.

习题 **5.7** $\mathfrak{S}[x]$ 中的可逆元素只能是 $\mathfrak{S}$ 中的可逆元系.

习题 **5.8** 证明: 在一个齐次多项式的因子分解中, 只能有齐次因子出现.

习题 **5.9**   证明: 行列式

$$\Delta = \begin{vmatrix} x_{11} & \cdots & x_{1n} \\ \vdots & & \vdots \\ x_{n1} & \cdots & x_{nn} \end{vmatrix}$$

在多项式环 $\mathfrak{S}[x_{11}, \cdots, x_{nn}]$ 中不可分解 (选取一个不定元, 比方说 x_{11}), 证明 Δ 关于其余不定元是本原的).

习题 **5.10**   给出一个规则来判定任意一个整系数多项式什么时候有一个一次因子.

习题 **5.11**   证明多项式

$$x^4 - x^2 + 1$$

在关于不定元 x 的整系数多项式环中的不可分解性. 这个多项式在有理系数多项式环中能否分解? 它在系数属于 Gauss 环的多项式环中能否分解?

5.5 不可约性判定标准

令 $\mathfrak{S}$ 是一个有单位元素的整环, 在其中唯一分解定理成立, 又令

$$f(x) = a_0 + a_1 x + \cdots + a_n x^n$$

是 $\mathfrak{S}[x]$ 中一个多项式. 以下定理在多数情形提供一个关于 $f(x)$ 的不可约性的判定.

Eisenstein 定理   如果在 $\mathfrak{S}$ 中有一素元素 p, 使得

$$a_n \not\equiv 0(p),$$
$$a_i \equiv 0(p), \quad \text{对于} i < n,$$
$$a_0 \not\equiv 0(p^2),$$

那么 $f(x)$ 除常数因子外在 $\mathfrak{S}[x]$ 中不可约. 换一句话说, $f(x)$ 在 $\Sigma[x]$ 中不可约, 此处 Σ 是 $\mathfrak{S}$ 的商域.

证明   假设 $f(x)$ 可分解:

$$f(x) = g(x) \cdot h(x),$$
$$g(x) = \sum_0^r b_\nu x^\nu,$$
$$h(x) = \sum_0^s c_\nu x^\nu,$$
$$r > 0, \quad s > 0, \quad r + s = n,$$

那么

$$a_0 = b_0 c_0 \quad \text{且} \quad a_0 \equiv 0(p).$$

由此推出, 或者 $b_0 \equiv 0(p)$ 或者 $c_0 \equiv 0(p)$. 例如, 设 $b_0 \equiv 0(p)$, 那么 $c_0 \not\equiv 0(p)$, 否则将有 $a_0 = b_0 c_0 \equiv 0(p^2)$.

不可能 $g(x)$ 的所有系数都能被 p 整除. 因为不然的话, 乘积 $f(x) = g(x)h(x)$ 将能被 p 整除, 从而一切系数, 特别, a_n 将能被 p 整除, 这与假定相违. 这样, 令 b_i 是 $g(x)$ 中第一个不能被 p 整除的系数 $(0 < i \leqslant r < n)$. 那么

$$a_i = b_i c_0 + b_{i-1} c_1 + \cdots + b_0 c_i,$$
$$a_i \equiv 0(p),$$
$$b_{i-1} \equiv 0(p),$$
$$\cdots\cdots\cdots$$
$$b_0 \equiv 0(p),$$

从而

$$b_i c_0 \equiv 0(p),$$
$$c_0 \not\equiv 0(p),$$
$$b_i \equiv 0(p),$$

与假设矛盾. 因此 $f(x)$ 除常数因子外是不可约的.

例 1 $x^m - p(p$ 是素数) 在整系数 (从而在有理系数) 多项式环内不可约, 因此 $\sqrt[m]{p}(m > 1, p$ 素数) 是无理数.

例 2 当 p 是素数时, $f(x) = x^{p-1} + x^{p-2} + \cdots + 1$ 是 "分圆方程" 的左端. 我们仍旧问它在整系数多项式环中是否不可约. Eisenstein 定理不能直接应用. 然而可以如下地实现. 假若 $f(x)$ 可约, 那么 $f(x+1)$ 也可约. 有

$$f(x+1) = \frac{(x+1)^p - 1}{(x+1) - 1} = \frac{x^p + \dbinom{p}{1} x^{p-1} + \cdots + \dbinom{p}{p-1} x}{x}$$
$$= x^{p-1} + \dbinom{p}{1} x^{p-2} + \cdots + \dbinom{p}{p-1}.$$

除 x^{p-1} 的系数外, 一切系数都能被 p 整除. 因为在二项式系数公式

$$\dbinom{p}{i} = \frac{p(p-1)\ldots(p-i+1)}{i!}$$

中, 对于 $i < p$, 分子能被 p 整除而分母不能被 p 整除. 另一方面, 常数项 $\dbinom{p}{p-1} = p$ 不能被 p^2 整除. 因此 $f(x+1)$ 不可约, 所以 $f(x)$ 不可约.

例 3   同样的变换也导出关于 $f(x) = x^2 + 1$ 的一个判断, 因为

$$f(x+1) = x^2 + 2x + 2.$$

习题 5.12   证明 $\sqrt[m]{p_1 p_2 \cdots p_r}$ 的无理性, 此处 $p_1, p_2, \cdots, p_r$ 是互不相同的素数且 $m > 1$.

习题 5.13   证明:

$$x^2 + y^3 - 1$$

在 $P[x, y]$ 中的不可约性, 此处 P 是任意域, 其中 $1 \neq -1$.

习题 5.14   证明: 多项式

$$x^4 + 1, \quad x^6 + x^3 + 1$$

在整系数多项式环中不可约.

从根本上说, Eisenstein 定理是建立在把方程

$$f(x) = g(x) \cdot h(x)$$

变成一个模 p^2 的同余式

$$f(x) \equiv g(x) \cdot h(x),$$

并且由此导出矛盾的基础上的, 在许多其他情形, 不可约性的证明也可以这样导出, 即把方程变为以整环 $\mathfrak{S}$ 的某一元素 q 为模的同余式, 再来研究所给的多项式 $f(x)$ 对于模 q 是否可分解. 特别, 若 $\mathfrak{S}$ 是整数环 $\mathbb{Z}$, 那么在对于 q 的同余类环中只有有限多个具有给定次数的多项式. 因此, 对于模 q, 只需研究 $f(x)$ 的分解的有限种可能. 如果 $f(x)$ 对于模 q 不可约, 那么 $f(x)$ 也在 $\mathbb{Z}[x]$ 中不可约. 就是在另外的情形, 也有可能由所求对于模 q 的分解引出结论, 而这时, 在 q 是素数的情形, 可以基于多项式对于模 q 的唯一素因子分解定理 (习题 3.27)

例 4 $\mathfrak{S} = \mathbb{Z}; f(x) = x^5 - x^2 + 1$. 若 $f(x)$ 模 2 可分解, 那么因子之一必定是线性的或二次的. 现在, 对于模 2 只有两个线性多项式:

$$x, \quad x + 1,$$

并且只有一个二次不可约多项式

$$x^2 + x + 1.$$

施行除法表明, $x^5 - x^2 + 1$ 不能被这些多项式整除 (模 2). 这一点可以直接从

$$x^5 - x^2 + 1 = x^2(x^3 - 1) + 1 \equiv x^2(x+1)(x^2 + x + 1) + 1$$

看出. 因此 $f(x)$ 不可约.

5.6 因子分解在有限步下的完成

尽管我们已经看到, 对于一个给定的域 Σ, $\Sigma[x_1, \cdots, x_n]$ 中每一多项式在理论上可以分解为素因子, 并且在某些情形也给出实际分解的方法或者指出分解的不可能性. 然而还缺少一个一般的方法, 使得在每一情形经过有限步来完成这种分解. 至少对于 Σ 是有理数域的情形我们给出一个这样的方法.

根据 4.5 节, 每一个有理系数多项式总可以假定是整系数的, 并且它的分解可以在整系数多项式环中进行. 在整数环 $\mathbb{Z}$ 本身里, 每一素因子分解显然可以通过有限次试验来实行. 此外, 又只有有限个可逆元素 (+1 及 −1), 因此只有有限种可能的分解. 在多项式环 $\mathbb{Z}[x_1, \cdots, x_n]$ 里可逆元素也只有 +1,−1. 通过对于变元的个数 n 作完全归纳法, 所有这一切可以归结为以下问题:

设在 $\mathfrak{G}$ 中每一因子分解可以在有限步下完成. 此外, 并设在 $\mathfrak{G}$ 中只有有限个可逆元素. 要求一种方法, 把 $\mathfrak{G}[x]$ 中每一多项式分解为素因子.

解是由 Kronecker 给出的.

设 $f(x)$ 是 $\mathfrak{G}[x]$ 中一个 n 次多项式. 若 $f(x)$ 可分解, 那么因子之一有次数 $\leqslant \dfrac{n}{2}$. 于是, 若 s 是 $\leqslant \dfrac{n}{2}$ 的最大整数, 我们需要研究 $f(x)$ 是否有次数 $\leqslant s$ 的因子.

在任意选取的 $s+1$ 个整点 $a_0, a_1, \cdots, a_s$ 上作函数值 $f(a_0), f(a_1), \cdots, f(a_s)$. 若 $f(x)$ 可以被 $g(x)$ 整除, 那么必须 $f(a_0)$ 能被 $g(a_0)$ 整除, $f(a_1)$ 能被 $g(a_1)$ 整除, 等等. 然而, 因为每一个 $f(a_i)$ 在 $\mathfrak{G}$ 中只有有限多个因子, 因此, 对于每一 $g(a_i)$, 只有有限多种可能情形来考察, 根据假定, 所有这些可能情形都可以找出. 对于值 $g(a_0), g(a_1), \cdots, g(a_s)$ 的每一可能组合, 根据 4.4 节的定理, 有且只有一个多项式 $g(x)$ 存在, 这个多项式可以 (例如, 用 Newton 内插公式) 明确建立起来. 因此, 作为考察中的因子的多项式 $g(x)$ 只有有限多个. 现在应用带余除法就可以断定每一个这样的多项式 $g(x)$ 是否确实是 $f(x)$ 的因子. 如果除去可逆元素不计外, 这些可能的多项式 $g(x)$ 没有一个是 $f(x)$ 的因子, 那么 $f(x)$ 不可分解. 在另外的情形, 我们可以求得一个分解并且再对这两个因子应用这种手续, 如此等等.

在整系数情形 ($\mathfrak{G} = \mathbb{Z}$), 这种手续可以大大地简化. 首先, 通过所给的多项式对于模 2 或有时对于模 3 的分解, 可以得出这样一个梗概, 即可能的因子多项式 $g(x)$ 能有怎样的次数以及对于模 2 及模 3, 系数属于什么同余类. 这就大大地限制了可能的 $g(x)$ 的个数. 再者, 当应用 Newton 内插公式时, 注意到, 最后系数 λ_s 应该是 $f(x)$ 最高项系数的一个因子, 这又意味着可能性的一个限制. 最后, 利用多于 $s+1$ 个点 a_i 是方便的 (最好选取 $0, \pm 1, \pm 2, \cdots$). 这样, 为了决定可能的 $g(a_i)$, 我们用含素因子最少的那些 $f(a_i)$, 其余的点可以在以后用来进一步限制可能性的个数, 在其中对于每一个所计算的 $g(x)$, 首先试验它在这些没有被注意到的点 a_i 上所取的值是不是对应的 $f(a_i)$ 的因子.

习题 5.15   在 $\mathbb{Z}[x]$ 中分解

$$f(x) = x^5 + x^4 + x^2 + x + 2.$$

习题 5.16   在 $\mathbb{Z}[x, y, z]$ 中分解

$$\begin{aligned} f(x, y, z) = &-x^3 - y^3 - z^3 + x^2(y + z) \\ &+ y^2(x + z) + z^2(x + y) - 2xyz. \end{aligned}$$

5.7   对 称 函 数

设 $\mathfrak{o}$ 是一个有单位元素的交换环.

$\mathfrak{o}[x_1, \cdots, x_n]$ 中一个多项式, 如在不定元 $x_1, \cdots, x_n$ 的任一置换之下都变为自身, 就叫做变元 $x_1, \cdots, x_n$ 的一个 (有理整的)对称函数. 例如, 变元的和、积、幂和 $s_\rho = \sum\limits_{\nu=1}^{n} x_\nu^\rho$.

引入一个新不定元 z, 令

$$\begin{aligned} f(z) &= (z - x_1)(z - x_2) \cdots (z - x_n) \\ &= z^n - \sigma_1 z^{n-1} + \sigma_2 z^{n-2} - \cdots + (-1)^n \sigma_n, \end{aligned} \tag{5.17}$$

那么 z 的幂的系数

$$\begin{aligned} \sigma_1 &= x_1 + x_2 + \cdots + x_n, \\ \sigma_2 &= x_1 x_2 + x_1 x_3 + \cdots + x_2 x_3 + \cdots + x_{n-1} x_n, \\ \sigma_3 &= x_1 x_2 x_3 + x_1 x_2 x_4 + \cdots + x_{n-2} x_{n-1} x_n, \\ &\cdots\cdots\cdots \\ \sigma_n &= x_1 x_2 \cdots x_n \end{aligned}$$

显然是对称函数, 因为 (5.17) 的左端, 从而它的右端在 x_i 的一切置换之下都保持不变. 我们称 $\sigma_1, \sigma_2, \cdots, \sigma_n$ 为 $x_1, x_2, \cdots, x_n$ 的初等对称函数.

在每一多项式 $\varphi(\sigma_1, \cdots, \sigma_n)$ 中, 若把 σ 用它的表达式代入, 就产生一个关于 $x_1, \cdots, x_n$ 的对称函数. $\varphi(\sigma_1, \cdots, \sigma_n)$ 的一项 $c\sigma_1^{\mu_1} \cdots \sigma_n^{\mu_n}$ 产生 x_i 的一个次数为 $\mu_1 + 2\mu_2 + \cdots + n\mu_n$ 的齐次对称多项式, 因为每一 σ_i 是一个 i 次齐次多项式. 我们把和 $\mu_1 + 2\mu_2 + \cdots + n\mu_n$ 叫做项 $c\sigma_1^{\mu_1} \cdots \sigma_n^{\mu_n}$ 的权, 而多项式 $\varphi(\sigma_1, \cdots, \sigma_n)$ 的权指的是在它的各项中所出现的最高权. 于是, 权为 k 的多项式 $\varphi(\sigma_1, \cdots, \sigma_n)$ 产生一个次数 $\leqslant k$ 的对称多项式.

所谓对称函数的基本定理指的是:

$\mathbf{o}[x_1,\cdots,x_n]$ 中每一个有理整对称函数可以写成权 k 的多项式 $\varphi(\sigma_1,\cdots,\sigma_n)$.

证明 我们把所给的多项式 "字典式地" 排列 (如同在字典中那样), 就是说, 一项 $x_1^{\alpha_1}\cdots x_n^{\alpha_n}$ 在另一项 $x_1^{\beta_1}\cdots x_n^{\beta_n}$ 的前面, 假如第一个非零的差 $\alpha_i-\beta_i$ 是正数. 随同一项 $a_1 x_1^{\alpha_1}\cdots x_n^{\alpha_n}$ 一起, 指数是由 α_i 的一个置换所构成的一切项也都出现. 这些项不必全写, 只需写作 $a\sum x_1^{\alpha_1}\cdots x_n^{\alpha_n}$, 其中只把和的字典式的首项实际写出. 对于这一项来说, $\alpha_1\geqslant\alpha_2\geqslant\cdots\geqslant\alpha_n$ 成立.

设所给的对称多项式次数为 k, 字典式的首项是 $ax_1^{\alpha_1}\cdots x_n^{\alpha_n}$. 现在作一个初等对称函数的乘积, 使它 (乘出并且按字典排列时) 具有同一首项 $ax_1^{\alpha_1}\cdots x_n^{\alpha_n}$. 这一项容易求出, 就是

$$a\sigma_1^{\alpha_1-\alpha_2}\sigma_2^{\alpha_2-\alpha_3}\cdots\sigma_n^{\alpha_n}.$$

从所给的多项式中减去这一项, 再按字典式排列, 求首项, 如此等等.

这个过程必定在某一步上终结, 所指出的乘积自然具有权

$$\alpha_1-\alpha_2+2\alpha_2-2\alpha_3+3\alpha_3-\cdots-(n-1)\alpha_n+n\alpha_n$$
$$=\alpha_1+\alpha_2+\cdots+\alpha_n\leqslant k,$$

因此, 当它被写成 x 的多项式时, 有次数 $\leqslant k$. 因此, 所给的对称函数的次数通过作减法不会增高. 然而, 对于给定的次数 k, 只能有有限多个幂积 $x_1^{\alpha_1}\cdots x_n^{\alpha_n}$. 因此, 作每一次减法都有这样的一个幂积被消去, 并且只剩下较后的字典式排列的项, 从而这个过程在有限多步后一定停止, 而不再剩下任何项.

这个证明同时提供一个把给定的对称函数通过实际计算用 σ_i 表示的方法. 如果我们所给的函数有次数 k, 那么所求的表达式 $\varphi(\sigma_1,\cdots,\sigma_n)$ 将有权 k.

由证明中还推出: k 次齐次对称函数可以用 σ_i 的 "等权" 表达式表出, 就是这样的表达式, 其中的项都具有同一权 k.

我们现在证明, 一个对称函数只有一种方法由 $\sigma_1,\cdots,\sigma_n$ 有理整地表示. 确切地说:

若 $\varphi_1(y_1,\cdots,y_n)$ 及 $\varphi_2(y_1,\cdots,y_n)$ 是不定元 $y_1,\cdots,y_n$ 的两个多项式且

$$\varphi_1(y_1,\cdots,y_n)\neq\varphi_2(y_1,\cdots,y_n),$$

那么

$$\varphi_1(\sigma_1,\cdots,\sigma_n)\neq\varphi_2(\sigma_1,\cdots,\sigma_n).$$

作出差 $\varphi_1-\varphi_2=\varphi$, 我们看出, 只需证明: 由 $\varphi(y_1,\cdots,y_n)\neq0$ 可推出 $\varphi(\sigma_1,\cdots,\sigma_n)\neq0$.

证明 $\varphi(y_1,\cdots,y_n)$ 中每一项可以写成

$$ay_1^{\alpha_1-\alpha_2}y_2^{\alpha_2-\alpha_3}\cdots y_n^{\alpha_n}$$

的形式. 在一切属于系数 $a \neq 0$ 的组 $(\alpha_1, \alpha_2, \cdots, \alpha_n)$ 中, 有一个字典式的首项. 以 σ_i 代替 y_i, 并且把它用 x_i 表出, 那么作为 $\varphi(\sigma_1, \cdots, \sigma_n)$ 中字典式的首项, 我们得到

$$ax_1^{\alpha_1} \cdots x_n^{\alpha_n}.$$

这一项不能被消去, 因此确实 $\varphi(\sigma_1, \cdots, \sigma_n) \neq 0$.

这样就证明了:

o$[x_1, \cdots, x_n]$中每一对称多项式可以用一种而且仅一种方法写成 $\sigma_1, \cdots, \sigma_n$ 的多项式, 这个多项式的权等于所给的多项式的次数.

当 x_i 不是不定元, 而是 o 中的量, 例如, 是一个在 o$[z]$ 中完全分解的多项式 $f(z)$ 的根时, 对称函数间的有理整关系仍旧保持成立, 因此, 由所证明的事实得出, $f(z)$ 的根的每一对称函数可以用 $f(z)$ 的系数表示.

习题 5.17   对于任意 n, 将 "幂和" $\sum x_1, \sum x_1^2, \sum x_1^3$ 用初等对称函数表出.

习题 5.18   设 $\sum x_1^\rho = s_\rho$. 证明公式

$$s_\rho - s_{\rho-1}\sigma_1 + s_{\rho-2}\sigma_2 - \cdots + (-1)^{\rho-1}s_1\sigma_{\rho-1} + (-1)^\rho \rho\sigma_\rho = 0, \text{ 对于 } \rho \leqslant n,$$
$$s_\rho - s_{\rho-1}\sigma_1 + \cdots + (-1)^n s_{\rho-n}\sigma_n = 0, \text{ 对于 } \rho > n,$$

并且利用这些公式, 将幂和 s_1, s_2, s_3, s_4, s_5 用初等对称函数表出.

一个重要的对称多项式就是差积的平方:

$$D = \prod_{i<k}(x_i - x_k)^2.$$

表达式 D 作为 $a_1 = -\sigma_1, a_2 = \sigma_2, \cdots, a_n = (-1)^n\sigma_n$ 的多项式, 叫做多项式 $f(z) = z^n + a_1 z^{n-1} + \cdots + a_n$ 的判别式. 对于特殊的 $a_1, \cdots, a_n$, 判别式等于零表示 $f(z)$ 有一个重线性因子.

一般, 令多项式 $f(z)$ 带有一个首系数 a_0:

$$f(z) = a_0 z^n + a_1 z^{n-1} + \cdots + a_n,$$

那么

$$\sigma_1 = -\frac{a_1}{a_0}, \sigma_2 = \frac{a_2}{a_0}, \cdots, \sigma_n = (-1)^n \frac{a_n}{a_0}.$$

在这一情形, 我们把差积乘以 a_0^{2n-2} 作为判别式:

$$D = a_0^{2n-2} \prod_{i<k}(x_i - x_k)^2.$$

在 5.9 节我们将看到, D 是 $a_0, a_1, \cdots, a_n$ 的一个多项式.

应用上述的一般方法, 我们求得 $a_0x^2 + a_1x + a_2$ 的判别式是

$$D = a_1^2 - 4a_0a_2,$$

$a_0x^3 + a_1x^2 + a_2x + a_3$ 的判别式是

$$D = a_1^2a_2^2 - 4a_0a_2^3 - 4a_1^3a_3 - 27a_0^2a_3^2 + 18a_0a_1a_2a_3.$$

习题 5.19 将一切 x_i 用 $x_i + h$ 代替, 判别式保持不变. 由此导出微分条件:

$$na_0\frac{\partial D}{\partial a_1} + (n-1)a_1\frac{\partial D}{\partial a_2} + \cdots + a_{n-1}\frac{\partial D}{\partial a_n} = 0.$$

5.8 两个多项式的结式

设 K 是一个任意域, 又设

$$f(x) = a_0x^n + a_1x^{n-1} + \cdots + a_n,$$
$$g(x) = b_0x^m + b_1x^{m-1} + \cdots + b_m$$

是 $K[x]$ 中两个多项式, 我们希望寻求这两个多项式有一个非常数公因子 $\varphi(x)$ 的必要且充分的条件.

我们一开始就不把 $a_0 = 0$ 或 $b_0 = 0$ 这种可能性除外, 从而实际上 $f(x)$ 的次数可能小于 n 或 $g(x)$ 的次数小于 m. 当多项式 $f(x)$ 被写成上面的形式, 即从项 a_0x^n(有时是零) 开始时, 那么就称 n 为这个多项式的形式次数, 而称 a_0 为形式首项系数. 我们暂且假定, 两个首项系数 a_0, b_0 中至少有一个不为零.

在这个假定下, 我们首先证明: $f(x)$ 与 $g(x)$ 有一个非常数公因子, 当且仅当有一个形式如

$$h(x)f(x) = k(x)g(x) \tag{5.18}$$

的方程成立, 此处 $h(x)$ 最高是 $m-1$ 次, $k(x)$ 最高是 $n-1$ 次并且两多项式 h, k 不同时恒等于零.

若 (5.18) 被满足, 我们把方程 (5.18) 的两端分解成素因子, 那么左右两端所出现的必定相同. 可以假定, 例如, $f(x)$ 确定有次数 $n(a_0 \neq 0)$. 因为不然的话, 只需交换 $f(x)$ 与 $g(x)$ 所处的地位就可以了. $f(x)$ 的一切素因子必定在 (5.18) 式右端同在 $f(x)$ 中出现一样多次, 然而不能全部出现在 $k(x)$ 内, 因为 $k(x)$ 的次数最高是 $n-1$. 因此有 $f(x)$ 的一个素因子也在 $g(x)$ 中出现. 这就是所要证明的.

反过来, 若 $\varphi(x)$ 是 $f(x)$ 与 $g(x)$ 的一个非常数公因子, 那么只要令

$$f(x) = \varphi(x)k(x),$$
$$g(x) = \varphi(x)h(x),$$

方程 (5.18) 即被满足.

为了进一步研究方程 (5.18), 令

$$h(x) = c_0 x^{m-1} + c_1 x^{m-2} + \cdots + c_{m-1},$$
$$k(x) = d_0 x^{n-1} + d_1 x^{n-2} + \cdots + d_{n-1}.$$

算出方程 (5.18) 并且比较左右两端的幂 $x^{n+m-1}, x^{n+m-2}, \cdots, x, 1$ 的系数, 得到下面关于系数 c_i 与 d_i 的线性方程组:

$$\begin{cases} c_0 a_0 = d_0 b_0, \\ c_0 a_1 + c_1 a_0 = d_0 b_1 + d_1 b_0, \\ c_0 a_2 + c_1 a_1 + c_2 a_0 = d_0 b_2 + d_1 b_1 + d_2 b_0, \\ \qquad\qquad \cdots\cdots\cdots \\ c_{m-2} a_n + c_{m-1} a_{n-1} = d_{n-2} b_m + d_{n-1} b_{m-1}, \\ c_{m-1} a_n = d_{n-1} b_m. \end{cases} \tag{5.19}$$

这是关于 $n+m$ 个量 c_i, d_i 的 $n+m$ 个方程的线性方程组. 希望这些元素不全为零. 这个条件就是行列式等于零. 为了避免行列式中的减号, 把 (5.19) 式右端移到左端, 我们可以把 c_i 与 $-d_i$ 看作未知量. 交换行列式的行与列 (对于主对角线作镜面反射), 这个行列式取下形式

$$R = \begin{vmatrix} a_0 a_1 \cdots a_n \\ & a_0 a_1 \cdots a_n \\ & & \cdots\cdots\cdots \\ & & & a_0 a_1 \cdots a_n \\ b_0 b_1 \cdots b_m \\ & b_0 b_1 \cdots b_m \\ & & \cdots\cdots\cdots \\ & & & b_0 b_1 \cdots b_m \end{vmatrix}. \tag{5.20}$$

(在没有写的地方都认为是零).

上面所写出的行列式叫做多项式 $f(x)$ 与 $g(x)$ 的结式. 要注意这个行列式是关于 a_i 的 m 次齐式以及关于 b_i 的 n 次齐式. 再者, 它含有 "主项" $a_0^m b_m^n$ (主对角线), 最后, 它不仅当 f, g 有一个公因子时等于零, 而且当 (与开始的假定相反) $a_0 = b_0 = 0$ 时也等于零.

我们总结如下:

两个多项式 $f(x)$, $g(x)$ 的结式是它们的系数的形式如 (5.20) 的有理整式. 若结式等于零, 那么多项式 f, g 或者有一非常数公因子, 或者它们的首项系数都是零. 反过来也成立.

在这里所依据的消去法起源于 Euler. 结式的形式 (5.20) 多半以 Sylvester 命名.

在定理陈述中的例外情形 $a_0 = b_0 = 0$ 可以如此避免, 取两个二元齐式:

$$F(x) = a_0 x_1^n + a_1 x_1^{n-1} x_2 + \cdots + a_n x_2^n,$$
$$G(x) = b_0 x_1^m + b_1 x_1^{m-1} x_2 + \cdots + b_m x_2^m$$

代替两个一元多项式. 原来的多项式 f, g 以及数 m, n 唯一确定齐式 F, G. 反过来也对. f 的每一分解:

$$f(x) = a_0 x^n + a_1 x^{n-1} + \cdots + a_n$$
$$= (p_0 x^r + \cdots + p_r)(q_0 x^s + \cdots + q_s)$$

对应于 F 的一个分解:

$$F(x) = a_0 x_1^n + a_1 x_1^{n-1} x_2 + \cdots + a_n x_2^n$$
$$= (p_0 x_1^r + \cdots + p_r x_2^r)(q_0 x_1^s + \cdots + q_s x_2^s),$$

相应地对 g 与 G 也成立. 因此, 对于 f 与 g 的每一公因子, 有 F 与 G 的一个公因子与它对应. 反过来, F 或 G 的每一分解, 在其中令 $x_1 = x, x_2 = 1$, 就分别产生 f 或 g 的一个分解, 而 F 与 G 的每一公因子产生 f 与 g 的一个公因子. 然而可能 F 与 G 的公因子是 x_2 的一个纯幂, 从而 f 与 g 对应的公因子是一个常数. 但是, 在 F 与 G 都能被 x_2 整除的情形正是 $a_0 = b_0 = 0$ 的情形. 因此, 在上面定理中所陈述的两种情形可以归并为单一的叙述: 如果结式等于零, 则 F 与 G 有一个非常数的齐次公因子, 反之亦对.

我们导入一个重要的恒等式. 现在设多项式 $f(x), g(x)$ 的系数 a_μ, b_ν 是不定元. 我们作

$$x^{m-1} f(x) = a_0 x^{n+m-1} + a_1 x^{n+m-2} + \cdots + a_n x^{m-1},$$
$$x^{m-2} f(x) = a_0 x^{n+m-2} + \cdots + a_n x^{m-2},$$
$$\cdots\cdots\cdots$$
$$f(x) = a_0 x^n + \cdots + a_n,$$
$$x^{n-1} g(x) = b_0 x^{n+m-1} + b_1 x^{n+m-2} + \cdots + b_m x^{n-1},$$
$$x^{n-2} g(x) = b_0 x^{n+m-2} + \cdots + b_m x^{n-2},$$
$$\cdots\cdots\cdots$$
$$g(x) = b_0 x^m + \cdots + b_m.$$

这个方程组的行列式正是 R. 若是用最后一列的代数余子式去乘并且相加. 消去右端的 $x^{n+m-1}, \cdots, x$, 那么就得到一个形如

$$Af + Bg = R \tag{5.21}$$

的恒等式[①], 其中 A 与 B 是不定元 a_μ, b_ν, x 的整系数多项式.

习题 5.20 给出一个关于 $f(x)$ 与 $g(x)$ 有一个至少 k 次公因子的行列式判定标准.

习题 5.21 对于两个二次多项式来说,

$$4R = (2a_0b_2 - a_1b_1 + 2a_2b_0)^2 - (4a_0a_2 - a_1^2)(4b_0b_2 - b_1^2).$$

5.9   结式作为根的对称函数

我们现在假设多项式 $f(x)$ 与 $g(x)$ 完全分解成线性因子:

$$f(x) = a_0(x - x_1)(x - x_2) \cdots (x - x_n),$$
$$g(x) = b_0(x - y_1)(x - y_2) \cdots (x - y_m).$$

$f(x)$ 的系数 a_μ 是 a_0 与根 $x_1, \cdots, x_n$ 的初等对称函数的乘积, 同样, b_ν 是 b_0 与 y_k 的初等对称函数的乘积, 结式 R 是 a_μ 的 m 次齐式又是 b_ν 的 n 次齐式. 因此, R 等于 x_i 与 y_k 的一个对称函数乘以 $a_0^m b_0^n$.

现在, 首先假定根 x_i 与 y_k 是不定元. 多项式 R 在 $x_i = y_k$ 时变成零, 因为在这一情形多项式 $f(x)$ 与 $g(x)$ 有一个线性公因子. 因此 R 可以被 $x_i - y_k$ 整除 (3.8 节). 由于线性因子 $x_i - y_k$ 彼此无公因子, R 必须能被乘积

$$S = a_0^m b_0^n \prod_i \prod_k (x_i - y_k) \tag{5.22}$$

整除. 现在这个乘积可以通过两种方式改写. 首先, 由

$$g(x) = b_0 \prod_k (x - y_k),$$

以 $x = x_i$ 代入并且作乘积

$$\prod_i g(x_i) = b_0^n \prod_i \prod_k (x_i - y_k),$$

从而

$$S = a_0^m \prod_i g(x_i). \tag{5.23}$$

---

① 对于齐式 F 与 G, 对应的关系是 $AF + BG = x_2^{n+m-1} R$.

其次, 按同样方法, 由

$$f(x) = a_0 \prod_i (x - x_i) = (-1)^n a_0 \prod_i (x_i - x)$$

得到

$$S = (-1)^{nm} b_0^n \prod_k f(y_k). \tag{5.24}$$

由 (5.23) 看出, S 是关于 b 的 n 次齐次整式, 由 (5.24), S 是关于 a 的 m 次齐次整式. 但 R 与 S 有同一次数并且可以被 S 整除. 从而 R 除去一个常数因子外由 S 唯一确定. 比较含 b_m 的最高幂的项, 在 R 和 S 中得出同一项 $+a_0^m b_m^n$. 所以这个常数因子有值 1 而

$$R = S.$$

这样, 我们求出 R 的三种表示 (5.22), (5.23), (5.24). 根据 5.7 节中唯一性定理, (5.23) 对于 b_ν 以及 (5.24) 对于 a_μ 恒等地成立. 这就是说, (5.23) 在 $g(x)$ 没有分解成线性因子时也成立, 而 (5.24) 在 $f(x)$ 没有分解成线性因子时也成立.

由此也容易得出, 作为不定元 $a_0, \cdots, b_m$ 的多项式, 结式的不可分解性, 不仅在整系数多项式环中不可分解, 而且是绝对不可约的, 就是说, 在这些不定元以任意域作为系数域的多项式环中也不可分解. 因为如果 R 可以分解成两个因子 A, B, 那么也可以把 A 与 B 写成根的对称函数. 由于 R 能被 $x_1 - y_1$ 整除, 所以 A 或 B, 例如 A 也可以被 $x_1 - y_1$ 整除. 于是作为对称函数, A 又必须能被一切其他的 $x_i - y_k$ 整除, 因而能被它们的积

$$\prod_i \prod_k (x_i - y_k)$$

整除. 因为

$$R = a_0^m b_0^n \prod_i \prod_k (x_i - y_k),$$

所以对于另一因子 B 只剩下可能性 $B = a_0^p b_0^q$. 然而 R 作为 a 与 b 的多项式, 即不能被 a_0 也不能被 b_0 整除. 因此只剩下 $B = 1$. 这就证明了 R 的不可约性[1].

在两个多项式的结式及一个多项式的判别式之间存在一个有趣的关系, 由多项式

$$f(x) = a_0 x^n + a_1 x^{n-1} + \cdots + a_n$$
$$= a_0(x - x_1)(x - x_2) \cdots (x - x_n).$$

---

[1] 另一证明可以在 Macaulay F S. *Algebraic Theory of Modular Systems.* §3. Cambridge, 1916 中找到.

与它的导数 $f'(x)$ 作结式 $R(f, f')$, 那么由 (5.23) 得

$$R(f, f') = a_0^{n-1} \prod_i f'(x_i). \tag{5.25}$$

根据乘积的微分规则, 有

$$f'(x) = \sum_i a_0(x - x_1) \cdots (x - x_{i-1})(x - x_{i+1}) \cdots (x - x_n),$$
$$f'(x_i) = a_0(x_i - x_1) \cdots (x_i - x_{i-1})(x_i - x_{i+1}) \cdots (x_i - x_n).$$

把它代入 (5.25), 得到

$$R(f, f') = a_0^{2n-1} \prod_{i \neq k} (x_i - x_k),$$

或者, 当 D 表示判别式时,

$$R(f, f') = \pm a_0 D. \tag{5.26}$$

按 5.8 节把 $R(f, f')$ 写成行列式, 那么可以由第一列提出因子 a_0. 因此 D 是 $a_0, \cdots, a_n$ 的一个多项式. 再者, (5.26) 自然对于 $a_0, \cdots, a_n$ 恒等地成立, 而与 $f(x)$ 实际上能否分解成线性因子无关.

习题 5.22　f 与 g 的结式对于系数 a 与 b 一起来说是等权的, 它的权是 mn(参考 5.7 节).

习题 5.23　若 $y_1, \cdots, y_{n-1}$ 是 $f'(x)$ 的零点, 那么

$$D = n^n a_0^{n-1} \prod_k f(y_k).$$

习题 5.24　判别式 D 等于零, 当且仅当 $f(x)$ 与 $f'(x)$ 有一个公因子, 若是这一情形, 那么在 $f(x)$ 的素因子分解中或者有一个重因子出现, 或者有这样的一个因子, 它的导数恒等于零.

5.10　有理函数的部分分式分解

下面关于有理整函数的定理是有理函数部分分式分解的依据:

定理　若 $g(x)$ 与 $h(x)$ 是域 K 上两个无公因子的多项式, a 是 $g(x)$ 的次数, b 是 $h(x)$ 的次数而 $f(x)$ 是任意一个次数小于 $a + b$ 的多项式, 那么恒等式

$$f(x) = r(x)g(x) + s(x)h(x) \tag{5.27}$$

成立, 其中 $r(x)$ 有次数 $< b$ 而 $s(x)$ 有次数 $< a$.

证明　根据假设, $g(x)$ 与 $h(x)$ 的最大公因子等于 1, 因此恒等式

$$1 = c(x)g(x) + d(x)h(x)$$

成立. 用 $f(x)$ 乘这个恒等式, 得到

$$f(x) = f(x)c(x)g(x) + f(x)d(x)h(x). \tag{5.28}$$

为了使 $f(x)c(x)$ 的次数 $< b$, 用 $h(x)$ 除这个多项式:

$$f(x)c(x) = q(x)h(x) + r(x), \tag{5.29}$$

此处, $r(x)$ 的次数小于 $h(x)$ 的次数因而小于 b. 把 (5.29) 代入 (5.28), 由此得出

$$\begin{aligned} f(x) &= r(x)g(x) + \{f(x)d(x) + q(x)g(x)\}h(x) \\ &= r(x)g(x) + s(x)h(x), \end{aligned}$$

其中左端与右端第一项有次数 $< a + b$, 所以右项最末一项也应该有次数 $< a + b$, 从而 $s(x)$ 的次数小于 a. 这样, 上面的定理被证明.

如果把恒等式 (5.27) 的两端都除以 $g(x)h(x)$, 那么就得到分式 $\dfrac{f(x)}{g(x)h(x)}$ 被分成两个部分分式的分解:

$$\frac{f(x)}{g(x)h(x)} = \frac{r(x)}{h(x)} + \frac{s(x)}{g(x)}.$$

根据假定, 左端分子的次数小于分母的次数. 对于右端两个部分分式来说情形一样. 如果这些分式之一的分母还能再分解为两个无公因子的因子, 那么这个分式又能分解成两个部分分式. 因此可以继续进行, 直到分母变成素多项式的幂时为止. 由于这个方法, 就得到如下表述的部分分式分解定理:

定理 每一个分子次数小于分母次数的分式 $f(x)/k(x)$ 可以表示成部分分式的和, 这样的部分分式的分母是分母 $k(x)$ 所分解成的素多项式的幂.

这样所得到的具有分母 $q(x) = p(x)^t$ 的部分分式 $r(x)/q(x)$ 还可以进一步分解. 设素多项式 $p(x)$ 有次数 l, 那么 $q(x)$ 有次数 lt. 于是可以先用 $p(x)^{t-1}$ 去除次数 $< lt$ 的分子 $r(x)$ 而带有一个次数 $< l(t-1)$ 的余项, 然后再用 $p(x)^{t-2}$ 除这个余项而带有一个次数 $< l(t-2)$ 的余项, 如此等等:

$$\begin{aligned} r(x) &= s_1(x)p(x)^{t-1} + r_1(x), \\ r_1(x) &= s_2(x)p(x)^{t-2} + r_2(x), \\ &\cdots\cdots\cdots\cdots \\ r_{t-2}(x) &= s_{t-1}(x)p(x) + r_{t-1}(x), \\ r_{t-1}(x) &= s_t(x). \end{aligned}$$

商 $s_1, \cdots, s_t$ 的次数都 $< l$. 由所有这些方程一起推出

$$r(x) = s_1(x)p(x)^{t-1} + s_2(x)p(x)^{t-2} + \cdots + s_{t-1}(x)p(x) + s_t(x),$$

$$\frac{r(x)}{p(x)^t} = \frac{s_1(x)}{p(x)} + \frac{s_2(x)}{p(x)^2} + \cdots + \frac{s_{t-1}(x)}{p(x)^{t-1}} + \frac{s_t(x)}{p(x)^t}. \tag{5.30}$$

于是得到部分分式分解定理的第二表述:

定理 每一个分子的次数小于分母的次数, 且分母有素因子分解

$$k(x) = p_1(x)^{t_1} p_2(x)^{t_2} \cdots p_h(x)^{t_h}$$

的分式 $f(x)/k(x)$ 是部分分式的和, 部分分式的分母是幂 $p_\nu(x)^{\mu_\nu} (\mu_\nu = 1, 2, \cdots, t_\nu;$ $\nu = 1, 2, \cdots, h)$, 而分子或者是零, 或者有一个较分母中素多项式 $p_\nu(x)$ 的次数小的次数.

特别, 若素因子 $p_\nu(x)$ 都是线性的, 那么部分分式的分子是常数. 在这一重要的特殊情形中, 部分分式分解可以按一个非常简单的方法作出, 就是逐次分解出分母具有最高可能幂指数的部分分式, 从而分母的次数逐渐降低. 如果把分母写成 $k(x) = (x-a)^t g(x)$ 的形式, 此处 $g(x)$ 不再含有因子 $x-a$, 那么就有

$$\frac{f(x)}{k(x)} = \frac{f(x)}{(x-a)^t g(x)} = \frac{b}{(x-a)^t} + \frac{f(x) - bg(x)}{(x-a)^t g(x)}, \tag{5.31}$$

其中常数 b 常常可以这样确定, 使得第二个分式的分子对于 $x = a$ 等于零, 从而可以被 $x-a$ 整除:

$$f(a) - bg(a) = 0,$$
$$f(x) - b \cdot g(x) = (x-a)f_1(x).$$

现在可以在 (5.31) 式第二个分式中约去因子 $x-a$, 然后再对这个分式用同样方法处理, 直到完全分解成部分分式时为止.

第6章 域 论

这一章的目的是给出关于域的构造以及它们的最简单的子域及扩域的一个初步概要. 同时下面的某些讨论对于体来说也成立.

6.1 子体, 素体

令 Σ 是一个体.

当 Σ 的一个子集 Δ 也是一个体时, 就称它是 Σ 的一个子体. 对此必要且充分的是, Δ 首先是一个子环 (即随同 a 与 b 一起, 也含有 $a-b$ 及 $a \cdot b$), 其次, 它含有单位元素, 并且对于每一 $a \neq 0$, 也含有逆元 a^{-1}. 代替这个条件, 我们也可以要求 Δ 含有一个非零元素, 并且随同 a 与 b 一起也含有 $a-b$ 及 ab^{-1}.

显然有: Σ 的任意多个子体的交仍是 Σ 的一个子体.

一个素体是一个不含真子体的体. 以下将看到, 一切素体都是交换的.

在每一体 Σ 中存在而且只存在一个素体.

证明 Σ 的一切子体的交是一个体, 它显然不再含有真子体.

假定存在两个不同的素体, 那么它们的交将是这两个体的子体, 从而与这两个体恒等. 于是这两个体不能互异.

素体的类型

设 Π 是包含在 Σ 内的素体, 它含有零元素与单位元素 e, 从而也含有一切整数倍 $n \cdot e = \pm \sum e$.

这样的元素 ne 的加法与乘法按以下规则施行:

$$ne + me = (n+m)e,$$
$$ne \cdot me = nm \cdot e^2 = nm \cdot e.$$

这样, 整数倍 ne 组成一个交换环 $\mathfrak{P}$. 再者, 通过 $n \rightarrow ne$ 给出整数环 $\mathbb{Z}$ 到环 $\mathfrak{P}$ 上的一个同态映射. 于是, 根据同态定理 (3.5 节), $\mathfrak{P}$ 与同余类环 $\mathbb{Z}/\mathfrak{p}$ 同构, 此处 $\mathfrak{p}$ 是零所对应的整数 n 所组成的理想, 因此对于这样的 n 有 $ne = 0$.

由于 $\mathfrak{P}$ 不含有零因子, 所以 $\mathbb{Z}/\mathfrak{p}$ 也不能含有零因子. 从而 $\mathfrak{p}$ 一定是一个素理想. 再者, $\mathfrak{p}$ 不可能是单位理想, 因为不然的话将有 $1 \cdot e = 0$. 于是有两种可能:

(1) $\mathfrak{p} = (p)$, 此处 p 是一个素数. 于是 p 是具有性质 $pe = 0$ 的最小正数. 由此推出

$$\mathfrak{P} \cong \mathbb{Z}/(p).$$

$\mathbb{Z}/(p)$ 是一个域. 所以环 $\mathfrak{P}$ 也是一个域, 因而就是所求的素体. 于是, 在这一情形, 素体 Π 与整数环关于一个素数的同余类环同构: 元素 $n \cdot e$ 的运算与数 $n \bmod p$ 的同余类的运算一样.

(2) $\mathfrak{p} = (0)$. 同态 $\mathbb{Z} \to \mathfrak{P}$ 是一个同构, 这时倍数 ne 都不相同: 由 $ne = 0$ 推出 $n = 0$. 在这一情形环 $\mathfrak{P}$ 还不是域. 因为整数环不是域. 素体 Π 不仅含有 $\mathfrak{P}$ 的元素, 而且还必须含有这些元素的商. 由 3.3 节知道. 同构的整环 $\mathfrak{P}$, $\mathbb{Z}$ 也一定有同构的商域, 从而在这一情形, 素体 Π 与有理数域 $\mathbb{Q}$ 同构.

因此, 一般来说, 包含在 Σ 内的素体的构造由生成理想 $\mathfrak{p}$ 的数 p 或 0 完全决定. 正如上面所说的那样, $\mathfrak{p}$ 由具有性质 $ne = 0$ 的数 n 所组成. 数 p 或 0 叫做体 Σ 或素体 Π 的特征.

通常的数域或包含有理数域的函数域具有特征零.

由特征的定义立刻得出以下定理:

定理 设 $a \neq 0$ 是 Σ 的一个元素, 而 k 是 Σ 的特征. 那么由 $na = ma$ 推出 $n \equiv m(k)$. 反过来也对.

证明 用 a^{-1} 乘等式 $na = ma$ 得 $ne = me$, 从而根据特征的定义, $n \equiv m(k)$. 这个论断是可逆的.

同样可证. 由 $na = nb$ 且 $n \not\equiv 0(k)$ 推出 $a = b$.

我们再导出一个重要的运算规则: 在特征 p 的域里,

$$(a+b)^p = a^p + b^p,$$
$$(a-b)^p = a^p - b^p.$$

证明 二项式定理

$$(a+b)^p = a^p + \binom{p}{1} a^{p-1} b + \cdots + \binom{p}{p-1} ab^{p-1} + b^p$$

成立 (习题 3.5). 然而, 对于 $0 < i < p$,

$$\binom{p}{i} = \frac{p(p-1)\cdots(p-i+1)}{1 \cdot 2 \cdots i} \equiv 0(p),$$

因为分子含有因子 p 不能被约去. 所以只剩下项 a^p 及 b^p:

$$(a+b)^p = a^p + b^p.$$

以 $a + b = a'$ 代入, 于是得

$$a'^p = (a' - b)^p + b^p,$$
$$(a' - b)^p = a'^p - b^p.$$

两个论断都被证明.

习题 6.1 通过对 f 作归纳法证明, 对于特征 p:

$$(a + b)^{pf} = a^{pf} + b^{pf},$$
$$(a - b)^{pf} = a^{pf} - b^{pf}.$$

习题 6.2 同样,

$$(a_1 + a_2 + \cdots + a_n)^p = a_1^p + a_2^p + \cdots + a_n^p.$$

习题 6.3 应用习题 6.2 到和 $1 + 1 + \cdots + 1$ 模 p 上.

习题 6.4 证明: 对于特征 p,

$$(a - b)^{p-1} = \sum_{j=0}^{p-1} a^j b^{p-1-j}.$$

6.2 添 加

如果 Δ 是体 Ω 的一个子体, 那么就说, Ω 是 Δ 的一个扩体或包括体. 我们的目的是要得出关于一个给定体的一切可能扩体的一个概貌. 这样同时也就得出关于一切可能体的一个概貌, 因为每一个体总可以看成它所包含的素体的扩体.

首先设 Ω 是 Δ 的任意一个扩体, 而 $\mathfrak{S}$ 是 Ω 中元素的一个任意集. 存在一个包有 Δ 及 $\mathfrak{S}$ 的体. 因为 Ω 就是这样的一个. 一切包有 Δ 及 $\mathfrak{S}$ 的体的交本身是一个体, 它包有 Δ 及 $\mathfrak{S}$, 并且记作 $\Delta(\mathfrak{S})$. 它是包有 Δ 及 $\mathfrak{S}$ 的最小体. 我们说, $\Delta(\mathfrak{S})$ 由 Δ 通过添加 (体添加) 集 $\mathfrak{S}$ 而生成的. 有

$$\Delta \subseteq \Delta(\mathfrak{S}) \subseteq \Omega,$$

并且两个极端情形是: $\Delta(\mathfrak{S}) = \Delta, \Delta(\mathfrak{S}) = \Omega$.

Δ 的一切元素以及 $\mathfrak{S}$ 的一切元素都属于 $\Delta(\mathfrak{S})$, 从而一切由 Δ 及 $\mathfrak{S}$ 的元素通过加、减、乘、除所生成的元素也属于 $\Delta(\mathfrak{S})$. 这些元素的全体已经作成一个体, 从而它必须恒等于 $\Delta(\mathfrak{S})$. 于是, $\Delta(\mathfrak{S})$ 是由 $\mathfrak{S}$ 的元素与 Δ 的元素的一切有理组合所构成的. 在交换的情形这种组合可以简单地写成 $\mathfrak{S}$ 的元素的有理整函数的商, 系数取自 Δ.

若 $\mathfrak{S}$ 是一个有限集: $\mathfrak{S} = \{u_1, \cdots, u_n\}$, 那么也可以把 $\Delta(\mathfrak{S})$ 写作 $\Delta(u_1, \cdots, u_n)$. 这时也说添加元素 $u_1, \cdots, u_n$ 于 Δ. 因此, 圆括号永远表示体添加, 同时方括号, 例如 $\Delta[x]$, 表示环添加 (一切有理整的组合).

在 $\Delta(\mathfrak{S})$ 的元素由 Δ 及 $\mathfrak{S}$ 的元素的有理表达式里, 任何时候只有 $\mathfrak{S}$ 的有限多个元素出现. 因此, 体 $\Delta(\mathfrak{S})$ 的每一元素已经属于一个体 $\Delta(\mathfrak{T})$, 此处 $\mathfrak{T}$ 是 $\mathfrak{S}$ 的一个有限子集, 因此, $\Delta(\mathfrak{S})$ 是一切体 $\Delta(\mathfrak{T})$ 的并, 此处 $\mathfrak{T}$ 永远是 $\mathfrak{S}$ 的一个有限子集. 这样, 添加一个任意集就归结为添加有限集并且作一个并集.

若 $\mathfrak{S}$ 是 $\mathfrak{S}_1$ 与 $\mathfrak{S}_2$ 的并, 那么显然

$$\Delta(\mathfrak{S}) = \Delta(\mathfrak{S}_1)(\mathfrak{S}_2).$$

因为 $\Delta(\mathfrak{S}_1)(\mathfrak{S}_2)$ 包含 $\Delta(\mathfrak{S}_1)$ 及 $\mathfrak{S}_2$, 从而包含 Δ, $\mathfrak{S}_1$ 及 $\mathfrak{S}_2$, 即包含 Δ 及 $\mathfrak{S}$, 反过来, $\Delta(\mathfrak{S})$ 包含 Δ, $\mathfrak{S}_1$ 及 $\mathfrak{S}_2$, 因而包含 $\Delta(\mathfrak{S}_1)$ 及 $\mathfrak{S}_2$, 即包含 $\Delta(\mathfrak{S}_1)(\mathfrak{S}_2)$.

这样, 添加一个有限集就归结为有限回依次添加一个单独元素. 通过添加一个单独元素的扩张叫做单纯体扩张. 我们将在下一节来研究它.

6.3　单纯域扩张

整个这一节里所研究的都是域. 仍旧设 $\Delta \subseteq \Omega$, 而 ϑ 是 Ω 中一个任意元素. 我们来研究单纯扩域 $\Delta(\vartheta)$.

这个域首先包含一切多项式 $\sum a_k \vartheta^k (a_k \in \Delta)$ 的环 $\mathfrak{S}$. 我们来比较 $\mathfrak{S}$ 与一个不定元 x 的多项式环 $\Delta[x]$.

通过映射 $f(x) \to f(\vartheta)$, 确切地说:

$$\sum a_k x^k \to \sum a_k \vartheta^k,$$

$\Delta[x]$ 被同态地映到 $\mathfrak{S}$ 上[①]. 于是, 根据同态定理, $\mathfrak{S}$ 与一个同余类环同构:

$$\mathfrak{S} \cong \Delta[x]/\mathfrak{p},$$

此处 $\mathfrak{p}$ 是以 ϑ 为零点的那些多项式 $f(x)$ (即对于它们来说, $f(\vartheta) = 0$) 所成的理想.

因为 $\mathfrak{S}$ 没有零因子, 所以 $\Delta[x]/\mathfrak{p}$ 也不含有零因子, 从而理想 $\mathfrak{p}$ 是一个素理想. 再者, $\mathfrak{p}$ 不能是单位理想, 因为在这个同态之下, 单位元 e 不是对应于零而是对应于 e 自身. 由于在 $\Delta[x]$ 中每一理想都是主理想, 所以只有两个可能:

---

① 在非交换情形这一事实不成立, 因为尽管变元 x 永远被假定与系数 a_k 可交换, 然而量 ϑ 却不一定如此. 仅当 ϑ 与 Δ 的一切元素可交换的特殊情形, 这一节的一切讨论才成立.

(1) $\mathfrak{p} = (\varphi(x))$, 此处 $\varphi(x)$ 是 $\Delta[x]$ 中一个不可分解的多项式[①]. $\varphi(x)$ 是一个具有性质 $\varphi(\vartheta) = 0$ 的最低次多项式. 由此推出

$$\mathfrak{S} \cong \Delta[x]/(\varphi(x)).$$

右端的同余类环是一个域 (3.8 节), 所以环 $\mathfrak{S}$ 也是一个域, 于是 $\mathfrak{S}$ 就是所求的单纯扩域 $\Delta(\mathfrak{S})$.

(2) $\mathfrak{p} = 0$. 同态 $\Delta[x] \sim \mathfrak{S}$ 变为同构. 除零以外, 没有一个多项式 $f(x)$ 具有性质 $f(\vartheta) = 0$, 而对于表达式 $f(\vartheta)$, 就如同 ϑ 是一个不定元那样来进行运算. 在这一情形, 环 $\mathfrak{S} \cong \Delta[x]$, 还不是域. 然而, 由这两个环的同构推出它们商域的同构: 域 $\Delta(\vartheta)$、环 $\mathfrak{S}$ 的商域与一个不定元 x 的有理函数域同构.

在第一种情形, ϑ 满足 Δ 中的一个代数方程 $\varphi(\vartheta) = 0$, 就说 ϑ 对于 Δ 是代数的, 而域 $\Delta(\vartheta)$ 叫做 Δ 的一个单纯代数扩张. 在第二种情形, 由 $f(\vartheta) = 0$ 得出 $f(x) = 0$, 就说 ϑ 对于 Δ 是超越的, 而域 $\Delta(\vartheta)$ 叫做 Δ 的一个单纯超越扩张. 根据上述, 对于一个超越元素的计算与对于一个不定元的计算一样. 我们有 $\Delta(\vartheta) \cong \Delta(x)$. 在代数的情形, 根据上述, 有

$$\Delta(\vartheta) = \mathfrak{S} \cong \Delta[x]/(\varphi(x)),$$

此处 $\varphi(x)$ 是具有零点 ϑ 的最低次 (不可分解的) 多项式.

在代数的情形, 由最后的关系推出下列事实:

a) ϑ 的每一个有理函数也可以写成多项式 $\sum a_k \vartheta^k$ (因为 $\mathfrak{S}$ 被定义作为这样的多项式的全体).

b) 这样的多项式的运算同在多项式环 $\Delta[x]$ 中模 $\varphi(x)$ 的同余类的运算一样.

c) 方程

$$f(\vartheta) = 0$$

可以化为同余式

$$f(x) \equiv 0(\varphi(x)).$$

反过来也对.

d) 因为每一多项式模 $\varphi(x)$ 可以化为一个次数 $< n$ 的多项式, 这里 n 是 $\varphi(x)$ 的次数, 所以 $\Delta(\vartheta)$ 中一切元素可以写成 $\beta = \sum\limits_{k=0}^{n-1} a_k \vartheta^k$ 的形式.

e) 因为 ϑ 不满足低于 n 次的方程, 所以 $\Delta(\vartheta)$ 中元素的表示

$$\beta = \sum_{k=0}^{n-1} a_k \vartheta^k$$

[①] 对于"在 $\Delta[x]$ 中不可分解", 有时也说"在域 Δ 中不可分解", 或者说"在域 Δ 上不可分解"也许更好些.

是唯一的.

解或根是 ϑ 的不可约方程 $\varphi(x) = 0$ 叫做域 $\Delta(\vartheta)$ 的定义方程. 多项式 $\varphi(x)$ 的次数叫做代数元素 ϑ 对于 Δ 的次数.

当 ϑ 是 Δ 中一个线性方程的解, 从而它本身属于 Δ 时, 次数是 1. 这时可以取 $\varphi(x) = x - \vartheta$. 因此, 上面的命题 c) 又重新导出 5.2 节中已经证明了的事实:

每一个有零点 ϑ 的多项式可以被 $x - \vartheta$ 整除.

习题 6.5　对于单纯代数扩张的情形, 直接证明极小多项式 $\varphi(x)$ 的不可约性以及事实 a)～e), 即不用同态定理及 $\Delta[x]/(\varphi(x))$ 的域性质来证明 (论断的次序是: 不可约性, c), b), a), d), e). 对于 a) 应用 c)).

习题 6.6　进一步证明, 除常数因子外, $\varphi(x)$ 是 $\Delta[x]$ 中唯一具有零点 ϑ 的不可约多项式.

习题 6.7　下列各域的生成元和它的定义方程是什么:

a) 复数域对于实数域;

b) 域 $\mathbb{Q}(\sqrt[5]{3})$ 对于有理数域 $\mathbb{Q}$;

c) 域 $\mathbb{Q}(e^{2\pi i/5})$ 对于有理数域 $\mathbb{Q}$;

d) 域 $\mathbb{Z}[i]/(7)$ 对于它所含的素域 ($\mathbb{Z}[i]$ 是 Gauss 整数环).

习题 6.8　设 Γ 是一个域, z 是一个不定元, $\Sigma = \Gamma(z), \Delta = \Gamma\left(\dfrac{z^3}{z+1}\right)$. 证明: Σ 是 Δ 的一个单纯代数扩张. 元素 z 所满足的 Δ 中不可约方程是什么?

域 Δ 的两个扩张 Σ, Σ' 说是等价的 (对于 Δ), 假如存在一个同构 $\Sigma \cong \Sigma'$, 它把 Δ 的每一元素仍变为自身 (保持不动).

域 Δ 的每两个单纯超越扩张是等价的.

因为由 $f(x)/g(x) \to f(\vartheta)/g(\vartheta)$, 每一个单纯超越扩张 $\Delta(\vartheta)$ 都等价于不定元 x 的有理函数域.

每两个单纯代数扩张 $\Delta(a), \Delta(\beta)$ 是等价的, 只要 α 与 β 是 $\Delta[x]$ 中同一不可约多项式 $\varphi(x)$ 的零点, 并且此时存在这样的一个同构, 它使 Δ 的元素不动而把 α 变到 β.

证明　$\Delta(\alpha)$ 的元素有形状 $\sum\limits_{k=0}^{n-1} a_k\beta^k$, 而 $\Delta(\beta)$ 的元素有形状 $\sum\limits_{k=0}^{n-1} a_k\beta^k$. 在两个域中, 对于这样的元素的运算和对于多项式模 $\varphi(x)$ 的运算一样. 因此, 对应

$$\sum a_k\alpha^k \to \sum a_k\beta^k$$

就是具有所要求性质的一个同构.

一个在 Δ 中不可约的多项式 $\varphi(x)$ 在一个扩域 Ω 中不一定不可约. 如果它在 Ω 中有一个零点 ϑ, 那么至少分出一个线性因子 $x - \vartheta$. 它在 Ω 中还可能进一步分解成线性及非线性因子:

$$\varphi(x) = (x - \vartheta)(x - \vartheta_2)\cdots(x - \vartheta_j)\varphi_1(x)\cdots\varphi_k(x).$$

根据以上的证明, 在这一情形, 域 $\Delta(\vartheta), \Delta(\vartheta_2), \cdots, \Delta(\vartheta_j)$ 都等价, 而在同构

$$\Delta(\vartheta) \cong \Delta(\vartheta_2) \cong \cdots \cong \Delta(\vartheta_j)$$

之下, ϑ 变为 $\vartheta_2, \cdots, \vartheta_j$.

属于一个公共扩域 Ω 的等价的扩张 (像 $\Delta(\vartheta), \Delta(\vartheta_2), \cdots, \Delta(\vartheta_j)$) 那样) 叫做彼此共轭的 (对于 Δ), 而在相应的同构之下互相转变的元素 $\vartheta, \vartheta_2, \cdots$ 叫做共轭元素[①]. 由所证明的事实推出: 一个在 $\Delta[x]$ 中不可约多项式 $\varphi(x)$ 在 Ω 中的一切零点对于 Δ 彼此共轭. 反过来, 当共轭元素是代数的时候, 永远是同一个不可约多项式 $\varphi(x)$ 的零点. 因为由 $\varphi(\vartheta_1) = 0$ 推出, 当 ϑ_1 通过一个同构变为 ϑ_2 时, 正由于这个同构, $\varphi(\vartheta_2) = 0$.

单纯扩张的存在

到现在为止, Ω 总被认为是一个预先给定的扩域, 而单纯扩张 $\Delta(\vartheta)$ 是在 Ω 里来研究的, 现在将从另一方面提出问题: 域 Δ 是给定的, 而一个扩域 $\Delta(\vartheta)$ 是所求的, 此外又要求或者 ϑ 是超越的, 或者 ϑ 是一个预先给定在 $\Delta[x]$ 中不可约多项式的零点.

如果 ϑ 是超越的, 那么问题的解是容易的: 对于 ϑ, 取一个不定元

$$\vartheta = x,$$

作多项式环 $\Delta[x]$ 和它的商域 $\Delta(x)$, 不定元 x 的有理函数域, 如我们所知, 除等价扩张外, $\Delta(x)$ 是唯一的单纯超越扩张. 于是有

一个给定域 Δ 的单纯超越扩张存在一个, 而且除等价扩张外只存在一个.

其次设 ϑ 是代数的, 并且是 $\Delta[x]$ 中不可约多项式 $\varphi(x)$ 的一个零点, 那么可以首先假设 φ 不是线性的, 否则就可以取 $\Delta(\vartheta) = \Delta$.

根据上述, 所求的域必定与同余类环

$$\Sigma' = \Delta[x]/(\varphi(x))$$

同构, 现在对于 $\Delta[x]$ 中每一多项式 f, 有 Σ' 中一个同余类 $\bar{f}$ 与它对应, 并且这个映射是一个同态映射. 特别, 对于 Δ 的每一常数 a 有一个同余类 $\bar{a}$ 与它对应, 而 Δ 的这个映射不但是同态, 而且是同构, 因为零是唯一的常数 $\equiv 0 \mod \varphi(x)$. 于是根据 3.2 节末尾, 在域 Σ' 中同余类 $\bar{a}$ 可以用它所对应的 Δ 的元素 a 来代换. 从而 Σ' 变为一个包含 Δ 且 $\cong \Sigma'$ 的域 Σ.

有一个同余类与多项式 x 对应, 我们可以称它为 ϑ. 于是可以在 Σ 中作出域 $\Delta(\vartheta)$. (容易看出, $\Sigma = \Delta(\vartheta)$).

---

① 这种记法主要是对代数元素 ϑ 应用的. 同一域的超越元素永远彼此等价.

由

$$\varphi(x) = \sum_0^n a_k x^k \equiv 0(\varphi(x)),$$

借助于同态, 得出

$$\sum_0^n \bar{a}_k \vartheta^k = 0 \ (在 \ \Sigma' \ 内),$$

于是, 当 $\bar{a}_k$ 被 a_k 代换时, 将有

$$\varphi(\vartheta) = \sum_0^n a_k \vartheta^k = 0.$$

所以 ϑ 是 $\varphi(x)$ 的零点.

这样就证明了:

对于一个给定的域 Δ, 存在一个(并且除等价扩张外, 只存在一个)单纯代数扩张 $\Delta(\vartheta)$, 使得 ϑ 满足一个给定的在 $\Delta[x]$ 中不可约方程 $\varphi(x) = 0$.

在证明中借助于同余类环与符号 ϑ 所用的 "符号添加" 过程在某种程度上是关于非符号添加的逆命题, 后者当我们开始就有一个包括域 Ω, 在其中已经存在一个具有所要求性质的元素 ϑ 的时候是可能的. 例如, 若 Δ 是有理数域, 那么一个代数数 (即一个代数方程的根) 的非符号添加可以从利用超越方法所作的复数域出发而达到, 在复数域中, 根据 "代数基本定理", 每一个具有理数系数的方程实际上是可解的. 上面的符号添加避免了这种超越的迂迴途径, 而是直接把代数数当作一个同余类的符号来引入, 并且对它定义运算规则. 在这里并没有引入大小关系 $(>, <)$ 或实数性质. 虽然如此, 由符号的或非符号超越途径都作成 (就代数来说) 同一个域 $\Delta(\vartheta)$. 因为根据开始所证, 当 ϑ 满足同一个不可约方程时, 一切可能的扩张 $\Delta(\vartheta)$ 是等价的.

关于量的大小与代数关系之间的联系的详细情形, 将在第 10 章与第 11 章中找到.

习题 6.9   多项式 $x^4 + 1$ 在有理数域 $\mathbb{Q}$ 中不可约 (习题 5.14). 添加一个零点 ϑ 并且把这个多项式在扩域 $\mathbb{Q}(\vartheta)$ 中分解成素因子,

习题 6.10   令 Π 是特征 p 的素域, x 是一个不定元, $\Delta = \Pi(x)$. 对于 Δ 添加不可约多项式 $z^p - x$ 的一个零点 $\xi = x^{1/p}$ 并且在扩域 $\Pi(\xi)$ 中分解多项式 $z^p - x$.

习题 6.11   由特征 2 的素域, 通过添加一个不可约二次方程的一个零点, 作一个含有四个元素的域.

6.4 域的有限扩张

设 Ω 是一个体, Δ 是它的子域. 如果 Ω 的任何元素都是有限多个元素 $u_1, \cdots, u_n$ 的系数在 Δ 中的线性组合:

$$w = \delta_1 u_1 + \cdots + \delta_n u_n, \tag{6.1}$$

就称 Ω 是 Δ 的有限扩张, 或简称在 Δ 上有限.

体 Ω 构成 Δ 上的有限维左向量空间. Ω 对于 Δ 的线性无关基的元素个数, 也就是维数, 称为域的次数 $(\Omega : \Delta)$, 或 Ω 在 Δ 上的次数.

例 设域 Ω 是 Δ 的单纯代数扩张:

$$\Omega = \Delta(\vartheta),$$

其中 ϑ 是 Δ 上的 n 次元, 也就是 $\Delta[x]$ 里的一个 n 次不可约多项式的根, 则元素

$$1, \vartheta, \vartheta^2, \cdots, \vartheta^{n-1}$$

构成 $\Delta(\vartheta)$ 在 Δ 上的线性无关基, 因此 $\Delta(\vartheta)$ 在 Δ 上是有限的, 次数为 n.

设 Σ 是 Δ 与 Ω 间的一个中间域, 即 $\Delta \subseteq \Sigma \subseteq \Omega$. 那么以下定理成立:

次数定理 若 Ω 在 Δ 上有限, 那么 Σ 也在 Δ 上有限且 Ω 也在 Σ 上有限. 反过来, 若 Σ 在 Δ 上有限且 Ω 在 Σ 上有限, 那么 Ω 在 Δ 上有限并且次数关系

$$(\Omega : \Delta) = (\Omega : \Sigma)(\Sigma : \Delta) \tag{6.2}$$

成立

证明 若 Ω 在 Δ 上有限, 那么根据 4.2 节, 向量空间 Ω 的子空间 Σ 也在 Δ 上有限. Ω 在 Σ 上有限是明显的, 因为 Ω 已经在 Δ 上有限. 现在反过来设 $(\Sigma : \Delta)$ 与 $(\Omega : \Sigma)$ 都是有限的, 并且设 $\{u_1, \cdots, u_r\}$ 是 Σ 对于 Δ 的一个基, 而 $\{v_1, \cdots, v_s\}$ 是 Ω 对 Σ 的一个基. 那么 Ω 的每一元素可以被表示成以下形式:

$$\begin{aligned} w &= \sum_i \sigma_i v_i \quad (\sigma_i \in \Sigma) \\ &= \sum_i \left(\sum_k \delta_{ik} u_k \right) v_i \quad (\delta_{ik} \in \Delta) \\ &= \sum_i \sum_k \delta_{ik}(u_k v_i). \end{aligned}$$

因此 Ω 的每一元素与 rs 个元素 $u_k v_i$ 线性相关. 这些元素对于 Δ 彼此线性无关. 因为由

$$\sum_i \sum_k \delta_{ik} u_k v_i = 0, \quad (\delta_{ik} \in \Delta)$$

根据 v_i 对于 Σ 的线性无关性, 推出

$$\sum_k \delta_{ik} u_k = 0,$$

于是根据 u_k 对于 Δ 的线性无关性,

$$\delta_{ik} = 0.$$

所以 rs 是 Ω 对于 Δ 的次数, 证毕.

(6.2) 的推论　a) 若 $\Delta \subseteq \Sigma \subseteq \Omega$ 而 $(\Omega:\Delta)=(\Sigma:\Delta)$, 那么 $\Omega = \Sigma$. 因为这时由 (6.2) 就推出 $(\Omega:\Sigma)=1$.

b) 若 $\Delta \subseteq \Sigma \subseteq \Omega$ 而 $(\Omega:\Sigma)=(\Omega:\Delta)$, 那么 $\Sigma = \Delta$.

c) 若 $\Delta \subseteq \Sigma \subseteq \Omega$, 那么次数 $(\Sigma:\Delta)$ 是次数 $(\Omega:\Delta)$ 的一个因子.

习题 6.12　域 $\mathbb{Q}(i,\sqrt{2})$ 对于有理数域 $\mathbb{Q}$ 的次数是什么?

习题 6.13　域 Δ 的有限扩域 Ω 中一切元素对于 Δ 来说都是代数的, 并且它们的次数是域次数 $(\Omega:\Delta)$ 的一个因子.

习题 6.14　如果一个特征 p 的域对于它所包含的素域的次数是 n, 那么它是由多少元素组成的?

6.5 域的代数扩张

Δ 的一个扩域 Σ 叫做在 Δ 上是代数的, 假如 Σ 的每一元素都是 Δ 上的代数元素.

定理　Δ 的每一有限扩域都是代数的, 并且可以由 Δ 通过添加有限个代数元素而得到.

证明　设 n 是有限扩域 Σ 的次数, 又 $\alpha \in \Sigma$, 那么在元素 α 的幂 $1,\alpha,\alpha^2,\cdots,\alpha^n$ 中至多有 n 个是线性无关的. 因而必定有一个关系 $\sum_0^n e_k\alpha^k = 0$ 成立, 即 α 是代数的. 从而域 Σ 是代数的. 我们可以选取 Σ 的一个域基作为域 Σ 的生成元 (即作为添加的集).

由于这个定理, 代替"有限扩张", 我们也可以说"有限代数扩张".

逆定理　域 Δ 的每一个通过对 Δ 添加有限个代数元而生成的扩张是有限的 (从而是代数的).

证明　添加一个 n 次代数元 ϑ 生成一个具有基 $1,\vartheta,\cdots,\vartheta^{n-1}$ 的有限扩张. 根据 6.4 节的最后定理, 依次构成有限扩张仍旧生成一个有限扩张.

推论　代数元素的和、差、积、商仍是代数元素.

定理　若 α 对于 Σ 是代数的, 而 Σ 对于 Δ 是代数的, 那么 α 对于 Δ 是代数的.

证明　在对于 α 的系数取自 Σ 的代数方程里只可能有 Σ 的有限个元素 $\beta,\gamma,\cdots$ 作为系数出现. 域 $\Sigma' = \Delta(\beta,\gamma,\cdots)$ 对于 Δ 是有限的, 而域 $\Sigma'(\alpha)$ 对于 Σ' 是有限的. 因此 $\Sigma'(\alpha)$ 对于 Δ 也是有限的, 从而 α 对于 Δ 是代数的.

分裂域

在有限代数扩张中, 一个多项式 $f(x)$ 的"分裂域"特别重要, 它是通过"添加方程 $f(x)=0$ 的一切根"而生成的. 因此分裂域是这样一个域 $\Delta(\alpha_1,\cdots,\alpha_n)$, 其中

$\Delta[x]$ 的多项式 $f(x)$ 完全分解成线性因子[1]：

$$f(x) = (x - \alpha_1) \cdots (x - \alpha_n),$$

并且通过对 Δ 添加这些线性因子的根 α_i 而生成的. 关于这个域以下定理成立：

定理　对于 $\Delta[x]$ 中每一多项式 $f(x)$ 都存在一个分裂域.

证明　在 $\Delta[x]$ 中 $f(x)$ 可以分解成不可约因子如下：

$$f(x) = \varphi_1(x)\varphi_2(x) \cdots \varphi_r(x).$$

现在首先添加不可约多项式 $\varphi_1(x)$ 的一个零点 α_1, 由此得到一个域 $\Delta(\alpha_1)$, 其中 $\varphi_1(x)$, 从而 $f(x)$ 分裂出一个线性因子 $x - \alpha_1$.

假设已经作出一个域 $\Delta_k = \Delta(\alpha_1, \cdots, \alpha_k)(k < n)$, 其中多项式 $f(x)$ 分裂出 (相同或不同的) 因子 $x - \alpha_1, \cdots, x - \alpha_k$. 在域 Δ_k 中 $f(x)$ 可以如下地分解：

$$f(x) = (x - \alpha_1) \cdots (x - \alpha_k) \cdot \psi_{k+1}(x) \cdots \psi_1(x).$$

现在对 Δ_k 添加 $\psi_{k+1}(x)$ 的一个零点 α_{k+1}. 在这样扩张的域 $\Delta_k(\alpha_{k+1}) = \Delta(\alpha_1, \cdots, \alpha_{k+1})$ 中, $f(x)$ 分裂出因子 $x - \alpha_1, \cdots, x - \alpha_{k+1}$. 由这个添加, $f(x)$ 也许可能还分裂出多于 $k + 1$ 个因子.

按这种方法逐步继续下去, 最后得出所求的域 $\Delta_n = \Delta(\alpha_1, \cdots, \alpha_n)$[2].

我们现在将进一步指出, 一个给定的多项式 $f(x)$ 的分裂域除等价扩张外是唯一确定的. 为此需要应用同构的开拓这一概念.

设 $\Delta \subseteq \Sigma$ 及 $\overline{\Delta} \subseteq \overline{\Sigma}$, 又设给定了一个同构 $\Delta \cong \overline{\Delta}$. 一个同构 $\Sigma \cong \overline{\Sigma}$ 叫做所给的同构 $\Delta \cong \overline{\Delta}$ 的开拓, 假如 Δ 中每一元素 a, 在旧同构 $\Delta \cong \overline{\Delta}$ 之下有象 $\bar{a}$, 在新同构 $\Sigma \cong \overline{\Sigma}$ 之下也有 $\overline{\Delta}$ 中同一象 $\bar{a}$.

在代数扩张中有关同构开拓的一切定理都建立在以下定理的基础上：

定理　若在一个同构 $\Delta \cong \overline{\Delta}$ 之下 $\Delta[x]$ 中一个不可约多项式 $\varphi(x)$ 映成 $\overline{\Delta}[x]$ 中多项式 $\overline{\varphi}(x)$ (自然同样也是不可约的), 又设 α 是 $\varphi(x)$ 在 Δ 的一个扩域中的一个零点, 而 $\bar{\alpha}$ 是 $\overline{\varphi}(x)$ 在 $\overline{\Delta}$ 的一个扩域中的一个零点, 那么所给的同构 $\Delta \cong \overline{\Delta}$ 可以开拓成一个同构 $\Delta(\alpha) \cong \overline{\Delta}(\bar{\alpha})$, 它把 α 映成 $\bar{\alpha}$.

证明　$\Delta(x)$ 的元素有形式 $\sum c_k \alpha^k (c_k \in \Delta)$, 而对它们的运算与对多项式模 $\varphi(x)$ 的运算一样. 同样, $\overline{\Delta}(\bar{\alpha})$ 的元素有形式 $\sum \bar{c}_k \bar{\alpha}^k (c_k \in \overline{\Delta})$, 而对它们的运算与对多项式模 $\overline{\varphi}(x)$ 的运算一样, 因此, 除了一个横线外, 是完全同样的. 所以对应

$$\sum c_k \alpha^k \to \sum \bar{c}_k \bar{\alpha}^k$$

---

[1] 在这里和以后都将假定 $f(x)$ 的最高系数是 1, 这显然是无关紧要的.

[2] 这里所给出的分裂域的存在证明并不蕴含在有限步下实际构成的可能性. 关于这个问题请看 Hermann G. *Math.Ann.*, 1926, 95: 736-788 及 Waerden B L V D. *Math.Ann.*, 1930, 102: 738.

(此处 $\overline{c}_k$ 是在同构 $\Delta \cong \overline{\Delta}$ 之下与 c_k 对应的元素) 是一个具有所要求性质的同构.

特别, 若 $\Delta = \overline{\Delta}$ 且所给的同构把 Δ 的每一个元素映到自身, 那么再一次得到以前的定理, 即添加同一不可约方程的根所生成的一切扩张 $\Delta(\alpha), \Delta(\overline{\alpha}), \cdots$ 是等价的, 并且每一根由相应的同构变为其他的每一根.

相应的定理对于添加一个多项式的全部根以代替添加一个根也成立:

定理   若在一个同构 $\Delta \cong \overline{\Delta}$ 之下, $\Delta[x]$ 中任意多项式 $f(x)$ 映成 $\overline{\Delta}[x]$ 中一个多项式 $\overline{f}(x)$, 那么这个同构可以开拓成 $f(x)$ 的任意分裂域 $\Delta(\alpha_1, \cdots, \alpha_n)$ 与 $\overline{f}(x)$ 的任意分裂域 $\overline{\Delta}(\overline{\alpha}_1, \cdots, \overline{\alpha}_n)$ 的一个同构, 其中 $\alpha_1, \cdots, \alpha_n$ 按某种次序映成 $\overline{\alpha}_1, \cdots, \overline{\alpha}_n$.

证明   假设已经 (可能改变一下根的次序) 把同构 $\Delta \cong \overline{\Delta}$ 开拓成一个同构 $\Delta(\alpha_1, \cdots, \alpha_k) \cong \overline{\Delta}(\overline{\alpha}_1, \cdots, \overline{\alpha}_k)$, 其中每一 α_i 映成 $\overline{\alpha}_i$ (对于 $k = 0$ 来说实际就是这样). 在 $\Delta(\alpha_1, \cdots, \alpha_k)$ 中 $f(x)$ 可以如此分解:

$$f(x) = (x - \alpha_1) \cdots (x - \alpha_k) \cdot \varphi_{k+1}(x) \cdots \varphi_h(x).$$

于是, 借助于同构, $\overline{f}x$ 在域 $\overline{\Delta}(\overline{\alpha}_1, \cdots, \overline{\alpha}_k)$ 中相应地分解如下:

$$\overline{f}(x) = (x - \overline{\alpha}_1) \cdots (x - \overline{\alpha}_k) \cdot \overline{\varphi}_{k+1}(x) \cdots \overline{\varphi}_h(x).$$

在 $\Delta(\alpha_1, \cdots, \alpha_n)$ 及 $\overline{\Delta}(\overline{\alpha}_1, \cdots, \overline{\alpha}_n)$ 中, 因子 φ_ν 与 $\overline{\varphi}_\nu$ 又分别分解为 $(x - \alpha_{k+1}) \cdots (x - \alpha_n)$ 及 $(x - \overline{\alpha}_{k+1}) \cdots (x - \overline{\alpha}_n)$. $\alpha_{k+1}, \cdots, \alpha_n$ 与 $\overline{\alpha}_{k+1}, \cdots, \overline{\alpha}_n$ 可以这样排列, 使得 α_{k+1} 是 $\varphi_{k+1}(x)$ 的根而 $\overline{\alpha}_{k+1}$ 是 $\overline{\varphi}_{k+1}(x)$ 的根. 根据上面的定理, 同构

$$\Delta(\alpha_1, \cdots, \alpha_k) \cong \overline{\Delta}(\overline{\alpha}_1, \cdots, \overline{\alpha}_k)$$

可以开拓成

$$\Delta(\alpha_1, \cdots, \alpha_{k+1}) \cong \overline{\Delta}(\overline{\alpha}_1, \cdots, \overline{\alpha}_{k+1}),$$

其中 α_{k+1} 映成 $\overline{\alpha}_{k+1}$.

从 $k = 0$ 开始, 按这样的方法一步一步地继续下去, 最后得到所求的同构

$$\Delta(\alpha_1, \cdots, \alpha_n) \cong \overline{\Delta}(\overline{\alpha}, \cdots, \overline{\alpha}_n),$$

根据这种构成, 每一 α_i 映成 $\overline{\alpha}_i$.

特别, 若 $\Delta = \overline{\Delta}$ 并且所给的同构 $\Delta \cong \overline{\Delta}$ 使 Δ 中每一元素不变, 那么 $f = \overline{f}$, 并且扩充了的同构

$$\Delta(\alpha_1, \cdots, \alpha_n) \cong \Delta(\overline{\alpha}_1, \cdots, \overline{\alpha}_n)$$

同样也使 Δ 的一切元素不变, 这就是说, $f(x)$ 的两个分裂域是等价的. 因此, 一个多项式 $f(x)$ 的分裂域除等价扩张外是唯一确定的.

由此推出, 根的一切代数性质不依赖于分裂域的构成方法. 例如, 无论把一个多项式在复数域内分解还是利用符号添加来分解, 在实质上, 即除等价外, 都将得出同一的结果.

特别, $f(x)$ 的每一根或零点都有一个出现在分解

$$f(x) = (x - \alpha_1) \cdots (x - \alpha_n)$$

中确定的重数.

当且仅当 $f(x)$ 与 $f'(x)$ 在分裂域上有一个非常数的公因子时, 有重根存在 (5.2 节). 然而 $f(x)$ 与 $f'(x)$ 在任意分裂域上的最大公因子与在 $\Delta[x]$ 中的一样 (习题 3.22). 因此, 通过作出 $f(x)$ 与 $f'(x)$ 在 $\Delta[x]$ 中的最大公因子, 就已经能够知道 $f(x)$ 在它的分裂域中是否有重根.

同一多项式的含在一个公共包括域 Ω 中的两个分裂域不仅等价, 而且相等. 因为当在 Ω 中有两个分解

$$f(x) = (x - \alpha_1) \cdots (x - \alpha_n),$$
$$f(x) = (x - \overline{\alpha}_1) \cdots (x - \overline{\alpha}_n)$$

成立时, 根据在 $\Omega[x]$ 中唯一因子分解定理, 除次序外, 因子是唯一确定的.

正规扩域

一个域 Σ 说是在 Δ 上正规的, 假如第一, 它对于 Δ 是代数的; 第二, $\Delta[x]$ 中每一在 Σ 内有一个零点 α 的不可约多项式 $g(x)$ 在 $\Sigma[x]$ 中完全分解成线性因子.

根据以下定理, 我们所作的分裂域是正规的.

定理 由 Δ 通过添加 $\Delta[x]$ 中一个或多个甚至无穷个多项式的全部零点所生成的域是正规的.

首先, 我们可以把无究多个多项式的情形归到有限的情形. 因为这个域的每一元素 α 只依赖于有限多个多项式的根, 并且对于以 α 为零点的不可约多项式的分解, 我们可以完全限于这有限多个根所生成的域内.

进一步, 有限个多项式的情形又可以归到一个多项式的情形, 为此, 我们把所有这些多项式相乘并且添加积的零点. 这些元素就如同取一切因子的零点一样.

这样, 设 $\Sigma = \Delta(\alpha_1, \cdots, \alpha_n)$, 其中 α_ν 是一个多项式的零点, 并且设 $\Delta[x]$ 的不可约多项式 $g(x)$ 在 Σ 中有一个零点 β. 当 $g(x)$ 在 Σ 中不完全分解时, 我们可以添加 $g(x)$ 的另一零点 β', 而将 Σ 扩张为一个域 $\Sigma(\beta')$. 于是, 由于 β 与 β' 共轭, 所以

$$\Delta(\beta) \cong \Delta(\beta').$$

在这个同构之下, Δ 的元素, 从而多项式 $f(x)$ 的系数变为自身. 现在对左右两端添加 $f(x)$ 的一切零点, 于是, 可以将这个同构开拓成为

$$\Delta(\beta, \alpha_1, \cdots, \alpha_n) \cong \Delta(\beta', \alpha_1, \cdots, \alpha_n),$$

其中 α_i 仍变为 α_j, 也许按另外的次序. 现在 β 是 $\alpha_1, \cdots, \alpha_n$ 的一个有理函数, 系数在 Δ 内:

$$\beta = r(\alpha_1, \cdots, \alpha_n),$$

并且这个有理关系在任何同构之下保持成立. 由此, β' 也是 $\alpha_1, \cdots, \alpha_n$ 的一个有理函数, 从而也属于域 Σ, 这与假定相违.

逆定理 Δ 上的一个正规扩域由添加一组多项式的一切零点所生成, 并且当这个域是有限的时候, 甚至是由添加一个多项式的一切零点所生成.

证明 域 Σ 由添加代数元的集 $\mathfrak{M}$ 生成 (一般我们可以取, 例如, $\mathfrak{M} = \Sigma$. 在有限情形 $\mathfrak{M}$ 是有限的). $\mathfrak{M}$ 中每一元素满足一个系数在 Δ 中的代数方程 $f(x) = 0$, 这个方程在 Σ 中完全分解. 添加所有这些多项式的全部零点 (相应地, 当这样的多项式的个数有限时, 添加它们积的全部零点) 至少与单独添加 $\mathfrak{M}$ 所生成的域一样, 这就是说, 由此生成整个的域 Σ. 证毕.

一个不可约方程 $f(x) = 0$ 叫做正规的, 假如由添加它的一个根所生成的域已经正规, 即 $f(x)$ 在其中完全分解.

习题 6.15   设 $\Delta \subseteq \Sigma \subseteq \Omega$ 且 Ω 在 Δ 上是正规的, 那么 Ω 在 Σ 上是正规的.

习题 6.16   作出 $x^3 - 2$ 对于有理数域 $\mathbb{Q}$ 的分裂域. 证明: 若 α 是一个根, 那么 $\mathbb{Q}(\alpha)$ 不正规.

习题 6.17   若 $f(x)$ 在域 K 中不可约, 那么 $f(x)$ 在一个正规扩域中分解为对于 K 共轭的次数完全相同的因子.

习题 6.18   每一个对于 Δ 的二次扩域对于 Δ 都是正规的.

6.6 单 位 根

我们在前面已经阐述了域论的一般基础. 在进一步发展这个一般理论之前, 我们将把所得的定理应用到某些完全特殊的方程及特殊的域上.

设 n 是自然数. n 次多项式 $x^n - 1$ 在任意域 K 里的根称为 n 次单位根. 因此, 对于 n 次单位根 ζ, 有

$$\zeta^n = 1.$$

若 K 是复数域, 从几何上可以把 n 次单位根看成单位圆上的点

$$\zeta = e^{i\alpha} = \cos\alpha + i\sin\alpha,$$

其中角 α 必须满足条件

$$n\alpha = k \cdot 2\pi,$$

由此可得

$$\alpha = k \cdot \frac{2\pi}{n}.$$

用 $0, 1, 2, \cdots, n-1$ 代入 k, 得到 n 个点

$$1, \eta, \eta^2, \cdots, \eta^{n-1} \qquad (\eta^n = 1),$$

它们把圆周 n 等分. 所以多项式 $x^n - 1$ 在复数域里恰有 n 个不同根, 它们可被表示为一个 n 次本原单位根的方幂.

现在研究任意域 K 里的单位根. 首先有以下定理:

K 里的 n 次单位根关于乘法构成 Abel 群.

事实上, 从 $a^n = 1$ 和 $b^n = 1$ 可得 $(ab)^n = 1$ 和 $(a^{-1})^n = 1$. 显然, 这是 Abel 群.

现在证明一个关于 Abel 群的引理. 设 $b_1, \cdots, b_m$ 是 Abel 群的元素, 它们的阶分别为两两互素的 $r_1, \cdots, r_m$. 则乘积

$$b = b_1 b_2 \cdots b_m$$

的阶是

$$r = r_1 r_2 \cdots r_m.$$

证明 由于 $b^r = b_1^r b_2^r \cdots b_m^r = 1$, 所以 b 的阶是 r 的因子. 设 q 是 r 的素因子, 则 q 出现在某个因子 r_i 中, 并且 $\frac{r}{q}$ 被其余 r_j 整除, 但不被 r_i 整除. 因此

$$b^{\frac{r}{q}} = b_1^{\frac{r}{q}} \cdots b_m^{\frac{r}{q}} = b_i^{\frac{r}{q}} \neq 1.$$

因为这对 r 的任意素因子 q 都对, 所以 b 的阶恰是 r.

如果 K 是特征 p 的域, 设 $n = p^m h$, 其中 h 不被 p 整除. 那么从习题 6.1 可知, 对每个 n 次单位根, 有

$$(\zeta^h - 1)^{p^m} = \zeta^{h p^m} - 1 = \zeta^n - 1 = 0,$$

因而

$$\zeta^h - 1 = 0.$$

于是 n 次单位根也是 h 次单位根, 这里 h 不被域的特征整除. 在特征零的情形令 $h = n$. 在这两种情形都有

$$\zeta^h = 1,$$

其中 h 不被域的特征整除.

我们从特征 0 或 p 的素域 Π 出发, 并把多项式

$$f(x) = x^h - 1$$

的所有根添加到 Π. 这样得到的分裂域 Σ 称为分圆域 或素域 Π 上 n 次单位根域. 由于 h 不被域的特征整除, 所以导数

$$f'(x) = hx^{h-1}$$

只在 $x = 0$ 处等于 0, 而因它与 $f(x)$ 无公因子, 故多项式 $f(x)$ 分解成不同的线性因子. 于是在 Σ 里恰好有 h 个 h 次单位根.

现在把 h 分解成素数幂:

$$h = \prod_{i=1}^{m} q_i^{\nu_i} = \prod_{1}^{m} r_i \qquad (r_i = q_i^{\nu_i}).$$

在 h 次单位根的群里, 至多有 $\dfrac{h}{q_i}$ 个元素 a 满足 $a^{\frac{h}{q_i}} = 1$, 这是因为多项式 $x^{\frac{h}{q_i}} - 1$ 最多有 $\dfrac{h}{q_i}$ 个根. 所以在群里有一个 a_i 满足

$$a_i^{\frac{h}{q_i}} \neq 1.$$

群元素

$$b_i = a_i^{\frac{h}{r_i}}$$

的阶是 r_i, 这是因为 b_i 的 r_i 次方幂是 1, 因此它的阶是 r_i 的因子, 但是, 它的 $\dfrac{r_i}{q_i}$ 次方幂不是 1, 说明这个阶不是 r_i 的真因子. 乘积

$$\zeta = \prod_{1}^{m} b_i$$

作为两两互素的 $r_1, \cdots, r_m$ 阶元素的乘积, 它的阶等于

$$\prod_{1}^{m} r_i = h.$$

这样的 h 阶单位根称为 h 次本原单位根.

本原单位根的方幂 $1, \zeta, \zeta^2, \cdots, \zeta^{h-1}$ 互不相同, 但是群的元素不能多于 h 个, 所以群元素都是 ζ 的方幂. 因此

h 次单位根的群是循环群, 且由任何本原单位根 ζ 生成.

不难确定 h 次本原单位根的个数, 目前把这个数记为 $\varphi(h)$. $\varphi(h)$ 是 h 阶循环群里 h 阶元素的个数[1]. 首先, 若 h 是素数幂 $h = q^\nu$, 那么在 q^ν 个 ζ 的方幂中, 除去 $q^{\nu-1}$ 个 ζ^q 的方幂外, 都是 h 阶元素, 因此

$$\varphi(q^\nu) = q^\nu - q^{\nu-1} = q^{\nu-1}(q-1) = q^\nu \left(1 - \frac{1}{q}\right). \tag{6.3}$$

其次, 如果 h 分解成互素的因子 $h = rs$, 每个 h 阶元可以唯一地表示成一个 r 阶元与一个 s 阶元的乘积 (习题 3.23), 反过来, 这样的乘积也是 h 阶元. r 阶元属于由 ζ^s 生成的 r 阶循环群, 它的个数是 $\varphi(r)$. 类似地, s 阶元的个数是 $\varphi(s)$. 因此, 作为它们的乘积的个数是

$$\varphi(h) = \varphi(r)\varphi(s).$$

若像上面一样,

$$h = \prod_1^m r_i$$

是 h 的互素素数幂的分解, 利用前述公式就能得到

$$\varphi(h) = \varphi(r_1)\varphi(r_2)\cdots\varphi(r_m).$$

再利用 (6.3) 就得到

$$\varphi(h) = q_1^{\nu_1-1}(q_1-1)q_2^{\nu_2-1}(q_2-1)\cdots q_m^{\nu_m-1}(q_m-1)$$
$$= h\left(1 - \frac{1}{q_1}\right)\left(1 - \frac{1}{q_2}\right)\cdots\left(1 - \frac{1}{q_m}\right).$$

这样就得到了

h 次本原单位根的个数是

$$\varphi(h) = h\prod_1^m \left(1 - \frac{1}{q_i}\right).$$

令 $n = \varphi(h)$, 设 h 次本原单位根是 $\zeta_1, \cdots, \zeta_n$. 它们是多项式

$$(x - \zeta_1)(x - \zeta_2)\cdots(x - \zeta_n) = \Phi_h(x)$$

的根. 有

$$x^h - 1 = \prod_{d|h} \Phi_d(x), \tag{6.4}$$

---

[1] 根据习题 3.24, $\varphi(h)$ 也是与 h 互素的 $\leqslant h$ 的自然数的个数. $\varphi(h)$ 称为 Euler φ 函数.

其中 d 取遍 h 的正因子[①]. 这是因为每个 h 次单位根一定是某个 d 次本原单位根, 这里的 d 是 h 的一个唯一确定的正因子, 所以 x^h-1 的每个线性因子一定出现在一个唯一确定的多项式 $\Phi_d(x)$ 中.

公式 (6.4) 唯一确定了 $\Phi_h(x)$. 首先, (6.4) 蕴含

$$\Phi_1(x)=x-1,$$

且若对所有的 $d<h$ 知道了 $\Phi_d(x)$, 由 (6.4) 式利用除法就能确定 $\Phi_h(x)$.

由于这些除法可在 x 的整数系数多项式环里进行, 我们得到以下结论:

每个 $\Phi_h(x)$ 都是整数系数多项式, 且当 h 不被域的特征整除时, $\Phi_h(x)$ 与域 Π 的特征无关.

多项式 $\Phi_h(x)$ 称为分圆多项式.

例　对任意的素数 q,

$$x^q-1=(x-1)(x^{q-1}+x^{q-2}+\cdots+x+1),$$

因此

$$\Phi_q(x)=x^{q-1}+x^{q-2}+\cdots+x+1,$$

或更一般地,

$$\Phi_{q^\nu}(x)=x^{(q-1)q^{\nu-1}}+x^{(q-2)q^{\nu-1}}+\cdots+x^{q^{\nu-1}}+1.$$

类似地, 有

$$x^6-1=(x-1)(x^2+x+1)(x+1)(x^2-x+1),$$

所以

$$\Phi_6(x)=x^2-x+1.$$

多项式 $\Phi_h(x)$ 很可能分解. 例如, 在特征 3 的域里, 有分解式

$$\Phi_4(x)=x^4+1=(x^2-x-1)(x^2+x-1).$$

然而以后 (8.2 节) 将看到, 在特征零的素域中, 多项式 $\Phi_h(x)$ 不可约, 从而 h 次本原单位根是共轭的. 在 5.5 节中, 由 Eisenstein 定理我们已经知道, 对于一切素数 h 就是这个情形. 对于 $\Phi_8=x^4+1$ 及 $\Phi_{12}=x^4-x^2+1$ 就是习题 5.14 及习题 5.11 的内容.

一个常常应用的定理如下:

① $a|b$ 意为 a 整除 b, 即 a 是 b 的因子.

若 ζ 是一个 h 次单位根, 那么

$$1+\zeta+\zeta^2+\cdots+\zeta^{h-1} = \begin{cases} h & (\zeta = 1) \\ 0 & (\zeta \neq 1). \end{cases}$$

证明由几何级数的和公式立刻得到: 对于 $\zeta \neq 1$, 有

$$\frac{1-\zeta^h}{1-\zeta} = 0.$$

习题 6.19 h 次单位根域对奇数 h 来说同时是 $2h$ 次单位根域.

习题 6.20 三次及四次单位根域在有理数域上是二次的. 把这些单位根表成平方根.

习题 6.21 八次单位根域对于 Gauss 数域 $\mathbb{Q}(i)$ 是二次的. 把一个八次本原单位根用 $\mathbb{Q}(i)$ 中一个元素的平方根表示.

习题 6.22 任意域 K 上的 n 次单位根的全体是一个循环群, 它的阶是 n 的因子.

6.7 Galois 域 (有限域)

我们已经在特征 p 的素域里遇到过有限个元素的域, 有限域根据它的发现者 Galois 的名字也叫做 Galois 域. 我们首先研究它的一般性质.

设 Δ 是一个 Galois 域, 且 q 是它的元素的个数.

Δ 的特征不可能是零, 否则, 在 Δ 内的素域已经有无穷多个元素. 设 p 是 Δ 的特征. 于是, 素域 Π 与整数模 p 的同余类环同构并且含有 p 个元素.

因为在 Δ 中只有有限个元素, 所以在 Δ 中存在一个对于 Π 的极大线性无关元素组 $\alpha_1, \cdots, \alpha_n$. n 是域次数 $(\Delta : \Pi)$, 并且 Δ 的每一元素有形式

$$c_1\alpha_1 + \cdots + c_n\alpha_n, \tag{6.5}$$

系数 c_i 是 Π 中唯一确定的元素.

对于每一系数 c_i 有 p 个可能的值. 因此恰好有 p^n 个形式如 (6.5) 的表示式. 因为它们表示域的全部元素, 所以有

$$q = p^n.$$

于是证明了: 一个 Galois 域的元素的个数是它的特征 p 的幂, 而幂指数给出域次数 $(\Delta : \Pi)$.

每一个体除去零元素是一个乘法群. 在 Galois 域的情形, 这个群是一个 Abel 群, 并且它的阶是 $q - 1$. 任意元素 α 的阶一定是 $q - 1$ 的一个因子. 从而

$$\alpha^{q-1} = 1, \quad 对任意 \ \alpha \neq 0.$$

由此推出的方程

$$\alpha^q - \alpha = 0,$$

此式对于 $\alpha = 0$ 也成立. 因此, 域的一切元素都是函数 $x^q - x$ 的零点. 设 $\alpha_1, \cdots, \alpha_q$ 是域元素, 那么 $x^q - x$ 必须能被

$$\prod_1^q (x - \alpha_i)$$

整除. 于是根据次数,

$$x^q - x = \prod_1^q (x - \alpha_i).$$

从而 Δ 是由添加函数 $x^q - x$ 的一切零点所生成的. 根据所述, Δ 除同构外是唯一确定的 (6.4 节). 因此

对于给定的 p 及 n, 一切具有 p^n 个元素的域都是同构的.

我们现在指出, 对于每一 $n > 0$ 及每一 p, 的确存在一个含有 $q = p^n$ 个元素的域.

我们从特征 p 的素域 Π 出发, 并且在 Π 上作一个域, 在其中 $x^q - x$ 完全分解成线性因子, 在这个域内我们考虑 $x^q - x$ 的零点的集. 这个集是一个域, 因为根据习题 6.15, 由 $x^{p^n} = x$ 及 $y^{p^n} = y$ 推出:

$$(x - y)^{p^n} = x^{p^n} - y^{p^n},$$

并且当 $y \neq 0$ 时,

$$\left(\frac{x}{y}\right)^{p^n} = \frac{x^{p^n}}{y^{p^n}},$$

从而两个零点的差与商仍是零点.

多项式 $x^q - x$ 只有单零点; 因为由于 $q \equiv 0(p)$, 它的导数

$$qx^{q-1} - 1 = -1,$$

而 -1 不是零. 因此, 它的零点的集是一个具有 q 个元素的域.

这样就证明了:

对于每一素数幂 $q = p^n (n > 0)$ 存在, 并且除同构外, 只存在一个含有 q 个元素的Galois 域. 域的元素是 $x^q - x$ 的零点.

正好有 p^n 个元素的 Galois 域以后用 $GF(p^n)$ 表示.

令 $q - 1 = h$, 并且注意到 Galois 域的一切非零元素都是 $x^h - 1$ 的零点, 因而是 h 次单位根. 由于 h 与 p 互素, 所以对于这些单位根, 前一节所说的一切都成立:

一切非零的域元素都是一个 h 次本原单位根的幂. 或者 Galois 域的乘法群是一个循环群.

如果 ζ 是 $\Delta = GF(p^n)$ 内的 h 次本原单位根, 则 Δ 的所有非零元都是 ζ 的方幂, 因此 $\Delta = \Pi(\zeta)$ 并且 Δ 是 Π 的单纯扩张. ζ 在 Π 上的次数当然就是域的次数 n,

下一节我们将用到以下定理:

定理 对于每一元素 a, 一个特征 p 的 Galois 域恰好含有一个 p 次根 $a^{\frac{1}{p}}$.

证明 对于每一元素 x, 在域中存在一个 p 次幂 x^p. 由于

$$(x-y)^p = x^p - y^p,$$

不同的元素有不同的 p 次幂. 因此, 在域中 p 次幂的个数恰与元素的个数一样多. 所以一切元素都是 p 次幂.

最后我们还要定出域 $\Sigma = GF(p^m)$ 的自同构.

首先, $\alpha \to \alpha^p$ 是一个自同构. 因为一方面根据前面的定理, 这个对应是可逆单值的; 另一方面

$$(\alpha + \beta)^p = \alpha^p + \beta^p,$$
$$(\alpha\beta)^p = \alpha^p \beta^p.$$

这个自同构的幂将 α 映成 $\alpha^p, \alpha^{p^2}, \cdots, \alpha^{p^m} = \alpha$. 这样, 我们已经找到 m 个自同构.

另一方面, 不可能有多于 m 个自同构. 自同构必须把本原元 ζ 映到共轭元, 也就是以 ζ 为根的多项式的根. 但是一个 m 次多项式至多有 m 个根, 所以 m 个自同构 $\alpha \to \alpha^{p^\nu}$ 是仅有的自同构.

对于 $n = 1$ 的特殊情形, 对 $GF(p^n)$ 成立的定理应用到同余类环 $\mathbb{Z}/(p)$ 上, 就产生初等数论中所熟知的定理, 即

(1) 一个关于 p 的同余式最多有和它次数一样多的模 p 的根.

(2) Fermat 定理

$$a^{p-1} \equiv 1(p), \quad 对于 a \not\equiv 0(p).$$

(3) 存在一个 "模 p 的原根 ζ", 使得对于任意与 p 无公因子的数 b 与 ζ 的一个幂模 p 同余 (或者模 p 的同余类群, 除零类外, 是循环群.)

(4) $GF(p^n)$ 中一切非零元素 $a_1, a_2, \cdots, a_h$ 的乘积是 -1, 因为

$$x^h - 1 = \prod_1^h (x - a_\nu).$$

对于 $n = 1$, 我们得到 "Wilson 定理":

$$(p-1)! \equiv -1(p).$$

习题 6.23 $GF(p^n)$ 的子域都是 $GF(p^m)$, 其中 m 是 n 的因子, 对于 n 的每一个因子 m, 在 $GF(p^n)$ 内恰有一个子域 $GF(p^m)$, 其中的元素 a 由下式刻画:

$$a^{p^m} = a.$$

习题 6.24   若 r 与 $p^n - 1$ 无公因子, 那么 $GF((p^n)$ 的每一元素是一个 r 次幂, 若 r 是 $p^n - 1$ 的一个因子, 那么 $GF((p^n)$ 中这样的元素而且只是这样的元素 α 才是 r 次幂, 它们满足方程

$$\alpha^{\frac{p^n - 1}{r}} = 1.$$

给出数论的特殊化 ("r 次幂剩余")!

习题 6.25   当交换环 $\mathfrak{o}$ 的一个素理想 $\mathfrak{p}$ 只有有限个同余类时, $\mathfrak{o}/\mathfrak{p}$ 是一个 Galois 域.

习题 6.26   特别, 在 Gauss 整数环中, 研究对于素理想 $(1+i)$, (3), $(2+i)$, (7) 的同余类环.

习题 6.27   给出 $GF(9)$ 中一个八次本原单位根在 $GF(3)$ 中的不可约方程. 同样给出在 $GF(8)$ 中一个七次本原单位根在 $GF(2)$ 中的不可约方程.

习题 6.28   对于每一 p 及 m, 存在模 p 不可约的整系数多项式 $f(x)$. 所有这些多项式都是 $x^{p^m} - x$ 的因子 (模 p).

Galois 域的一个有趣性质已经被 Chevalley 证明[1].

6.8   可分与不可分扩张

设 Δ 是一个域. 我们问: 一个在 $\Delta[x]$ 中不可约的多项式在一个扩域内能否有重零点?

$f(x)$ 有重零点, 必须 $f(x)$ 与 $f'(x)$ 有一个非常数的公因子, 根据 6.5 节, 它可以在 $\Delta[x]$ 中算出. 若 $f(x)$ 不可约, 那么 $f(x)$ 与一个低次多项式不可能有非常数公因子. 因此必须 $f'(x) = 0$.

令

$$f(x) = \sum_0^n a_\nu x^\nu,$$

$$f'(x) = \sum_1^n \nu a_\nu x^{\nu-1}.$$

如果 $f'(x) = 0$, 那么每一系数必须等于零:

$$\nu a_\nu = 0 \quad (\nu = 1, 2, \cdots).$$

在特征零的情形, 由此推出 $a_\nu = 0$ 对一切 $\nu \neq 0$. 因而一个非常数多项式不可能有重零点. 在特征 p 的情形, 对于 $a_\nu \neq 0$ 也可能 $\nu a_\nu = 0$. 然而这时必须

$$\nu \equiv 0(p).$$

---

[1] *Abh.Math.Sem.* Hamburg, 1935, 11:73.

这样, $f(x)$ 若有一个重零点, 除去具有 $\nu \equiv 0(p)$ 的项 $a_\nu x^\nu$ 外, 一切项都应该等于零. 从而 $f(x)$ 有形式

$$f(x) = a_0 + a_p x^p + a_{2p} x^{2p} + \cdots.$$

反过来, 当 $f(x)$ 有这样形式时, $f'(x) = 0$.

在这一情形我们可以写

$$f(x) = \varphi(x^p).$$

这样就证明了: 对于特征零, 一个在 $\Delta[x]$ 中不可约的多项式 $f(x)$ 只有单零点; 对于特征 $p, f(x)$ (假设它不是常数)有重零点, 当且仅当 $f(x)$ 可以写成 x^p 的函数时.

在后一情形, $\varphi(x)$ 本身也可能是 x^p 的函数. 这时 $f(x)$ 是 x^{p^2} 的函数. 设 $f(x)$ 是 x^{p^e} 的函数:

$$f(x) = \psi(x^{p^e}),$$

但不是 $x^{p^{e+1}}$ 的函数, $\psi(y)$ 自然不可约. 再者, $\psi'(y) \neq 0$; 否则将有 $\psi(y) = \chi(y^p)$, 从而 $f(x) = \chi(x^{p^{e+1}})$, 与假设相违. 因此 $\psi(y)$ 只有单零点.

我们在一个扩域中分解 $\psi(y)$ 为线性因子:

$$\psi(y) = \prod_1^{m_0} (y - \beta_i).$$

由此得

$$f(x) = \prod_1^{m_0} (x^{p^e} - \beta_i).$$

设 α_i 是 $x^{p^e} - \beta_i$ 的一个零点. 那么有

$$\alpha_i^{p^e} = \beta_i,$$
$$x^{p^e} - \beta_i = x^{p^e} - \alpha_i^{p^e} = (x - \alpha_i)^{p^e}.$$

因而 α_i 是 $x^{p^e} - \beta_i$ 的一个 p^e 重零点, 并且

$$f(x) = \prod_1^{m_0} (x - \alpha_i)^{p^e}.$$

所以 $f(x)$ 的全部零点都有同一重数 p^e.

多项式 ψ 的次数 m_0 叫做 $f(x)$ 的 (或 α_i 的)简约次数; e 叫做 $f(x)$(或 α_i) 对于 Δ 的指数. 在次数、简约次数及指数之间关系

$$n = m_0 p^e$$

成立. m_0 同时又是 $f(x)$ 的不同零点的个数.

如果 ϑ 是一个在 $\Delta[x]$ 中不可约且具有完全分离 (单) 零点的多项式的零点, 那么就称 ϑ 是对于 Δ 可分的或第一种的[①]. 不可约多项式 $f(x)$, 当它的零点都是可分的时候, 也叫做可分的. 在相反的情形就称代数元 ϑ, 或不可约多项式 $f(x)$ 为不可分的或第二种的. 最后, 一个代数扩域 Σ, 当它的元素全部是对于 Δ 可分的时候, 就叫做对于 Δ 可分的, 而其他每一代数扩域就叫做不可分的.

在特征零的情形, 根据上述, 每一不可约多项式 (从而每一代数扩域) 是可分的. 在特征 p 的情形只有指数 $e = 0$ 的多项式 (从而简约次数 $m = n$) 才是可分的. 在特征 p 的情形, 一个不可约非常数多项式 $\varphi(x)$ 是不可分的, 当且仅当它可以写成 x^p 的多项式.

我们以后将要看到, 多数重要且有兴趣的扩域都是可分的, 并且存在很大的一类域, 它们没有任何不可分扩张 (所谓 "完全域"). 基于这个理由, 以下特别与不可分扩张有关的一切讨论都用小字书写.

现在考虑代数域 $\Sigma = \Delta(\vartheta)$. 当定义方程 $f(x) = 0$ 的次数 n 同时表示域次数 $(\Sigma : \Delta)$ 时, 约简次数 m_0 同时就表示在以下精确规定的意义下域 Σ 的同构的个数. 我们只考虑这样的同构 $\Sigma \cong \Sigma'$, 它使得子域 Δ 的一切元素不动, 从而 Σ 被映成一个等价的域 Σ'("Σ 对于 Δ 的相对同构"), 并且只考虑这样的同构, 在这个同构之下象域 Σ' 与 Σ 同在一个适当选取的包括域 Ω 内, 以下定理成立:

定理 适当地选取包括域 Ω, $\Sigma = \Delta(\vartheta)$ 恰好有 m_0 个相对同构, 并且选不出任何 Ω 使得 Σ 有多于 m_0 个这样的同构.

证明 每一相对同构必定把 ϑ 映成一个在 Ω 中的共轭元 ϑ'. 现在如此选取 Ω, 使得 $f(x)$ 在 Ω 中完全分解成线性因子, 于是 ϑ 确定有 m_0 个共轭元素 $\vartheta, \vartheta', \cdots$. 然后不论 Ω 怎样选择, ϑ 不可能有多于 m_0 个共轭元. 现在注意, 相对同构 $\Delta(\vartheta) \cong \Delta(\vartheta')$ 由 $\vartheta \to \vartheta'$ 的给出而完全确定. 因为若 ϑ 映成 ϑ' 而 Δ 的每一元素保持不动, 那么必定

$$\sum a_k \vartheta^k \quad (a_k \in \Delta)$$

映成

$$\sum a_k \vartheta'^k,$$

并且这就确定了这个同构.

特别若 ϑ 是可分的, 那么 $m_0 = n$, 从而相对同构的个数等于域次数.

以后当说到 $\Sigma = \Delta(\vartheta)$ 的 (相对) 同构, ϑ 的共轭或 Σ 的共轭域 (对于 Δ) 时, 我们永远分别理解为同构或共轭是在一个适当选择的域 Ω 内, 这个域, 正如上面那

[①] "第一种的" 这一说法起源于 Steinitz. 我附加 "可分的" 一词, 这在表示 $f(x)$ 的一切零点都是分离的时候更有启发性.

样, 总可以选取 $f(x)$ 的分裂域, 即 Δ 上包含 Σ 的最小正规扩域.

当我们有一个扩域, 在其中每一个方程 $f(x) = 0$ 都完全分解成线性因子时 (如同在复数域中那样), 那么可以一次选取这个固定域作为 Ω, 而在说到同构时总可以略去 "在 Ω 内" 一词. 在数域的理论中就常常这样做. 在 8.6 节里将指出对于抽象域来说也可以提供这样的 Ω.

习题 6.29 设 Π 是一个特征 p 的素域而 x 是一个不定元, 那么方程 $z^p - x = 0$ 在 $\Pi(x)[z]$ 中不可约, 并且由这个方程所定义的域 $\Pi(x^{1/p})$ 在 $\Pi(x)$ 上不可分.

习题 6.30 作出下列域对于有理数域 $\mathbb{Q}$ 的相对同构:

a) 五次单位根域;

b) 域 $\mathbb{Q}(\sqrt[3]{2})$.

上面定理的一个推广如下:

定理 设一个扩域 Σ 是由 Δ 通过逐次添加 m 个代数元 $\alpha_1, \cdots, \alpha_m$ 而生成的, 又设每一 α_i 是一个具有简约次数 n_i' 的在 $\Delta(\alpha_1, \cdots, \alpha_{i-1})$ 内不可约方程的根, 那么在一个适当选取的包括域 Ω 内, Σ 刚好有 $\prod_1^m n_i'$ 个对于 Δ 的相对同构, 并且不能在任何包括域内有多于 $\prod_1^m n_i'$ 个这样的同构.

证明 这个定理对于 $m = 1$ 来说已经被证明. 于是可以认为定理对于 $\Sigma_1 = \Delta(\alpha_1, \cdots, \alpha_{m-1})$ 已经正确: 在一个适当选取的 Ω_1 内恰好有 Σ_1 的 $\prod_1^{m-1} n_i'$ 个相对同构并且不能再多. 令这 $\prod_1^{m-1} n_i'$ 个同构之一是 $\Sigma_1 \to \overline{\Sigma}_1$. 我们现在断言, 这个同构在一个适当的 Ω 内恰好有 n_m' 种方法开拓为同构 $\Sigma = \Sigma_1(\alpha_m) \cong \overline{\Sigma} = \overline{\Sigma}_1(\overline{\alpha}_m)$, 并且不能多于 n_m' 种方法.

α_m 在 $\Sigma_1[x]$①中满足一个恰好有 n_m' 个不同的根的方程 $f_1(x) = 0$. 在同构 $\Sigma_1 \to \overline{\Sigma}_1$ 之下令 $f(x)$ 映成 $\overline{f}_1(x)$. 那么 $\overline{f}_1(x)$ 在一个适当的扩域内仍有 n_m' 个不同的根并且不能再多. 令 $\overline{\alpha}_m$ 是这样的一个根. 随着 $\overline{\alpha}_m$ 的选取, 同构 $\Sigma_1 \cong \overline{\Sigma}_1$ 可以用一种而且只一种方法开拓成一个同构 $\Sigma_1(\alpha_m) \cong \overline{\Sigma}_1(\overline{\alpha}_m)$ 且 $\alpha_m \to \overline{\alpha}_m$. 这个开拓由公式

$$\sum c_k \alpha_m^k \to \sum \overline{c}_k \overline{\alpha}_m^k$$

给出. 因为我们可以有 n_m' 种方法选取 $\overline{\alpha}_m$②, 所以对于每一个取定的同构 $\Sigma_1 \to \overline{\Sigma}_1$, 存在 n_m' 个这样的开拓. 由于这个同构本身可以有 $\prod_1^{m-1} n_i'$ 种方法选取, 所以 Σ 一共有 (在这样的一个包括域 Ω 内, 在其中所考虑的一切方程都完全分解)

---

① 原著为 Σ_1. —— 译者注
② 原著为 α_m. —— 译者注

$$\prod_1^{m-1} n_i' \cdot n_m' = \prod_1^m n_i'$$

个相对同构并且不能再多, 证毕.

若 n_i 是 α_i 对于 $\Delta(\alpha_1, \cdots, \alpha_{i-1})$ 的全 (非简约) 次数, 那么 n_i 同时是 $\Delta(\alpha_1, \cdots, \alpha_i)$ 对于 $\Delta(\alpha_1, \cdots, \alpha_{i-1})$ 的域次数. 从而域次数 $(\Sigma : \Delta)$ 等于 $\prod_1^m n_i$. 比较这个个数与同构的个数, 于是得到

定理   一个有限扩域 $\Sigma = \Delta(\alpha_1, \cdots, \alpha_m)$ 对于 Δ 的相对同构的个数(在一个适当的扩域 Ω 内), 当且仅当每一 α_i 对于相应的域 $\Delta(\alpha_1, \cdots, \alpha_{i-1})$ 是可分的时候, 等于域次数 $(\Sigma : \Delta)$. 反过来, 只要有一个 α_i 不可分, 那么同构的个数就小于域次数.

由这个定理立刻推出一些重要的推论. 首先这个定理说明, 每一个 α_i 对于前一个域的可分性是一个域的性质而不依赖于生成元 α_i 的选择. 因为这个域的任意一个元素 β 都可以选作第一个生成元, 所以立刻推出, 只要一切 α_i 在所说的意义下是可分的, 那么 Σ 的每一元素 β 是可分的. 从而

定理   若对于 Δ 逐次添加元素 $\alpha_1, \cdots, \alpha_n$, 并且若每一 α_i 对于前一个域是可分的, 那么所生成的域

$$\Sigma = \Delta(\alpha_1, \cdots, \alpha_n)$$

对于 Δ 是可分的.

特别, 可分元素的和、差、积、商都是可分的.

再者, 若 β 对于 Σ 可分而 Σ 对于 Δ 可分, 那么 β 对于 Δ 可分. 因为 β 满足一个带有有限个属于 Σ 的系数 $\alpha_1, \cdots, \alpha_m$ 的方程, 所以对于 $\Delta(\alpha_1, \cdots, \alpha_m)$ 可分. 从而

$$\Delta(\alpha_1, \cdots, \alpha_m, \beta)$$

可分.

最后, 我们有: Δ 的一个可分有限扩域 Σ 的相对同构的个数等于域次数 $(\Sigma : \Delta)$.

因为根据上述, 对于可分元素施上一切有理运算仍旧得到可分元素, 所以在 Δ 的一个任意扩域 Ω 中可分元素本身作成一个域 Ω_0. 我们也可以把 Ω_0 记作 Δ 在 Ω 中的最大可分扩域.

若 Ω 对于 Δ 是代数的, 然而不一定可分, 那么 Ω 中每一元素 α 的 p^e 次幂在 Ω_0 内, 此处 e 是这个元素的指数. 由本节开始的考虑, 立刻推出, α_{p^e} 满足一个具有完全不同的根的方程. 于是

Ω 由 Ω_0 通过开 p^e 次方生成.

特别, 若 Ω 对于 Δ 是有限的, 那么指数 e 自然有界. 这些指数中的最大者, 仍旧记作 e, 叫做 Ω 的指数. Ω_0 的次数叫做 Ω 的简约次数.

开 p^e 次方自然也可以通过依次开 p 次方而达到. 在开 p 次方时, 如果这个方根已经不在域内 (即在添加一个不可约方程 $z^p - \beta = 0$ 的根时), 那么域次数就乘以 p. 于是, 当添加了 f 个 p 次根之后, 我们最后将有

$$(\varOmega : \varDelta) = (\varOmega_0 : \varDelta) \cdot p^f,$$

或者如同单纯不可分扩张那样

$$次数 = 简约次数 \cdot p^f.$$

习题 6.31 设对于一个有限不可分扩张, e 与 f 如上定义, 那么 $e \leqslant f$. 在单纯扩张时 $e = f$.

6.9 完全域及不完全域

一个域 $\varDelta$ 叫做完全的, 假如 $\varDelta[x]$ 中每一个不可约多项式 $f(x)$ 都是可分的. 任何其他域都叫做不完全的.

以下两个定理表明, 一个域在什么时候是完全的:

定理 I 特征零的域永远是完全的.

证明见 6.8 节

定理 II 一个特征 p 的域是完全的, 当且仅当对于每一元素来说, 在域内存在一个 p 次根.

证明 如果对于每一元素来说, 在域内存在一个 p 次根, 那么每一个只含有 x^p 的幂的多项式 $f(x)$ 都是一个 p 次幂, 因为

$$f(x) = \sum_k a_k (x^p)^k = \left\{ \sum \sqrt[p]{a_k} x^k \right\}^p,$$

这就是说, 在这一情形, 每一个不可约多项式都是可分的, 从而域是可分的.

另一方面, 如果在域内存在一个元素 α, 它不是 p 次幂, 那么考虑多项式

$$f(x) = x^p - \alpha.$$

设 $\varphi(x)$ 是 $f(x)$ 的一个不可约因子. 添加 $\sqrt[p]{\alpha} = \beta$ 后, $f(x)$ 分解成完全相同的线性因子 $(x - \beta)$, 于是 $\varphi(x)$ 作为 $f(x)$ 的因子, 同时是 $(x - \beta)$ 的一个幂. 若 $\varphi(x)$ 是线性的, 那么 $\varphi(x) = x - \beta$ 而 β 将属于域 $\varDelta$, 与假定相违. 所以 $\varphi(x) = (x - \beta)^k, k > 1$, 是 $\varDelta$ 上的一个不可分多项式, 从而 $\varDelta$ 是一个不完全域. 此外, 根据 6.8 节, $\varphi(x)$ 的次数必须能被 p 整除, 所以这时等于 p, 即 $\varphi(x) = f(x)$.

由定理 II 及 6.7 节的最后定理立即推出:

一切 Galois 域都是完全的.

设 Ω 是域, 如果 $\Omega[x]$ 的任意多项式都能分裂成一次因子的乘积, 就称 Ω 是代数封闭域. 在这样的域里每一个不可约多项式都是线性的. 从而

一切代数封闭域都是完全的.

由完全域的定义立刻推出下列两个定理:

定理　一个完全域的每一代数扩张对于这个域是可分的.

定理　对于每一不完全域来说, 存在它的不可分扩张.

这个不可分扩张由添加一个第二种素多项式的任意一个零点而得到.

由定理 II 的证明中的注意, 在一个特征 p 的完全域里, 每一个只与 x^p 有关的多项式 $f(x)$ 都是一个 p 次幂. 根据它的证明, 对于多元多项式 $f(x,y,z,\cdots)$ 同时又是 $x^p, y^p, z^p, \cdots$ 的多项式的情形也成立. 这也是特征 p 的完全域的一个常用到的性质.

习题 6.32　一个完全域的每一个代数扩张都是完全的.

6.10　代数扩张的单纯性, 本原元素定理

我们将研究在什么情形下域 Δ 的一个交换有限扩张 Σ 是单纯的, 即由添加一个单独的生成元或 "本原" 元素生成的. 以下的本原元素定理在一类广泛的情形给出这个问题的答案, 这个定理是说:

设 $\Delta(\alpha_1, \cdots, \alpha_h)$ 是 Δ 的一个有限代数扩域而 $\alpha_2, \cdots, \alpha_h$ 是可分元素 ①. 那么 $\Delta(\alpha_1, \cdots, \alpha_h)$ 是一个单纯扩张:

$$\Delta(\alpha_1, \cdots, \alpha_h) = \Delta(\vartheta).$$

证明　我们首先对两个元素 α, β 其中至少 β 是可分的情形来证明这个定理. 设 $f(x) = 0$ 是对于 α 的不可约方程, $g(x) = 0$ 是对于 β 的不可约方程. 我们取一个域, 在其中 $f(x)$ 与 $g(x)$ 完全分解. 令 $\alpha_1, \cdots, \alpha_r$ 是 $f(x)$ 的不同的零点; $\beta_1, \cdots, \beta_s$ 是 $g(x)$ 的不同的零点. 例如, 设 $\alpha_1 = \alpha, \beta_1 = \beta$.

我们可以假定 Δ 有无穷多个元素. 否则 $\Delta(\alpha, \beta)$ 也只有有限个元素, 而对于有限域来说本原元素的存在 (甚至是一个本原单位根, 除零元外域的一切元素都是它的幂) 已经在 6.7 节被证明.

对于 $k \neq 1$, 有 $\beta_k \neq \beta_1$, 于是方程

$$\alpha_i + x\beta_k = \alpha_1 + x\beta_1$$

对于每一 i 及每一 $k \neq 1$ 至多有一个根 x 在 Δ 内. 现在选取 c 不等于所有这些线性方程的根, 那么对于每一 i 及 $k \neq 1$,

———————
① 即使 α_1 可分, 从而整个的域是可分时也没有关系.

$$\alpha_i + c\beta_k \neq \alpha_1 + c\beta_1.$$

令

$$\vartheta = \alpha_1 + c\beta_1 = \alpha + c\beta.$$

于是 ϑ 是 $\Delta(\alpha, \beta)$ 的一个元素. 我们断言, ϑ 已经具有所要求的本原元素的性质: $\Delta(\alpha, \beta) = \Delta(\vartheta)$.

元素 β 满足方程

$$g(\beta) = 0,$$
$$f(\vartheta - c\beta) = f(\alpha) = 0,$$

系数在 $\Delta(\vartheta)$ 内. 多项式 $g(x), f(\vartheta - cx)$ 只有公根 β. 因为对于第一个方程的其他的根 $\beta_k(k \neq 1)$,

$$\vartheta - c\beta_k \neq \alpha_i \quad (i = 1, \cdots, r),$$

从而

$$f(\vartheta - c\beta_k) \neq 0.$$

β 是 $g(x)$ 的单根, 所以 $g(x)$ 与 $f(\vartheta - cx)$ 只有一个线性因子 $x - \beta$ 公共. 这个最大公因子的系数必定在 $\Delta(\vartheta)$ 内. 所以 β 在 $\Delta(\vartheta)$ 内. 由 $\alpha = \vartheta - c\beta$, α 也在 $\Delta(\vartheta)$ 内, 所以确实有 $\Delta(\alpha, \beta) = \Delta(\vartheta)$.

这样, 我们的定理对于 $h = 2$ 被证明. 假定定理对于 $h - 1(\geqslant 2)$ 已证, 于是有

$$\Delta(\alpha_1, \cdots, \alpha_{h-1}) = \Delta(\eta),$$

于是由定理的已被证明的部分得出

$$\Delta(\alpha_1, \cdots, \alpha_h) = \Delta(\eta, \alpha_h) = \Delta(\vartheta);$$

从而定理对 h 也成立.

推论 每一可分有限扩张是单纯的.

这个定理大大地简化了有限可分扩张的研究, 因为借助于一目了然的基表达式

$$\sum_0^{n-1} a_k \vartheta^k,$$

这个扩张的构造及同构都很容易掌握. 作为例子, 我们现在对于在 6.8 节中利用同构的逐次开拓所证明的事实, 即 Δ 的一个有限可分扩张 Σ 对于 Δ 的相对同构的个数等于次数 $(\Sigma : \Delta)$, 又给出一个新的证明, 因为对于单纯可分扩张来说, 在 6.8 节已被证明, 而每一个有限可分扩张, 如现在所知, 是单纯的.

6.11 范 数 与 迹

设 Σ 是 Δ 的有限扩域, 或更一般些, 是一个扩环, 同时又是域 Δ 上的有限维向量空间. 环元素可以表示成 n 个基元素 $u_1, \cdots, u_n$ 的系数在 Δ 中的线性组合

$$u = u_1 c_1 + \cdots + u_n c_n.$$

对于任意的 $t, u, v \in \Sigma$, 有

$$t(u + v) = tu + tv,$$

$$t(uc) = (tu)c \qquad (c \in \Delta).$$

因此, 用 t 左乘是 Σ 到自身的线性变换. 这个变换关于基 $u_1, \cdots, u_n$ 的矩阵 T 由下式决定:

$$tu_k = \sum u_i t_{ik}. \tag{6.6}$$

根据 6.7 节, 行列式 $D(T)$ 与基的选取无关, 称为 $t \in \Sigma$ 在 Δ 上的正则范数, 简称范数:

$$N(t) = D(T) = \text{Det}(t_{ik}). \tag{6.7}$$

由 (6.6), 我们也可把范数定义为向量 tu_k 关于基 $u_1, \cdots, u_n$ 的行列式:

$$N(t) = D(tu_1, \cdots, tu_n). \tag{6.8}$$

由 4.8 节, 矩阵 T 的迹 $S(T)$ 也与基的选取无关, 它被称为 $t \in \Sigma$ 在 Δ 上的正则迹, 简称迹:

$$S(t) = S(T) = \sum t_{kk}. \tag{6.9}$$

如果 t 对应矩阵 T, t' 对应矩阵 T', 则乘积 tt' 对应矩阵乘积 TT', 和 $t + t'$ 对应矩阵和 $T + T'$. 因此

$$N(tt') = N(t)N(t'), \tag{6.10}$$

$$S(t + t') = S(t) + S(t'). \tag{6.11}$$

以下假设 Σ 是体, 子域 Δ 含在它的中心:

$$cu = uc, \qquad \text{对于} c \in \Delta, u \in \Sigma.$$

每个元素 $t \in \Sigma$ 包含在一个域 $\Delta(t)$ 内, 并且存在满足 $\varphi(t) = 0$ 的极小多项式

$$\varphi(z) = z^m + a_1 z^{m-1} + \cdots + a_m.$$

单纯扩域 $\Delta(t)$ 的结构完全由极小多项式确定, 因此可以用极小多项式的系数求出 t 在 $\Delta(t)$ 内的范数与迹.

我们选取

$$1, t, t^2, \cdots, t^{m-1} \tag{6.12}$$

作为 $\Delta(t)$ 的基 $u_1, \cdots, u_m$. 用 t 乘这些基向量后得

$$t, t^2, t^3, \cdots, t^m. \tag{6.13}$$

根据 (6.6) 式, 把向量 (6.13) 用基向量 (6.12) 表示, 可以得到

$$\begin{aligned}
t &= t,\\
t^2 &= t^2,\\
&\cdots\cdots\cdots\\
t^{m-1} &= t^{m-1},\\
t^m &= -a_m 1 - a_{m-1} t - \cdots - a_1 t^{m-1}.
\end{aligned}$$

变换矩阵对角元之和是 $-a_1$, 因此 t 在 $\Delta(t)$ 里的迹是

$$s(t) = -a_1. \tag{6.14}$$

t 在 $\Delta(t)$ 里的范数是向量 (6.13) 的行列式:

$$n(t) = D(t, t^2, \cdots, t^m).$$

我们利用行列式的性质计算此行列式. 首先交换向量:

$$n(t) = (-1)^{m-1} D(t^m, t, t^2, \cdots, t^{m-1}). \tag{6.15}$$

然后把 t^m 表示成 $1, t, t^2, \cdots, t^{m-1}$ 的线性组合:

$$t^m = -a_m 1 - a_{m-1} t - a_{m-2} t^2 - \cdots - a_1 t^{m-1}. \tag{6.16}$$

有两个相等列向量的行列式等于 0, 因此, 在 (6.16) 式右边的各项中只需考虑第一项. 这样可得

$$\begin{aligned}
n(t) &= (-1)^{m-1} D(-a_m 1, t, t^2, \cdots, t^{m-1})\\
&= (-1)^m a_m D(1, t, t^2, \cdots, t^{m-1}).
\end{aligned}$$

由于基向量构成的行列式等于 1,

$$n(t) = (-1)^m a_m. \tag{6.17}$$

如果不考虑符号相差的话, t 在 $\Delta(t)$ 里的迹与范数分别等于极小多项式 $\varphi(z)$ 的第二及最末项的系数.

在 $\Delta(t)$ 的适当扩域里, 极小多项式分解成线性因子:

$$\varphi(z) = (z - t_1) \cdots (z - t_m) \qquad (t_1 = t). \tag{6.18}$$

这样就有

$$n(t) = (-1)^m a_m = t_1 t_2 \cdots t_m, \tag{6.19}$$

$$s(t) = -a_1 = t_1 + t_2 + \cdots + t_m. \tag{6.20}$$

所以 $\Delta(t)$ 中的 t 在 Δ 上的范数与迹等于 $\varphi(z)$ 的分裂域里共轭于 t 的元素 $t_1, \cdots, t_m$ 的积与和, 这里的共轭元 t_i 出现的次数等于分解式 (6.18) 里因子 t_i 出现的次数. 如果 t 在 Δ 上可分, 那么每个共轭元只出现一次.

使用同样的方法, 不过多做一点计算, 就能得到 t 在 Σ 里的范数 $N(t)$ 与迹 $S(t)$. 假定 m 是 $\Delta(t)$ 在 Δ 上的次数, g 是 Σ 在 $\Delta(t)$ 上的次数, 则 $n = mg$ 是 Σ 在 Δ 上的次数. 方幂 (6.12) 构成 $\Delta(t)$ 在 Δ 上的基. 设 $v_1, \cdots, v_g$ 是 Σ 在 $\Delta(t)$ 上的基. 那么乘积

$$1v_1, tv_1, \cdots, t^{m-1}v_1; 1v_2, \cdots; 1v_g, \cdots, t^{m-1}v_g$$

构成 Σ 在 Δ 上的基. 如果用 t 左乘这些基元素, 再用基向量表示出来, 就能得到对角线元素之和

$$S(t) = (-a_1) + \cdots + (-a_1) = g \cdot (-a_1),$$

或

$$S(t) = g \cdot s(t). \tag{6.21}$$

用 t 左乘基元素后得到的行列式是

$$N(t) = D(tv_1, t^2v_1, \cdots, t^m v_1; \cdots; tv_g, \cdots, t^m v_g)$$
$$= (-1)^{g(m-1)} D(t^m v_1, tv_1, t^2 v_1, \cdots; \cdots; t^m v_g, tv_g, \cdots, t^{m-1}v_g).$$

用 $1, t, \cdots, t^{m-1}$ 表示 t^m, 并应用行列式的性质, 可得

$$N(t) = (-1)^{gm} a_m^g = \{(-1)^m a_m\}^g,$$

或

$$N(t) = n(t)^g. \tag{6.22}$$

这样就得到了

Σ 里的范数是 $\Delta(t)$ 中的范数的 g 次幂, 迹则是 $\Delta(t)$ 里的迹的 g 倍.

根据 (6.19) 和 (6.20), 这些结果也能写成

$$N(t) = (t_1 t_2 \cdots t_m)^g, \tag{6.23}$$

$$S(t) = g(t_1 + t_2 + \cdots + t_m). \tag{6.24}$$

习题 6.33　复数 $a + bi$ 的范数是

$$N(a + bi) = a^2 + b^2,$$

而迹是

$$S(a + bi) = 2a.$$

习题 6.34 计算 $a + b\sqrt{d}$ 在二次域 $\Delta(\sqrt{d})$ 里的范数.

习题 6.35 矩阵

$$A = \begin{pmatrix} a & b \\ c & d \end{pmatrix}$$

在基域 Δ 上的 2×2 方阵环里的范数是它的行列式的平方:

$$N(A) = (ad - bc)^2.$$

第7章 群 论 续

在 7.1 节和 7.2 节中讨论了群概念的一种推广, 7.3 节 ~7.5 节中给出了有关正规子群和 "合成群列" 的几个重要的普遍定理, 而在 7.6 节和 7.7 节中则讲解了有关置换群的几个较特殊的定理, 后者只在 Galois 理论中才用到.

7.1 带算子的群

在这一节中我们要推广一下群的概念, 以便使得下面的各种讨论具有更大的普遍性, 这种普遍性对今后的各种应用 (第 17~19 章) 来说是非常必要的. 仅对 Galois 理论感到兴趣的读者可以暂时放过本节和下面紧接着的一节, 并把以下各节中所遇到的群 (有限群) 理解为过去那种意义下的群.

假设已经给定了: 第一, (通常意义下的) 一个群 $\mathfrak{G}$, 其元素为 $a, b, c, \cdots$; 第二, 某些称为算子的新对象 $\eta, \Theta, \cdots$ 的集合 Ω. 其次, 假设对每个算子 Θ 和群中每个元素 a 定义了积 Θa(算子 Θ 作用在元素 a 上), 并且这个积仍属于群 $\mathfrak{G}$. 再次, 我们假设每个单独的算子 Θ 都是 "可分配" 的, 即有

$$\Theta(ab) = \Theta a \cdot \Theta b. \tag{7.1}$$

换句话说, 用算子 Θ 去 "乘" $\mathfrak{G}$ 的元素, 其效果是群 $\mathfrak{G}$ 的一个自同态[①]. 如果所有这些条件都能满足, 我们就说 $\mathfrak{G}$ 是一个带算子的群, 而 Ω 则称为算子区.

群 $\mathfrak{G}$ 的一个 (相对于算子区 Ω 来说的)可许子群就是这样一个子群 $\mathfrak{H}$, 它在 Ω 中的算子的作用下不变, 也就是说, 如果 a 属于 $\mathfrak{H}$, 则每个 Θa 也属于 $\mathfrak{H}$. 如果一个可许子群同时是一个正规子群, 我们就说它是一个可许正规子群.

例 7.1 如果以 $\mathfrak{G}$ 的全部内自同构为算子:

$$\Theta a = cac^{-1},$$

可许子群是 $\mathfrak{G}$ 中的正规子群.

例 7.2 如果以 $\mathfrak{G}$ 的全部自同构为算子, 那么可许子群就是那样一些子群, 它们在每一个自同构之下变为其自身. 这样的子群称为特征子群.

例 7.3 设 $\mathfrak{G}$ 是一个环, 考虑它里面的加法, 可以把它看成一个群. 我们把这个环本身看成它的算子区 Ω, 乘积 Θa 就是环中通常的乘积. 这样一来, 条件 (7.1) 就是通常的分配律:

[①] 由此推出, 用 Θ 去乘单位元素仍得单位元素, 而用 Θ 去乘逆元素仍得逆元素.

$$\gamma(a+b) = ra + rb.$$

可许子群就是环中的**左理想**, 即那样一些子群, 它们在包含每个元素 a 的同时也包含着所有的 ra.

例 7.4 在有的场合下, 把算子 Θ 写在群元素的右边, 即把 Θa 改写成 $a\Theta$, 要来得更加方便一些. 这时 (7.1) 就变成

$$(ab)\Theta = a\Theta \cdot b\Theta.$$

举例来说, 如果我们把一个环 (作为加法群看) 中的元素看成这样的右算子, 而 $a\Theta$ 仍是环中通常的乘积, 那么可许子群就是环中的**右理想**.

例 7.5 最后, 我们可以把一部分算子写成左算子, 另一部分算子写成右算子. 举例来说, 如果我们在考虑一个环的加法群时, 以环中的元素作为算子, 但每个元素既当作左乘因子也当作右乘因子看待, 那么可许子群就是环中的**双边理想**.

例 7.6 前面已经说过, 一个模就是一个表成加群形式的 Abel 群. 模也可以有一个算子区, 称为模的乘子区. 这时有

$$\Theta(a+b) = \Theta a + \Theta b.$$

在大部分场合下我们假定乘子区是一个环, 并假定

$$(\eta + \Theta)a = \eta a + \Theta a,$$
$$(\eta\Theta)a = \eta(\Theta a) \tag{7.2}$$

(当乘子是写在右边时, 第二式应为 $a(\eta\Theta) = (a\eta)\Theta$). 由第一式可知 $(\eta - \Theta)a = \eta a - \Theta a$ 以及 $0 \cdot a = 0$(第一个零是环中的零元素, 第二个零是模中的零元素). 如果乘子环是 $\mathfrak{o}$, 我们就说这个模是一个 $\mathfrak{o}$ 模或环 $\mathfrak{o}$ 上的模. 如果环 $\mathfrak{o}$ 有一个单位元 ε, 我们经常假定这个单位元同时也是一个 "单位算子", 即对 $\mathfrak{G}$ 中所有元素 a 有 $\varepsilon a = a$.

例 7.7 K 上每个 (右或左) 向量空间是 K 模.

例 7.8 一个 Abel 群的所有自同态 (即将 Abel 群映射成它自身或它的一个真子集的同态映射) 的全体是一个算子区. 如果我们利用公式 (7.2) 来定义两个自同态的和与积 (在这个公式中右端的加号表示群元素的运算), 这个算子区就成为一个环. 这个环称为 Abel 群的自同态环.

从这样一些例子可以看出, 带算子的群有着多么广泛的应用范围.

习题 7.1 两个可许子群的交是可许子群. 同样, 两个可许正规子群的交是可许正规子群.

习题 7.2 两个彼此可交换的可许子群的积 $\mathfrak{U}\mathfrak{B}$ 是一个可许子群. 特别对于模来说, 两个可许子模的和 $(\mathfrak{U}, \mathfrak{B})$ 是一个可许子模.

7.2 算子同构和算子同态

设 $\mathfrak{G}$ 和 $\bar{\mathfrak{G}}$ 是具有同一算子区 Ω 的两个群. 如果已经给定了 $\mathfrak{G}$ 到 $\bar{\mathfrak{G}}$ 的某一子集之上的一个映射, 对 $\mathfrak{G}$ 中每一元素 a, 有 $\bar{\mathfrak{G}}$ 中一个元素 $\bar{a}$ 与之相对应, 并且与积 ab 对应的元素是积 $\bar{a}\bar{b}$, 而与 Θa 对应的是元素 $\Theta\bar{a}$, 我们就说这个映射是一个算子同态. 如果象集是整个群 $\bar{\mathfrak{G}}$, 也就是说, $\bar{\mathfrak{G}}$ 中的每个元素都和 $\mathfrak{G}$ 中的一个元素相对应, 那么我们所得到的就是 $\mathfrak{G}$ 到 $\bar{\mathfrak{G}}$ 之上 的一个同态映射. 如果相应于每一 $\bar{a}$ 恰恰只有一个 a, 这个同态就是一个算子同构, 记为 $\mathfrak{G} \cong \bar{\mathfrak{G}}$.

如果 $\mathfrak{N}$ 是 $\mathfrak{G}$ 的一个可许正规子群, 那么在算子 Θ 的作用之下陪集 $\bar{a} = a\mathfrak{N}$ 中的元素 ab 变为 $\Theta a \cdot \Theta b$, 即变为陪集 $\Theta a \cdot \mathfrak{N}$ 中的一个元素. 这个陪集 $\overline{\Theta a}$ 称为算子 Θ 和陪集 $\bar{a}$ 的积. 这样一来, 商群 $\mathfrak{G}/\mathfrak{N}$ 就成了一个具有同一算子区 Ω 的带算子群, 而 $a \to \bar{a}$ 则是一个算子同态.

反之, 从一个算子同态出发, 像在 2.5 节中所做的那样, 可以得出下面的同态定理:

如果 $\mathfrak{G}$ 被算子同态映到 $\bar{\mathfrak{G}}$ 上, 则 $\mathfrak{G}$ 中被映射成 $\bar{\mathfrak{G}}$ 中的单位元素的元素的集合 $\mathfrak{N}$ 是 $\mathfrak{G}$ 中的一个可许正规子群, 而 $\mathfrak{N}$ 的陪集和 $\bar{\mathfrak{G}}$ 中的元素双方单值且算子同构地相对应, 即

$$\mathfrak{G}/\mathfrak{N} \cong \bar{\mathfrak{G}}.$$

在 2.5 节中我们已经知道了 $\mathfrak{N}$ 是一个正规子群. $\mathfrak{N}$ 为可许子群这一点是很显然的, 因为如果 a 被映射成 $\bar{e}$, 则 Θa 将被映射成 $\Theta\bar{e} = \bar{e}$, 这就是说, $\mathfrak{N}$ 在包含 a 的同时也包含着 Θa. 我们早就知道, 陪集和 $\bar{\mathfrak{G}}$ 的元素的对应是一个双方单值的对应. 由于原先给定的对应 $\mathfrak{G} \to \bar{\mathfrak{G}}$ 是一个算子同态, 这个对应同时也是一个算子同构.

对于具有算子区 $\mathfrak{o}$ 的加法群 ($\mathfrak{o}$ 模, 其中一个特例就是 $\mathfrak{o}$ 中的理想), 算子同态也称为模同态. 我们注意, 在一个模同态之下 Θa 变为 $\Theta\bar{a}$, 其中 Θ 是保持不变的. 这就是模同态和环同态的差别所在, 在一个环同态下 ab 变为 $\bar{a}\bar{b}$. 让我们举一个例子来说明这一点. 考虑环 $\mathfrak{o}$ 中两个理想, 并把它们看成 $\mathfrak{o}$ 模. 算子同态把每个 a 映射成 $\bar{a}$, 并把 ra 映射成 $r\bar{a}$(对 $\mathfrak{o}$ 中任意 r). 这两个理想也可以看成两个环, 环同态把积 ra(r 在理想之内) 不是映成 $r\bar{a}$, 而是映成 $\bar{r}\bar{a}$.

在下面凡是讲到"群"的时候, 我们也把带算子的群包括在内. 这时"子群"和"正规子群"永远理解为可许子群和可许正规子群, 而"同构"和"同态"则理解为算子同构和算子同态.

习题 7.3   在整数环中理想 (1) 和 (2) 是模同构的, 但不是环同构.

习题 7.4   在数偶 (a_1, a_2) 的环中 (习题 3.1), 由 (1, 0) 和 (0, 1) 所生成的理想是环同构的, 但非算子同构.

7.3 两个同构定理

在同态 $\mathfrak{G} \sim \bar{\mathfrak{G}} = \mathfrak{G}/\mathfrak{N}$ 之下 $\mathfrak{G}$ 的每个子群 $\mathfrak{H}$ 都被同态地映射成 $\bar{\mathfrak{G}}$ 的一个子群 $\bar{\mathfrak{H}}$. 现在让我们反过来从 $\bar{\mathfrak{H}}$ 出发, 去确定 $\mathfrak{G}$ 中那样一些元素的全体 $\mathfrak{K}$, 它们在这个同态之下的象元 (或陪集) 属于 $\bar{\mathfrak{H}}$. 集合 $\mathfrak{K}$ 所包含的元素可能要比 $\mathfrak{H}$ 来得多, 因为它在包含 $\mathfrak{H}$ 中的每个元素 a 的同时也包含着陪集 $a\mathfrak{N}$ 中的全部元素. 如命 $\mathfrak{H}\mathfrak{N}$ 表示由所有乘积 ab 所组成的群, 其中 a 属于 $\mathfrak{H}$, 而 b 属于 $\mathfrak{N}$(参看习题 7.2), 则有 $\mathfrak{K} = \mathfrak{H}\mathfrak{N}$, 而 $\bar{\mathfrak{H}} = \mathfrak{H}\mathfrak{N}/\mathfrak{N}$. 另一方面, 如果 $\mathfrak{H}$ 被同态地映成 $\bar{\mathfrak{H}}$, 则 $\mathfrak{H}$ 中被映射成单位元素的元素, 即 $\mathfrak{H}$ 中同时属于 $\mathfrak{N}$ 的元素, 组成 $\mathfrak{H}$ 中的一个正规子群, 而 $\bar{\mathfrak{H}}$ 和 $\mathfrak{H}$ 对这个正规子群的商群同构. 从这里我们就得出了第一同构定理:

如果 $\mathfrak{N}$ 是 $\mathfrak{G}$ 的一个正规子群, $\mathfrak{H}$ 是 $\mathfrak{G}$ 的一个子群, 则 $\mathfrak{H} \cap \mathfrak{N}$ 是 $\mathfrak{H}$ 的一个正规子群, 且有[1]

$$\mathfrak{H}\mathfrak{N}/\mathfrak{N} \cong \mathfrak{H}/(\mathfrak{H} \cap \mathfrak{N}).$$

被映射到 $\bar{\mathfrak{H}}$ 中去的元素的全体恰和 $\mathfrak{H}$ 相重合, 当且仅当 $\mathfrak{H}$ 在包含每个元素 a 的同时也包含着整个陪集 $a\mathfrak{N}$. 也就是说, 当且仅当

$$\mathfrak{H} \supseteq \mathfrak{N}.$$

因此, 这样一种群 $\mathfrak{H} \supseteq \mathfrak{N}$ 和 $\bar{\mathfrak{G}}$ 中的某些群 $\bar{\mathfrak{H}} = \mathfrak{H}/\mathfrak{N}$ 一对一地相对应. 另一方面, $\bar{\mathfrak{G}}$ 中的每个子群 $\bar{\mathfrak{H}}$ 决定 $\mathfrak{G}$ 中一个子群 $\mathfrak{H} \supseteq \mathfrak{N}$, 这个子群由所有出现在 $\bar{\mathfrak{H}}$ 中的 $\mathfrak{N}$ 的陪集的所有元素组成. 最后, $\bar{\mathfrak{H}}$ 在 $\bar{\mathfrak{G}}$ 中的左、右陪集分别和 $\mathfrak{H}$ 在 $\mathfrak{G}$ 中的左、右陪集相对应. 如果 $\bar{\mathfrak{H}}$ 是 $\bar{\mathfrak{G}}$ 中的正规子群, 则 $\mathfrak{H}$ 是 $\mathfrak{G}$ 中的正规子群, 反之亦然. 这一结论在证明下面的第二同构定理的过程中还可通过另一途径得到:

如果 $\bar{\mathfrak{G}} = \mathfrak{G}/\mathfrak{N}$, 而 $\bar{\mathfrak{H}}$ 是 $\bar{\mathfrak{G}}$ 中的正规子群, 则相应的子群 $\mathfrak{H}$ 是 $\mathfrak{G}$ 的正规子群, 且有

$$\mathfrak{G}/\mathfrak{N} \cong \bar{\mathfrak{G}}/\bar{\mathfrak{H}}. \tag{7.3}$$

证明 我们有 $\mathfrak{G} \sim \bar{\mathfrak{G}}$ 和 $\bar{\mathfrak{G}} \sim \bar{\mathfrak{G}}/\bar{\mathfrak{H}}$, 从而 $\mathfrak{G} \sim \bar{\mathfrak{G}}/\bar{\mathfrak{H}}$. 因此, $\bar{\mathfrak{G}}/\bar{\mathfrak{H}}$ 和群 $\mathfrak{G}$ 对它的一个正规子群的商群同构. 这个正规子群是由 $\mathfrak{G}$ 中那样一些元素组成的, 它们被同态 $\mathfrak{G} \sim \bar{\mathfrak{G}}/\bar{\mathfrak{H}}$ 映射成单位元素, 即被第一个同态 $\mathfrak{G} \sim \bar{\mathfrak{G}}$ 映射成 $\bar{\mathfrak{H}}$ 中的元素. 这个正规子群就是 $\mathfrak{H}$. 证毕.

同构 (7.3) 也可以写成

$$\mathfrak{G}/\mathfrak{H} \cong (\mathfrak{G}/\mathfrak{N})/(\mathfrak{H}/\mathfrak{N}).$$

---

[1] 在模的情形我们自然可把 $\mathfrak{H}\mathfrak{N}$ 写成 $(\mathfrak{H}, \mathfrak{N})$.

习题 7.5   利用第一同构定理证明: 对称群 $\mathfrak{S}_4$ 对四元群 $\mathfrak{B}_4$ (习题 2.20) 的商群和对称群 $\mathfrak{S}_3$ 同构.

习题 7.6   用同样的方法证明: 如果某个置换群不是完全由偶置换组成的, 那么它里面的偶置换组成一个指数为 2 的正规子群.

习题 7.7   用同样的方法证明: 平面的 Euclid 运动群对由平移所组成的正规子群的商群和平面统一固定点的旋转群同构.

7.4   正规群列与合成群列

如果群 $\mathfrak{G}$ 除了它本身和单位群之外没有其他的正规子群, 它就称为一个单群.

例   阶为素数的有限群是单群. 事实上, 子群的阶必是整个群的阶的一个因子, 因此, 除了这个群本身和单位群之外不可能有其他子群, 当然更不可能有其他的正规子群. 下面 (7.6 节) 将要证明, 当 $n > 4$ 时交错群 $\mathfrak{A}_n$ 也是单群. 以一个域为乘法算子区的该域上的一维向量空间也是单的.

由群 $\mathfrak{G}$ 的子群构成的一个有限序列

$$\{\mathfrak{G} = \mathfrak{G}_0 \supseteq \mathfrak{G}_1 \supseteq \cdots \supseteq \mathfrak{G}_l = \mathfrak{E}\} \tag{7.4}$$

称为一个正规群列, 如果对于 $\nu = 1, 2, \cdots, l$, 每个 $\mathfrak{G}_\nu$ 是 $\mathfrak{G}_{\nu-1}$ 中的正规子群. 数 l 称为正规群列的长度, 商群 $\mathfrak{G}_{\nu-1}/\mathfrak{G}_\nu$ 称为正规群列的因子. 注意, 正规群列的长度并不是群列 (7.4) 中的项的个数, 而是因子 $\mathfrak{G}_{\nu-1}/\mathfrak{G}_\nu$ 的个数, 两者相差 1.

如果正规群列 (7.4) 中的每个 $\mathfrak{G}_i$ 都出现在另一正规群列

$$\{\mathfrak{G} = \mathfrak{H}_1 \supseteq \cdots \supseteq \mathfrak{H}_m = \mathfrak{E}\} \tag{7.5}$$

中, 我们就说 (7.5) 是 (7.4) 的一个加细, 例如, 在群 $\mathfrak{S}_4$ 中, 正规群列

$$\{\mathfrak{S}_4 \supset \mathfrak{A}_4 \supset \mathfrak{B}_4 \supset \mathfrak{E}\}$$

就是正规群列

$$\{\mathfrak{S}_4 \supset \mathfrak{B}_4 \supset \mathfrak{E}\}$$

的一个加细 (参看习题 2.20).

在一个正规群列中, 一个项可以重复出现任意多次. 如果不出现这样的情况, 我们就说它是一个无重复的正规群列. 如果一个无重复的正规群列不能进一步加细为一个无重复的正规群列, 我们就称它为一个合成群列. 例如, 对称群 $\mathfrak{S}_3$ 中, 正规群列

$$\{\mathfrak{S}_3 \supset \mathfrak{A}_3 \supseteq \mathfrak{E}\}$$

就是一个合成群列. 同样, 在 $\mathfrak{S}_4$ 中群列

$$\{\mathfrak{S}_4 \supset \mathfrak{A}_4 \supset \mathfrak{B}_4 \supset \{1,(12)(34)\} \supset \mathfrak{E}\}$$

也是一个合成群列. 事实上, 这两个群列中每个群在位于它前面的群中的指数都是素数, 由此即可知这两个群列都是不可能进一步加细的. 但是也存在着那样一种群, 在它们里面每个正规群列都可以加细, 这样的群就没有合成群列. 无限循环群就是这样一个例子. 事实上, 假设在一个无限循环群中给出了一个无重复的正规群列

$$\{\mathfrak{G} \supset \mathfrak{G}_1 \supset \cdots \supset \mathfrak{G}_{l-1} \supset \mathfrak{E}\},$$

并设 $\mathfrak{G}_{l-1}$ 的指数为 m, 那么 $\mathfrak{G}_{l-1} = \{a^m\}$, 因此在 $\mathfrak{G}_{l-1}$ 和 $\mathfrak{E}$ 之间永远还可以找出一个指数为 $2m$ 的子群 $\{a^{2m}\}$ 来.

一个正规群列为一合成群列, 当且仅当它的任意两个相邻的项 $\mathfrak{G}_{\nu-1}$ 和 $\mathfrak{G}_\nu$ 之间除了这两个群本身之外不能再插进 $\mathfrak{G}_{\nu-1}$ 的正规子群. 根据 7.3 节, 这一条件也就是相当于说, $\mathfrak{G}_{\nu-1}/\mathfrak{G}_\nu$ 是单群. 单因子 $\mathfrak{G}_{\nu-1}/\mathfrak{G}_\nu$ 称为合成因子. 在上面给出的两个合成群列的例子中, 所有合成因子都是循环群, 其阶数分别为 2, 3 和 2, 3, 2, 2.

如果一个正规群列中, 所有的因子 $\mathfrak{G}_{\nu-1}/\mathfrak{G}_\nu$ 按照某种次序分别同构于另一正规群列的因子, 我们就说, 这两个正规序列是同构的. 例如, 在一个 6 阶循环群中, 正规群列

$$\{\{a\}, \{a^2\}, \mathfrak{E}\},$$

$$\{\{a\}, \{a^3\}, \mathfrak{E}\}$$

同构, 因为第一个群列的因子是阶为 2, 3 的循环群, 而第二个群列的因子是阶为 3, 2 的循环群. 为了方便起见, 在下面我们也用记号 $\cong$ 来表示正规群列之间的同构关系.

如果一个正规群列

$$\{\mathfrak{G} \supseteq \mathfrak{G}_1 \supseteq \cdots\}$$

中最末一项是 $\mathfrak{G}$ 的一个正规子群 $\mathfrak{A}$, 但这个正规子群不一定等于 $\mathfrak{E}$, 我们就说这个列是从 $\mathfrak{G}$ 到 $\mathfrak{A}$ 的一个正规群列. 由这样一个群列可得出商群 $\mathfrak{G}/\mathfrak{A}$ 的一个正规群列

$$\{\mathfrak{G}/\mathfrak{A} \supseteq \mathfrak{G}_1/\mathfrak{A} \supseteq \cdots \mathfrak{A}/\mathfrak{A} = \mathfrak{E}\},$$

反之亦然. 根据第二同构定理, 第二个群列的因子和第一个群列的因子同构.

如果两个正规群列

$$\{\mathfrak{G} \supseteq \mathfrak{G}_1 \supseteq \cdots \supseteq \mathfrak{G}_r = \mathfrak{E}\}$$

和

$$\{\mathfrak{G} \supseteq \mathfrak{H}_1 \supseteq \cdots \supseteq \mathfrak{H}_r = \mathfrak{E}\}$$

同构, 那么任给第一个群列的一个加细可以作出第二个群列的一个加细和它同构.

事实上, 每个因子 $\mathfrak{G}_{\nu-1}/\mathfrak{G}_{\nu}$ 都和一个完全确定的因子 $\mathfrak{H}_{\mu-1}/\mathfrak{H}_{\mu}$ 同构. 任给 $\mathfrak{G}_{\nu-1}/\mathfrak{G}_{\nu}$ 的一个正规群列, 可以相应地得出 $\mathfrak{H}_{\mu-1}/\mathfrak{H}_{\mu}$ 的一个同构的正规群列. 因此, 任给一个从 $\mathfrak{G}_{\nu-1}$ 到 $\mathfrak{G}_{\nu}$ 的正规群列, 可以相应地得出一个从 $\mathfrak{H}_{\mu-1}$ 到 $\mathfrak{H}_{\mu}$ 的同构的正规群列来.

现在我们可以证明下面的正规群列基本定理了, 这个定理是由 Schreier 所首先证明的. 任意群 $\mathfrak{G}$ 的任意两个正规群列

$$\{\mathfrak{G} \supseteq \mathfrak{G}_1 \supseteq \mathfrak{G}_2 \supseteq \cdots \supseteq \mathfrak{G}_r = \mathfrak{E}\},$$

$$\{\mathfrak{G} \supseteq \mathfrak{H}_1 \supseteq \mathfrak{H}_2 \supseteq \cdots \supseteq \mathfrak{H}_s = \mathfrak{E}\}$$

有彼此同构的加细群列:

$$\{\mathfrak{G} \supseteq \cdots \supseteq \mathfrak{G}_1 \supseteq \cdots \supseteq \mathfrak{G}_2 \supseteq \cdots \supseteq \mathfrak{E}\}$$

$$\cong \{\mathfrak{G} \supseteq \cdots \supseteq \mathfrak{H}_1 \supseteq \cdots \supseteq \mathfrak{H}_2 \supseteq \cdots \supseteq \mathfrak{E}\}.$$

证明   如果 $r = 1$ 或 $s = 1$, 证明是显然的, 因为这时一个群列是 $\{\mathfrak{G} \supseteq \mathfrak{E}\}$, 另一群列自然是它的一个加细.

我们先对 r 用完全归纳法证明这个定理当 $s = 2$ 时成立, 然后再对 s 用完全归纳法证明它对任意 s 成立.

当 $s = 2$ 时, 第二个群列是这种形式:

$$\{\mathfrak{G} \supseteq \mathfrak{H} \supseteq \mathfrak{E}\}.$$

命 $\mathfrak{D} = \mathfrak{G}_1 \cap \mathfrak{H}, \mathfrak{P} = \mathfrak{G}_1 \mathfrak{H}$. 这时 $\mathfrak{D}$ 和 $\mathfrak{P}$ 都是 $\mathfrak{G}$ 中的正规子群. 当然有可能出现 $\mathfrak{P} = \mathfrak{G}$ 或 $\mathfrak{D} = \mathfrak{E}$ 的情况. 根据归纳假设, 长度分别为 $r-1$ 和 2 的正规群列

$$\{\mathfrak{G}_1 \supseteq \mathfrak{G}_2 \supseteq \cdots \supseteq \mathfrak{G}_r = \mathfrak{E}\} \quad \text{与} \quad \{\mathfrak{G}_1 \supseteq \mathfrak{D} \supseteq \mathfrak{E}\}$$

有彼此同构的加细群列

$$\{\mathfrak{G}_1 \supseteq \cdots \supseteq \mathfrak{G}_2 \supseteq \cdots \supseteq \mathfrak{E}\}$$

$$\cong \{\mathfrak{G}_1 \supseteq \cdots \supseteq \mathfrak{D} \supseteq \cdots \supseteq \mathfrak{E}\}. \tag{7.6}$$

其次, 根据第一同构定理有

$$\mathfrak{P}/\mathfrak{H} \cong \mathfrak{G}_1/\mathfrak{D}, \quad \mathfrak{P}/\mathfrak{G}_1 \cong \mathfrak{H}/\mathfrak{D},$$

因此

$$\{\mathfrak{P} \supseteq \mathfrak{G}_1 \supseteq \mathfrak{D} \supseteq \mathfrak{E}\} \cong \{\mathfrak{P} \supseteq \mathfrak{H} \supseteq \mathfrak{D} \supseteq \mathfrak{E}\}. \tag{7.7}$$

(7.6) 的右端乃是 (7.7) 的左端的一个加细. 相应于这个加细, 我们可以找到 (7.7) 的右端的一个与之同构的加细:

$$\{\mathfrak{P} \supseteq \mathfrak{G}_1 \supseteq \cdots \supseteq \mathfrak{D} \supseteq \cdots \supseteq \mathfrak{E}\}$$
$$\cong \{\mathfrak{P} \supseteq \cdots \supseteq \mathfrak{H} \supseteq \mathfrak{D} \supseteq \cdots \supseteq \mathfrak{E}\} \tag{7.8}$$

由 (7.6) 和 (7.8) 即得

$$\{\mathfrak{G} \supseteq \mathfrak{P} \supseteq \mathfrak{G}_1 \supseteq \cdots \supseteq \mathfrak{G}_2 \supseteq \cdots \supseteq \mathfrak{E}\}$$
$$\cong \{\mathfrak{G} \supseteq \mathfrak{P} \supseteq \cdots \supseteq \mathfrak{H} \supseteq \mathfrak{D} \supseteq \cdots \supseteq \mathfrak{E}\},$$

这样我们就对 $s = 2$ 的情形证明了基本定理.

对于任意的 s, 根据以上所证, 我们可以把第一个群列 $\{\mathfrak{G} \supseteq \mathfrak{G}_1 \supseteq \cdots\}$ 加细, 使之同构于 $\{\mathfrak{G} \supseteq \mathfrak{H}_1 \supseteq \mathfrak{E}\}$ 的一个加细:

$$\{\mathfrak{G} \supseteq \cdots \supseteq \mathfrak{G}_1 \supseteq \cdots \supseteq \mathfrak{G}_2 \supseteq \cdots \supseteq \mathfrak{E}\}$$
$$\cong \{\mathfrak{G} \supseteq \cdots \supseteq \mathfrak{H}_1 \supseteq \cdots \supseteq \mathfrak{E}\}. \tag{7.9}$$

根据归纳假设, 右端那个群列中出现的一个截段 $\{\mathfrak{H}_1 \supseteq \cdots \supseteq \mathfrak{E}\}$ 和群列 $\{\mathfrak{H}_1 \supseteq \mathfrak{H}_2 \supseteq \cdots \supseteq \mathfrak{H}_s = \mathfrak{E}\}$ 有彼此同构的加细:

$$\{\mathfrak{H}_1 \supseteq \cdots \supseteq \mathfrak{E}\} \cong \{\mathfrak{H}_1 \supseteq \cdots \supseteq \mathfrak{H}_2 \supseteq \cdots \supseteq \mathfrak{E}\}. \tag{7.10}$$

(7.10) 的左端给出 (7.9) 的右端的一个加细. 对于这个加细, 我们可找出 (7.9) 的左端的一个与之同构的加细来. 这样一来, 我们就有

$$\{\mathfrak{G} \supseteq \cdots \supseteq \mathfrak{G}_1 \supseteq \cdots \supseteq \mathfrak{G}_2 \supseteq \cdots \supseteq \mathfrak{E}\}$$
$$\cong \{\mathfrak{G} \supseteq \cdots \supseteq \mathfrak{H}_1 \supseteq \cdots \supseteq \mathfrak{E}\}$$
$$\cong \{\mathfrak{G} \supseteq \cdots \supseteq \mathfrak{H}_1 \supseteq \cdots \supseteq \mathfrak{H}_2 \supseteq \cdots \supseteq \mathfrak{E}\}. \quad (根据 (7.10))$$

这就完成了定理的证明[①].

从两个同构的正规群列中去掉重复出现的项, 所得的群列仍是同构的. 因此我们可以将基本定理中所讲到的那种加细永远理解为无重复的加细.

对具有合成群列的群来说, 由正规群列的基本定理立即可以得出以下两个定理:

1. Jordan-Hölder 定理 同一群 $\mathfrak{G}$ 的任意两个合成群列彼此同构.

事实上, 这两个群列和它们的无重复加细相同.

2. 如果 $\mathfrak{G}$ 有一个合成群列, 那么 $\mathfrak{G}$ 的任何一个正规群列都可以加细成为一个合成群列. 特别, 任给 $\mathfrak{G}$ 的一个正规子群都可找出 $\mathfrak{G}$ 的一个合成群列来, 使之以这个正规子群为它的一个项.

---

① 另一证明由 Zassenhaus 给出: *Abh. Math. Sem. Hamburg,* 1934, 10: 106.

　　如果一个群具有一个正规群列, 它的每个因子都是 Abel 群, 这个群就称为可解的 (例, 群 $\mathfrak{S}_3$ 和 $\mathfrak{S}_4$ 都是可解群).

　　由基本定理可知, 在一个可解群中任何一个正规群列都可以加细成为一个具有 Abel 因子的正规群列. 特别, 如果这个群具有合成群列, 那么每个合成因子都是单 Abel 群.

　　习题 7.8　　每个有限群都有合成群列.

　　习题 7.9　　试作出阶为 20 的循环群的所有的合成群列.

　　习题 7.10　　一个 (不带算子的)Abel 群是单群, 当且仅当它是一个素数阶循环群.

　　习题 7.11　　有限可解群的合成群列的合成因子都是素数阶循环群.

7.5　p^n 阶群

　　群 $\mathfrak{G}$ 或环 $\mathfrak{R}$ 的中心是群或环中与所有元素可交换的元素 z 的集合:

$$zg = gz, \quad \text{对所有的 } g \in \mathfrak{G} \text{ 或 } \mathfrak{R}.$$

　　群 $\mathfrak{G}$ 的中心是 $\mathfrak{G}$ 的正规子群. 环的中心是子环.

　　现在设 p 是素数, n 是自然数, $\mathfrak{G}$ 是 p^n 阶群. 我们要证明 $\mathfrak{G}$ 的中心不可能仅含一个单位元.

　　我们考虑把群 $\mathfrak{G}$ 划分为共轭类 (习题 2.23). 一个共轭类里有多少个元素?

　　设 a 是群的元素. a 的两个共轭元 bab^{-1} 与 cac^{-1} 相等的必要条件是 $b^{-1}c$ 与 a 可交换:

$$bab^{-1} = cac^{-1} \quad \text{蕴含 } a(b^{-1}c) = (b^{-1}c)a.$$

群内与 a 可交换的元素的集合构成一个子群 $\mathfrak{H}$, 称为 a 的正规化子. 如果 $b^{-1}c \in \mathfrak{H}$, 则 c 位于陪集 $b\mathfrak{H}$ 内. 反之, 如果 c 属于 $b\mathfrak{H}$, 则有 $c = bh$, 从而

$$cac^{-1} = bha(bh)^{-1} = bahh^{-1}b^{-1} = bab^{-1}.$$

这样, 每个陪集 $b\mathfrak{H}$ 对应一个共轭元 bab^{-1}, 反之亦对. 因此不同共轭元的个数等于陪集的个数, 也就是 $\mathfrak{H}$ 在群 $\mathfrak{G}$ 内的指数. 指数总是群的阶的因子. 如果 a 是中心的元素, 则 $\mathfrak{H} = \mathfrak{G}$, 从而共轭类只含一个元素 a. 在所有其他的情形, 共轭类的元素个数多于 1.

　　现在假设 $\mathfrak{G}$ 是 p 群, 也就是 p^n 阶的群. 那么共轭类的元素个数是 p^n 的因子, 即 p 的方幂. $\mathfrak{G}$ 的阶是各个共轭类的元素个数之和, 也就是 p 的方幂之和:

$$p^n = 1 + p^i + p^j + \cdots + p^m. \tag{7.11}$$

如果中心只含一个单位元, 那么右边除了一项 1 以外其他各项都能被 p 整除. (7.11) 的左边能被 p 整除, 但右边不能整除, 这是不可能的. 因此, p 群的中心不可能仅含一个单位元.

中心 $\mathfrak{Z}_1$ 可能是整个群, 这时 $\mathfrak{G}$ 是 Abel 群. 否则, 可以构造商群 $\mathfrak{G}/\mathfrak{Z}_1$, 这仍然是一个 p 群, 因而有一个中心 $\mathfrak{Z} = \mathfrak{Z}_2/\mathfrak{Z}_1$. 如此继续, 就能得到降中心列:

$$\mathfrak{E} \subset \mathfrak{Z}_1 \subset \mathfrak{Z}_2 \cdots.$$

由于上面序列的子群的阶是严格递增的, 经过有限多步后必有 $\mathfrak{Z}_n = \mathfrak{G}$. 商群 $\mathfrak{Z}_k/\mathfrak{Z}_{k-1}$ 都是 Abel 群, 这样就得到了:

每个 p^n 阶群都是可解的.

7.6　直　　积

群 $\mathfrak{G}$ 称为它的子群 $\mathfrak{A}$ 和 $\mathfrak{B}$ 的直积, 如果下面的条件能被满足:

A1. $\mathfrak{A}$ 和 $\mathfrak{B}$ 是 $\mathfrak{G}$ 中的正规子群;

A2. $\mathfrak{G} = \mathfrak{A}\mathfrak{B}$;

A3. $\mathfrak{A} \cap \mathfrak{B} = \mathfrak{E}$.

与此等价的条件是:

B1. $\mathfrak{G}$ 中每个元素可表成积

$$g = ab, \quad a \in \mathfrak{A}, b \in \mathfrak{B} \tag{7.12}$$

的形式;

B2. 因子 a 和 b 由 g 唯一确定;

B3. $\mathfrak{A}$ 的每个元和 $\mathfrak{B}$ 的每个元可交换.

由 A 可以推出 B. 事实上, B1 可由 A2 得出. B2 可由下面的考虑得出: 如果 $g = a_1b_1 = a_2b_2$, 则 $a_2^{-1}a_1 = b_2b_1^{-1}$. 这就是说, 元素 $a_2^{-1}a_1$ 既属于 $\mathfrak{A}$ 也属于 $\mathfrak{B}$. 因此, 根据 A3 这个元素必等于单位元, 由此即有

$$a_1 = a_2, \quad b_1 = b_2,$$

这样就得出了表示方式的唯一性. B3 可由下面的事实得出: 由于条件 A1, 积 $aba^{-1}b^{-1}$ 既属于 $\mathfrak{A}$ 也属于 $\mathfrak{B}$. 因此, 根据 A3, 它应等于单位元素.

由 B 可以推出 A. $\mathfrak{A}$ 为正规子群这一点可以这样来证明:

$$g\mathfrak{A}g^{-1} = ab\mathfrak{A}b^{-1}a^{-1} = a\mathfrak{A}a^{-1} = \mathfrak{A} \quad (\text{由于 B3}).$$

A2 可由 B1 得出. A3 可以证明如下: 如果 c 是 $\mathfrak{A} \cap \mathfrak{B}$ 中的一个元素, 则 c 能用两种方法表成 $\mathfrak{A}$ 中一个元素和 $\mathfrak{B}$ 中一个元素的积:

$$c = c \cdot 1 = 1 \cdot c.$$

由于表示的唯一性 (B2), 必有 $c = 1$. 这就证明了 A3.

如果 $\mathfrak{A}\mathfrak{B}$ 是一个直积, 我们就把它记成 $\mathfrak{A} \times \mathfrak{B}$. 在加群 (模) 的情形, 我们用 $(\mathfrak{A}, \mathfrak{B})$ 来表示和, 而用 $\mathfrak{A} + \mathfrak{B}$ 来表示直和.

如果 $\mathfrak{A}$ 和 $\mathfrak{B}$ 的结构已经确定, 那么 $\mathfrak{G}$ 的结构也就随之确定.

事实上, 任意两个元素 $g_1 = a_1 b_1$ 和 $g_2 = a_2 b_2$ 相乘时, 只要将它们的因子相乘就行了:

$$g_1 g_2 = a_1 a_2 \cdot b_1 b_2.$$

群 $\mathfrak{G}$ 称为多个子群的直积 $\mathfrak{G} = \mathfrak{A}_1 \times \mathfrak{A}_2 \times \cdots \times \mathfrak{A}_n$, 如果下面的条件被满足:

A′1. 所有的 $\mathfrak{A}_\nu$ 都是 $\mathfrak{G}$ 中的正规子群;

A′2. $\mathfrak{A}_1 \mathfrak{A}_2 \cdots \mathfrak{A}_n = \mathfrak{G}$;

A′3. $(\mathfrak{A}_1 \mathfrak{A}_2 \cdots \mathfrak{A}_{\nu-1}) \cap \mathfrak{A}_\nu = \mathfrak{E}$ $(\nu = 2, 3, \cdots, n)$.

如果这些条件被满足, 那么群 $\mathfrak{A}_1, \mathfrak{A}_2, \cdots, \mathfrak{A}_{n-1}$ 也是它们的积 $\mathfrak{A}_1 \mathfrak{A}_2 \cdots \mathfrak{A}_{n-1}$ 中的正规子群. 因此, 根据同一定义, 这个积也是直积. 其次, 由于 $\mathfrak{A}_1 \mathfrak{A}_2 \cdots \mathfrak{A}_{n-1}$ 是正规子群的积, 它本身也是 $\mathfrak{G}$ 中的一个正规子群, 并且有 $(\mathfrak{A}_1 \mathfrak{A}_2 \cdots \mathfrak{A}_{n-1}) \cap \mathfrak{A}_n = \mathfrak{E}$, 因此

$$\mathfrak{G} = (\mathfrak{A}_1 \mathfrak{A}_2 \cdots \mathfrak{A}_{n-1}) \times \mathfrak{A}_n = \mathfrak{B}_n \times \mathfrak{A}_n, \tag{7.13}$$

其中

$$\mathfrak{B}_n = \mathfrak{A}_1 \mathfrak{A}_2 \cdots \mathfrak{A}_{n-1} = \mathfrak{A}_1 \times \mathfrak{A}_2 \times \cdots \times \mathfrak{A}_{n-1}.$$

利用 (7.13) 可以给 n 个因子的直积一个递归的定义. 将等价于 A 的定义 B 应用于 $\mathfrak{G} = \mathfrak{B}_n \times \mathfrak{A}_n$, 并对 n 使用完全归纳法, 立即可以推出:

B′. $\mathfrak{G}$ 中每个元素 g 可以唯一地表成积

$$g = a_1 a_2 \cdots a_n \quad (a_\nu \in \mathfrak{A}_\nu)$$

的形式, 且 $\mathfrak{A}_\mu$ 中的每个元素和 $\mathfrak{A}_\nu (\mu \neq \nu)$ 中的每个元素可交换.

由 B′ 反过来可以推出 A′. 事实上, 如命

$$\mathfrak{A}_1 \mathfrak{A}_2 \cdots \mathfrak{A}_{\nu-1} \mathfrak{A}_{\nu+1} \cdots \mathfrak{A}_n = \mathfrak{B}_\nu,$$

则由 B′ 可知, 对于每个 ν 有

$$\mathfrak{G} = \mathfrak{A}_\nu \times \mathfrak{B}_\nu. \tag{7.14}$$

因此每个 $\mathfrak{A}_\nu$ 都是 $\mathfrak{G}$ 中的正规子群, 并且

$$\mathfrak{A}_\nu \cap \mathfrak{B}_\nu = \mathfrak{E} \quad (\nu = 1, 2, \cdots, n).$$

最后一个断言的内容比条件 A′3 还要多.

根据第一同构定理, 由 (7.14) 可以推出

$$\mathfrak{G}/\mathfrak{A}_\nu \cong \mathfrak{B}_\nu; \quad \mathfrak{G}/\mathfrak{B}_\nu \cong \mathfrak{A}_\nu.$$

群

$$\mathfrak{G}_1 = \mathfrak{A}_1 \times \mathfrak{A}_2 \times \cdots \times \mathfrak{A}_n,$$
$$\mathfrak{G}_1 = \mathfrak{A}_1 \times \mathfrak{A}_2 \times \cdots \times \mathfrak{A}_{n-1},$$
$$\cdots\cdots\cdots$$
$$\mathfrak{G}_{n-1} = \mathfrak{A}_1,$$
$$\mathfrak{G}_n = \mathfrak{E} \tag{7.15}$$

组成 $\mathfrak{G}$ 的一个正规群列, 其因子为 $\mathfrak{G}_{\nu-1}/\mathfrak{G}_\nu \cong \mathfrak{A}_{n-\nu+1}$. 如果群 $\mathfrak{A}_\nu$ 具有合成群列, 那么 $\mathfrak{G}$ 也有一个合成群列 (上面正规群列 (7.15) 的加细), 其长度等于每个因子的合成群列的长度之和.

习题 7.12　如果 $\mathfrak{G} = \mathfrak{A} \times \mathfrak{B}, \mathfrak{G}'$ 是 $\mathfrak{G}$ 的一个子群, 且 $\mathfrak{G}' \supseteq \mathfrak{A}$, 则 $\mathfrak{G}' = \mathfrak{A} \times \mathfrak{B}'$, 其中 $\mathfrak{B}'$ 等于 $\mathfrak{G}'$ 和 $\mathfrak{B}$ 的交.

习题 7.13　一个阶为 $n = r \cdot s$(其中 $(r, s) = 1$) 的循环群 $\{a\}$ 是它的 s 阶和 r 阶子群 $\{a^r\}$ 和 $\{a^s\}$ 的直积.

习题 7.14　有限循环群是它的最高次素幂阶子群的直积.

如果一个群 $\mathfrak{G}$ 能够表成一些单群的直积, 它就称为一个完全可约群. 在这一情形下, 相当的正规群列 (7.15) 已经是一个合成群列. 根据 Jordan-Hölder 定理, 合成因子 $\mathfrak{G}_{\nu-1}/\mathfrak{G}_\nu \cong \mathfrak{A}_{n-\nu+1}$ 除先后次序之差外, 在同构的意义之下是唯一确定的.

定理　在一个完全可约群 $\mathfrak{G}$ 中每一个正规子群都是一个直因子, 也就是说, 对每个正规子群 $\mathfrak{H}$ 有一个分解 $\mathfrak{G} = \mathfrak{H} \times \mathfrak{B}$.

证明　由 $\mathfrak{G} = \mathfrak{A}_1 \times \mathfrak{A}_2 \times \cdots \times \mathfrak{A}_n$ 可知

$$\mathfrak{G} = \mathfrak{H} \cdot \mathfrak{G} = \mathfrak{H} \cdot \mathfrak{A}_1 \cdot \mathfrak{A}_2 \cdots \mathfrak{A}_n. \tag{7.16}$$

在这个乘积中, 我们可以依次对每个因子 $\mathfrak{A}_1, \mathfrak{A}_2, \cdots, \mathfrak{A}_n$ 进行如下的操作: 或者把这个因子从乘积中去掉, 或者把位于它之前的记号 "·" 改成直积记号 "×". 事实上, 因子 $\mathfrak{A}_k$ 和位于它之前的乘积 $\Pi = \mathfrak{H} \cdot \mathfrak{A}_1 \cdots \mathfrak{A}_{k-1}$ 的交是 $\mathfrak{A}_k$ 中的一个正规子群. 因此, 这个交或者等于 $\mathfrak{A}_k$, 或者等于 $\mathfrak{E}$. 在第一种情形下, $\Pi \cap \mathfrak{A}_k = \mathfrak{A}_k$, 我们有 $\mathfrak{A}_k \subseteq \Pi$, 故因子 $\mathfrak{A}_k$ 在乘积 $\Pi\mathfrak{A}_k$ 中是多余的. 在第二种情形下积 $\Pi \cdot \mathfrak{A}_k$ 是一个直积: $\Pi \cdot \mathfrak{A}_k = \Pi \times \mathfrak{A}_k$.

根据以上所证可知, 在去掉多余的因子 $\mathfrak{A}$ 之后, 乘积 (7.16) 即具有直积的形式:

$$\mathfrak{G} = \mathfrak{H} \times \mathfrak{A}_{i_1} \times \mathfrak{A}_{i_2} \times \cdots \times \mathfrak{A}_{i_r},$$

这就证明了我们的命题.

7.7 群的特征标

设 $\mathfrak{G}$ 是一个群, K 是一个域. $\mathfrak{G}$ 在 K 里的特征标就是从 $\mathfrak{G}$ 到 K 的乘法群里的同态. 也就是说, 这是 $\mathfrak{G}$ 的元素的取值为 K 的非零元的函数 σ, 它满足

$$\sigma(xy) = \sigma(x)\sigma(y). \tag{7.17}$$

从 (7.17) 可以推出

$$\sigma(x_1 \cdots x_n) = \sigma(x_1) \cdots \sigma(x_n),$$

$$\sigma(x^n) = \sigma(x)^n,$$

$$\sigma(e) = 1,$$

$$\sigma(x^{-1}) = \sigma(x)^{-1}.$$

对于特征标 σ, τ, 乘积 $\sigma\tau$ 定义为

$$\sigma\tau(x) = \sigma(x)\tau(x),$$

它仍是特征标. $\mathfrak{G}$ 在 K 里的特征标关于此乘法构成一个 Abel 群 $\mathfrak{G}'$, 称为 $\mathfrak{G}$ 在 K 里的特征标群.

线性无关定理 $\mathfrak{G}$ 在 K 里的不同特征标 $\sigma_1, \cdots, \sigma_n$ 总是线性无关的, 也就是说, 如果对所有的 $x \in \mathfrak{G}$, 在 K 里有以下等式

$$c_1\sigma_1(x) + \cdots + c_n\sigma_n(x) = 0, \tag{7.18}$$

则所有的 c_i 都等于 0.

证明[1]   对于 $n = 1$, 从 $c_1\sigma_1(x) = 0$ 可直接得到 $c_1 = 0$. 我们对 n 作归纳, 假设结论对 $n-1$ 个特征标是正确的.

如果在 (7.18) 里把 x 换成 ax, 其中 a 是 $\mathfrak{G}$ 的任意元, 可得

$$c_1\sigma_1(a)\sigma_1(x) + \cdots + c_n\sigma_n(a)\sigma_n(x) = 0, \tag{7.19}$$

上式减去 $\sigma_n(a)$ 倍的 (7.18) 式, 得到

$$c_1(\sigma_1(a) - \sigma_n(a))\sigma_1(x) + \cdots + c_{n-1}(\sigma_{n-1}(a) - \sigma_n(a))\sigma_{n-1}(x) = 0, \tag{7.20}$$

根据归纳假设, $\sigma_1, \cdots, \sigma_{n-1}$ 是线性无关的, 因此 (7.20) 中的系数都等于 0, 即

$$c_i(\sigma_i(a) - \sigma_n(a)) = 0, \qquad \text{对 } i = 1, \cdots, n-1. \tag{7.21}$$

---

[1] 根据 Artin. *Galoissche Theorie*. Leipzig, 1959: 28.

由于 σ_i 和 σ_n 是不同的特征标, 对于每个取定的 i 可以找到一个 a, 使得

$$\sigma_i(a) \neq \sigma_n(a).$$

由 (7.21) 即得

$$c_i = 0, \qquad \text{对 } i = 1, \cdots, n-1.$$

代入 (7.18) 后得 $c_n = 0$. 证毕.

推论 若 $\sigma_1, \cdots, \sigma_n$ 是域 K' 到域 K 的不同同构映射, 则它们线性无关.

因为它们可被看成 K' 的乘法群在 K 里的特征标.

Abel 群的特征标特别重要.

例 1 设 $\mathfrak{G}$ 是 n 阶循环群. 我们要确定 $\mathfrak{G}$ 在 K 里的所有特征标.

若 a 是 $\mathfrak{G}$ 的生成元, χ 是一个特征标, 令

$$\chi(a) = \zeta. \tag{7.22}$$

$\mathfrak{G}$ 的任意元是一个方幂

$$x = a^z \qquad (z = 0, 1, \cdots, n-1).$$

由 (7.22) 可得

$$\chi(x) = \chi(a^z) = \zeta^z. \tag{7.23}$$

从 $a^n = e$ 可知 $\chi(a^n) = \zeta^n = 1$, 所以 ζ 是 n 次单位根. 反之, 对于 K 的任意 n 次单位根 ζ, (7.22) 式定义了相应的特征标 χ.

K 中的全部 n 次单位根构成一个循环群, 它的阶 n' 整除 n (习题 6.22). 因此特征标 χ 构成一个 n' 阶循环群, 其中 $n' \mid n$.

如果 K 包含所有的 n 次单位根, 并且 K 的特征不能整除 n, 则 $n' = n$. 因此特征标群 $\mathfrak{G}'$ 同构于 $\mathfrak{G}$ 自己. 设 η 是 K 里的 n 次本原单位根, 则

$$\sigma(a^z) = \eta^z$$

定义了一个特征标 σ, 所有的特征标 χ_k 都是 σ 的方幂:

$$\chi_k = \sigma^k \qquad (k = 0, 1, \cdots, n-1),$$

于是

$$\chi_k(a^z) = \eta^{kz}. \tag{7.24}$$

对于取定的 k, η^{kz} 可被看成 z 的函数, 而对取定的 z, 又可被看成 k 的函数. 按这种方式我们得到 $\mathfrak{G}'$ 的所有特征标. 因此 $\mathfrak{G}'$ 的特征标群又成为了 $\mathfrak{G}$.

在 6.6 节的末尾证明了对任意的 n 次单位根 ζ, 有

$$1 + \zeta + \cdots + \zeta^{n-1} = \begin{cases} n, & \zeta = 1, \\ 0, & \zeta \neq 1. \end{cases}$$

结合 (7.24) 可得

$$\sum_k \chi_k(a^z) = \begin{cases} n, & z = 0, \\ 0, & z \neq 0, \end{cases} \tag{7.25}$$

以及

$$\sum_z \chi_k(a^z) = \begin{cases} n, & k = 0, \\ 0, & k \neq 0, \end{cases} \tag{7.26}$$

或者换一种方式写成

$$\sum_\chi \chi(x) = \begin{cases} n, & x = e, \\ 0, & x \neq e, \end{cases} \tag{7.27}$$

$$\sum_x \chi(x) = \begin{cases} n, & \chi = 1, \\ 0, & \chi \neq 1. \end{cases} \tag{7.28}$$

如果在 (7.27) 里把 x 换成 xy, 可以得到

$$\sum_\chi \chi(x)\chi(y) = \begin{cases} n, & \text{若 } y = x^{-1}, \\ 0, & \text{其他情形.} \end{cases} \tag{7.29}$$

类似地, 从 (7.28) 可得

$$\sum_x \chi'(x)\chi(x) = \begin{cases} n, & \text{若 } \chi' = \chi^{-1}, \\ 0, & \text{其他情形.} \end{cases} \tag{7.30}$$

如果引入矩阵 $A = (a_{zk})$, 其中

$$a_{zk} = \chi_k(a^z) \qquad (z, k = 0, 1, \cdots, n-1) \tag{7.31}$$

以及矩阵 $B = (b_{kz})$, 其中

$$b_{kz} = \frac{1}{n}\chi_k(a^{-z}), \qquad (z, k = 0, 1, \cdots, n-1) \tag{7.32}$$

则等式 (7.29) 成为

$$AB = 1,$$

等式 (7.30) 成为

$$BA = 1.$$

这两个等式都意味着 B 是 A 的逆矩阵.

$\mathfrak{G}$ 到 K 内的函数 $f(x)$ 由 n 个函数值

$$f(e), f(a), f(a^2), \cdots, f(a^{n-1})$$

确定, 因此所有的函数构成 K 上 n 维向量空间. 根据线性无关定理, n 个特征标 $\chi_k(x)$ 是线性无关的. 因此每个函数 $f(x)$ 都能被 $\chi_k(x)$ 线性表示:

$$f(x) = \sum_k c_k \chi_k(x). \tag{7.33}$$

若令 $f(x) = f(a^z) = g(z)$, 则 (7.33) 可以改写成

$$g(z) = \sum_k c_k a_{zk} = \sum_k c_k \eta^{kz}. \tag{7.34}$$

由于 B 是 A 的逆矩阵, 这个线性方程组的解可以写成

$$c_k = \sum_z b_{kz} g(z) = \frac{1}{n} \sum_z \eta^{-kz} g(z). \tag{7.35}$$

如果把 K 取成复数域, 且设

$$\eta = \exp\left(\frac{2\pi i}{n}\right),$$

则 (7.34) 成为有限 Fourier 级数

$$g(z) = \sum_{k=0}^{n-1} c_k \exp\left(2\pi i \frac{k}{n} z\right), \tag{7.36}$$

其中

$$c_k = \frac{1}{n} \sum_{z=0}^{n-1} \exp\left(-2\pi i \frac{k}{n} z\right) g(z). \tag{7.37}$$

例 2 设 $\mathfrak{G}$ 是 $n_1, \cdots, n_r$ 阶循环群 $\mathfrak{Z}_1, \cdots, \mathfrak{Z}_r$ 的直积. 又设 K 的特征不能整除阶 $n_1, \cdots, n_r$ 的最小公倍数 v, 并且 K 包含 v 次单位根. 我们要确定 $\mathfrak{G}$ 在 K 里的所有特征标.

设 $a_1, \cdots, a_r$ 是 $\mathfrak{Z}_1, \cdots, \mathfrak{Z}_r$ 的生成元, 且设 $\eta_i \ (i = 1, \cdots, r)$ 是 n_i 次本原单位根. 若 χ 是 $\mathfrak{G}$ 的特征标, 则对每个 i, $\chi(a_i)$ 是 n_i 次单位根, 所以

$$\chi(a_i) = \eta_i^{k_i}.$$

$\mathfrak{G}$ 的每个元素 x 可以唯一地表成乘积

$$x = a_1^{z_1} a_2^{z_2} \cdots a_r^{z_r},$$

于是有

$$\chi(x) = \chi(a_1)^{z_1} \cdots \chi(a_r)^{z_r}$$
$$= \eta_1^{k_1 z_1} \eta_2^{k_2 z_2} \cdots \eta_r^{k_r z_r}.$$

由于 k_i 可以从 $0, 1, \cdots, n_i - 1$ 任意选取, 因此有 $n = n_1 \cdots n_r$ 个特征标. 若一个 k_i 取成 1, 所有其他的 k_i 取成 0, 即可得到一个特征标 σ_i. 最一般的特征标由下式给出

$$\chi_{k_1, \cdots, k_r} = \sigma_1^{k_1} \sigma_2^{k_2} \cdots \sigma_r^{k_r}.$$

因此特征标群 $\mathfrak{G}'$ 是 $n_1, \cdots, n_r$ 阶循环群的直积, 也就是说, 它同构于 $\mathfrak{G}$. $\mathfrak{G}'$ 的特征标群又成为了 $\mathfrak{G}$.

同样能得到等式 (7.27) 与 (7.28), 然后导出 (7.29)~(7.35). 当然, 在 (7.31) 里应该把 a^z 换成

$$a_1^{z_1} \cdots a_r^{z_r},$$

在 (7.34) 里应该把 η^{kz} 换成

$$\eta_1^{k_1 z_1} \cdots \eta_r^{k_r z_r}.$$

在第 II 卷将要证明 Abel 群的基本定理, 这个定理断言: 有限生成 Abel 群, 特别地, 有限 Abel 群, 都是循环群的直积. 因此, 上面得到的公式可以应用于任意的有限 Abel 群.

特征标理论也能推广到无限 Abel 群. $\mathfrak{G}$ 与 $\mathfrak{G}'$ 间的对偶性是研究无限 Abel 群的重要工具 (参看 Pontryagin L. *Annals of Math.*, 1934, 35: 361, 以及 van Kampen E R. *Annals of Math.*, 1935, 36: 448).

7.8 交错群的单纯性

在 7.4 节中我们曾经说过, 对称群 $\mathfrak{S}_3$ 和 $\mathfrak{S}_4$ 是可解的. 与此相反, 所有其余的对称群 $\mathfrak{S}_n (n > 4)$ 都不再是可解的. 虽然每个对称群都有一个指数为 2 的正规子群, 即交错群 $\mathfrak{A}_n$, 可是下面的定理告诉我们, 合成群列只能是直接从 $\mathfrak{A}_n$ 到 $\mathfrak{E}$.

定理   交错群 $\mathfrak{A}_n (n > 4)$ 是单群.

我们要用到下面的引理.

引理   如果群 $\mathfrak{A}_n (n > 2)$ 的正规子群 $\mathfrak{N}$ 含有一个 3 轮换, 则 $\mathfrak{N} = \mathfrak{A}_n$.

证明   设 $\mathfrak{N}$ 包含轮换 (1 2 3). 这时 $\mathfrak{N}$ 一定也包含着这个元素的平方 (2 1 3) 以及它所有的共轭元素

$$\sigma \cdot (2\ 1\ 3) \sigma^{-1} \quad (\sigma \in \mathfrak{A}_n).$$

取 $\sigma = (1\,2)(3\,k)$, 其中 $k > 3$, 则有

$$\sigma(2\,1\,3)\sigma^{-1} = (1\,2\,k),$$

因此 $\mathfrak{N}$ 包含着所有形如 $(1\,2\,k)$ 的轮换. 另一方面, 这种轮换生成整个群 $\mathfrak{A}_n$(习题 2.27), 故必有 $\mathfrak{N} = \mathfrak{A}_n$.

定理的证明　设 $\mathfrak{N}$ 是 $\mathfrak{A}_n$ 中一个不同于 $\mathfrak{E}$ 的正规子群, 我们要证明 $\mathfrak{N} = \mathfrak{A}_n$.

我们在 $\mathfrak{N}$ 中取一个不等于 1 的置换 τ, 要求它使得尽量多的数码不动. 我们证明, τ 只变动三个数码, 而使得所有其余数码不动.

先假定 τ 恰恰变动四个数码. 这时 τ 必是两个对换的积, 因为要作出一个恰恰变动四个数码的偶置换, 另外的可能性是不存在的. 现在设

$$\tau = (1\,2)(3\,4).$$

根据假设有 $n > 4$. 因此我们可用 $\sigma = (3\,4\,5)$ 去作 τ 的变形而得

$$\tau_1 = \sigma\tau\sigma^{-1} = (1\,2)(4\,5).$$

乘积 $\tau^{-1}\tau_1$ 即 3 轮换 $(3\,4\,5)$, 它所变动的数码比 τ 来得少. 这是和 τ 的选择相违背的.

现在假定 τ 所变动的数码多于四个. 我们再一次把 τ 写成轮换的乘积, 并把最长的轮换写在最前面, 即

$$\tau = (1\,2\,3\,4\cdots)\cdots;$$

如果最长的轮换是 3 轮换, 则有

$$\tau = (1\,2\,3)(4\,5\cdots)\cdots;$$

如果 τ 中只出现 2 轮换, 则

$$\tau = (1\,2)(3\,4)(5\,6)\cdots.$$

现在我们用

$$\sigma = (2\,3\,4)$$

来作 τ 的变形, 所得到的共轭元素

$$\tau_1 = \sigma\tau\sigma^{-1}$$

在上述三种情况下分别是

$$\tau_1 = (1\,3\,4\,2\cdots)\cdots,$$
$$\tau_1 = (1\,3\,4)(2\,5\cdots)\cdots,$$
$$\tau_1 = (1\,3)(4\,2)(5\,6)\cdots.$$

在所有这三种情况下 $\tau_1 \neq \tau$, 从而 $\tau^{-1}\tau_1 \neq 1$. 在第一种和第三种情况下, 置换 $\tau^{-1}\tau_1$ 使所有数码 $k > 4$ 全不动, 因为当 $k > 4$ 时, 有 $\tau_1 k = \tau k$. 在第二种情况下

$$\tau = (1\ 2\ 3)(4\ 5 \cdots) \cdots,$$

除 1, 2, 3, 4 和 5 之外, 置换 $\tau^{-1}\tau_1$ 使得所有其余的数码不变. 因此, $\tau^{-1}\tau_1$ 只变动五个数码, 而 τ 本身所变动的数码多于五个.

总之, 在所有三种情况下, $\tau^{-1}\tau_1$ 所变动的数码比 τ 本身少, 而这是和 τ 的定义相违的. 因此, τ 只能变动三个数码. 这就是说, τ 是一个 3 轮换, 因而根据引理应有 $\mathfrak{N} = \mathfrak{A}_n$. 定理获证.

习题 7.15　证明: 当 $n \neq 4$ 时, 交错群 $\mathfrak{A}_n$ 是对称群 $\mathfrak{S}_n$ 中除了它本身和 $\mathfrak{E}$ 之外唯一的正规子群.

7.9　可迁性与本原性

集合 $\mathfrak{M}$ 的一个置换群称为在 $\mathfrak{M}$ 上可迁, 如果 $\mathfrak{M}$ 中的一个元素 a 可被这个群中的置换变为 $\mathfrak{M}$ 中所有的元素 x, 也就是说, 对每一个 x, 存在群中的置换 σ, 使 $\sigma a = x$.

如果这一条件成立, 那么任给 $\mathfrak{M}$ 中两个元素 x 和 y, 一定也能在群中找到一个置换把 x 变为 y. 事实上, 由

$$\rho a = x, \quad \sigma a = y$$

可知

$$(\sigma \rho^{-1})x = y.$$

因此, 在可迁性问题上, 究竟从哪一个元素 a 出发, 是完全没有差别的.

如果群 $\mathfrak{G}$ 在 $\mathfrak{M}$ 上不是可迁的 (非可迁群), 则集合 $\mathfrak{M}$ 将分解成许多可迁区, 即那样一些子集, 它们被群中的置换变成其自身, 而在每个这样的子集上群是可迁的. 这些子集可以根据下面的原则来确定: $\mathfrak{M}$ 中的两个元素 a 和 b 属于同一子集, 当且仅当 $\mathfrak{G}$ 中可以找到一个置换 σ, 使得 $\sigma a = b$.

这一性质是: (1) 自反的; (2) 对称的; (3) 可传的. 事实上,

(1) $\sigma a = a$, 如果 $\sigma = 1$;

(2) 由 $\sigma a = b$ 即有 $\sigma^{-1} b = a$;

(3) 由 $\sigma a = b, \tau b = c$ 即有 $(\tau\sigma)a = c$.

因此, 通过这样一个原则, 的确可以定义 $\mathfrak{M}$ 的一个分类.

如果群 $\mathfrak{G}$ 在 $\mathfrak{M}$ 上可迁, 而 $\mathfrak{G}_a$ 是群 $\mathfrak{G}$ 中使 $\mathfrak{M}$ 中的元素 a 不变的置换所组成的子群, 则 $\mathfrak{G}_a$ 的每个左陪集 $\tau\mathfrak{G}_a$ 把元素 a 变为同一元素 τa. $\mathfrak{G}_a$ 的左陪集在这样

的方式下和 $\mathfrak{M}$ 中的元素一对一地相对应. $\mathfrak{G}_a$ 的陪集的个数 (即 $\mathfrak{G}_a$ 的指数) 就等于 $\mathfrak{M}$ 中的元素的个数. 群 $\mathfrak{G}$ 中使得 τa 不变的元素所组成的群由公式

$$\mathfrak{G}_{\tau a} = \tau \mathfrak{G}_a \tau^{-1}$$

给出.

设有集合 $\mathfrak{M}$ 的一个可迁置换群 $\mathfrak{G}$. 如果集合 $\mathfrak{M}$ 可以分解成至少两个彼此不相交的集合 $\mathfrak{M}_1, \mathfrak{M}_2, \cdots$ 之和, 其中至少有一个集合包含着两个以上的元素, 而 $\mathfrak{G}$ 中的变换把每个集合 $\mathfrak{M}_\mu$ 变成一个集合 $\mathfrak{M}_\nu$, 则群 $\mathfrak{G}$ 称为非本原的, 而集合 $\mathfrak{M}_1, \mathfrak{M}_2, \cdots$ 则称为非本原区. 如果不可能作出这样的分解

$$\mathfrak{M} = \mathfrak{M}_1 \vee \mathfrak{M}_2 \vee \cdots,$$

则群 $\mathfrak{G}$ 称为本原群.

例 Klein 四元群是非本原的, 其非本原区为

$$\{1,2\}, \{3,4\}$$

(除此之外还有其他两种分解为非本原区的方法). 另一方面, n 个对象的全置换群 (以及交错群) 却永远是本原的. 事实上, 不论用何种方式将 $\mathfrak{M}$ 分解成子集, 例如

$$\mathfrak{M} = \{1,2,\cdots,k\} \vee \{\cdots\} \vee \cdots \quad (1 < k < n),$$

总是可以找到一个置换把子集 $\{1,2,\cdots,k\}$ 变为 $\{1,2,\cdots,k-1,k+1\}$, 即变为这样一个子集, 它和 $\{1,2,\cdots,k\}$ 有公共元素, 但也不相等.

设 $\mathfrak{M} = \{\mathfrak{M}_1, \mathfrak{M}_2, \cdots, \mathfrak{M}_r\}$ 是具有上述性质的一个分解, 因而群 $\mathfrak{G}$ 将集合 $\mathfrak{M}_\nu$ 相互置换. 对每个 ν 在群 $\mathfrak{G}$ 中可找到一个置换把 $\mathfrak{M}_1$ 变成 $\mathfrak{M}_\nu$. 事实上, 由于 $\mathfrak{G}$ 的可迁性, 只要找到一个置换将 $\mathfrak{M}_1$ 中一个任意选择的元素变为 $\mathfrak{M}_\nu$ 中的一个元素即可, 这个置换一定将 $\mathfrak{M}_1$ 变为 $\mathfrak{M}_\nu$. 特别, 从这里可以推出, 集合 $\mathfrak{M}_1, \mathfrak{M}_2, \cdots$ 都是由同样多的元素组成的.

对于集合 $\mathfrak{M}$ 上的任意可迁置换群, 下面的定理成立:

定理 设 $\mathfrak{g}$ 是群 $\mathfrak{G}$ 中使得 $\mathfrak{M}$ 中一个元素 a 不变的置换所组成的子群. 如果 $\mathfrak{G}$ 是非本原的, 那么一定存在一个既不同于 $\mathfrak{g}$ 也不同于 $\mathfrak{G}$ 的子群 $\mathfrak{h}$, 使得

$$\mathfrak{g} \subset \mathfrak{h} \subset \mathfrak{G}.$$

反之, 如果这样一个中间群 $\mathfrak{h}$ 存在, 则 $\mathfrak{G}$ 是非本原的. 群 $\mathfrak{h}$ 使得一个非本原区 $\mathfrak{M}_1$ 不变, 而 $\mathfrak{h}$ 的左陪集将 $\mathfrak{M}_1$ 变成另一非本原区 $\mathfrak{M}_\nu$.

证明 先设 $\mathfrak{G}$ 是非本原的, 且 $\mathfrak{M} = \{\mathfrak{M}_1, \mathfrak{M}_2, \cdots\}$ 是一个非本原区分解. 设 $\mathfrak{M}_1$ 包含元素 a. 命 $\mathfrak{h}$ 为 $\mathfrak{G}$ 中使得 $\mathfrak{M}_1$ 不变的元素所组成的子群. 由上面所作的说明可知, $\mathfrak{h}$ 包含 $\mathfrak{G}$ 中所有那样的置换, 它们把 a 变为它自身或 $\mathfrak{M}_1$ 中的另一元素.

因此, 我们有 $\mathfrak{g} \subset \mathfrak{h}$, 且 $\mathfrak{g} \neq \mathfrak{h}$. 另一方面, $\mathfrak{G}$ 中也有那样的置换, 它把 $\mathfrak{M}_1$ 变为其他的非本原区, 譬如说, 变为 $\mathfrak{M}_2$. 因此 $\mathfrak{h} \neq \mathfrak{G}$. 其次, 如果 τ 将 $\mathfrak{M}_1$ 变为 $\mathfrak{M}_\nu$, 则整个陪集 $\tau\mathfrak{h}$ 也将 $\mathfrak{M}_1$ 变为 $\mathfrak{M}_\nu$.

现在反过来假设给出了一个既不同于 $\mathfrak{g}$ 也不同于 $\mathfrak{G}$ 的群 $\mathfrak{h}$, 并且

$$\mathfrak{g} \subset \mathfrak{h} \subset \mathfrak{G}.$$

整个群 $\mathfrak{G}$ 可分解成陪集 $\tau\mathfrak{h}$, 而每个陪集又可分解成陪集 $\sigma\mathfrak{g}$. $\mathfrak{g}$ 的每个陪集 $\sigma\mathfrak{g}$ 将 a 变为另外一个元素 σa. 因此, 如果我们把它们归并成陪集 $\tau\mathfrak{h}$, 则元素 σa 将归并成至少两个彼此不相交的集合 $\mathfrak{M}_1, \mathfrak{M}_2, \cdots$, 其中每个集合至少由两个元素组成. 这样, 集合 $\mathfrak{M}_\nu$ 是由

$$\mathfrak{M}_\nu = \tau\mathfrak{h}a \tag{7.38}$$

来定义的. 任意一个另外的置换 σ 把 $\mathfrak{M}_\nu = \tau\mathfrak{h}a$ 变为一个同样类型的集合 $\sigma\tau\mathfrak{h}a$. 这就证明了群 $\mathfrak{G}$ 的非本原性. 如命 $\mathfrak{M}_1$ 表示当 $\tau = 1$ 时由式 (7.38) 所确定的集合, 则 $\mathfrak{h}$ 使得非本原区 $\mathfrak{M}_1$ 不变 (因为 $\mathfrak{h}\mathfrak{M}_1 = \mathfrak{h}\mathfrak{h}a = \mathfrak{h}a = \mathfrak{M}_1$), 而陪集 $\tau\mathfrak{h}$ 将 $\mathfrak{M}_1$ 变为其余的非本原区 $\mathfrak{M}_\nu$(因为 $\tau\mathfrak{h}\mathfrak{M}_1 = \tau\mathfrak{h}\mathfrak{h}a = \tau\mathfrak{h}a$).

习题 7.16　如果 $\mathfrak{M}$ 中的元素的个数是一个素数, 则每个可迁群都是本原的.

习题 7.17　上面定义的群 $\mathfrak{h}$ 在 $\mathfrak{M}_1$ 上是可迁的.

习题 7.18　设集合 $\mathfrak{M}$ 可分解成三个非本原区, 每个非本原区由两个元素组成, 并设群的阶为 12. 问:

(1) $\mathfrak{h}$ 在 $\mathfrak{G}$ 中的指数;

(2) $\mathfrak{g}$ 在 $\mathfrak{h}$ 中的指数;

(3) $\mathfrak{g}$ 的阶数为何?

习题 7.19　由有限多个对象的某些置换所组成的可迁群, 其阶数能被这些对象的个数除尽. 注意, 被置换的对象的个数称为置换群的级.

第 8 章 Galois 理论

Galois 理论是讨论一个域 K 的有限可分扩张, 特别是讨论它的同构与自同构的. 它建立了包含在一给定的正规域中的域 K 的扩域与某一个有限群的子群之间的联系, 代数方程的求解问题通过这个理论得到了解决.

在本章中出现的域都是交换的, 域 K 称为基域.

8.1 Galois 群

如果给了基域 K, 那么根据 6.10 节, 它的每个有限可分扩域 Σ 都是由一 "本原元素" ϑ 生成: $\Sigma = K(\vartheta)$. 根据 6.8 节, 在一适当的扩域 Ω 中, Σ 恰有 n 个 "相对" 同构, 即保持 K 的元素不变的同构, 这里 n 是 Σ 对于 K 的次数. 作为这样一个扩域 Ω, 我们可以取不可约多项式 $f(x)$ 的分裂域, 这里 $f(x)$ 以 ϑ 为一个根, 这个分裂域是包含 Σ 的相对于 K 的最小正规域, 我们也称它为属于 Σ 的正规域. $K(\vartheta)$ 的相对同构可以用元素 ϑ 所变到的共轭元素 $\vartheta_1, \cdots, \vartheta_n$ 来刻画. 在这些同构下, 元素 $\varphi(\vartheta) = \sum a_\lambda \vartheta^\lambda (a_\lambda \in K)$ 变到 $\varphi(\vartheta_\nu) = \sum a_\lambda \vartheta_\nu^\lambda$, 因之这个同构也可称为代换 $\vartheta \to \vartheta_\nu$.

但是应该注意, 元素 ϑ 与 ϑ_ν 只是明白表示同构的工具, 同构的概念却完全不依赖于 ϑ 的特殊选择.

定理 如果 Σ 本身是正规域, 那么所有的共轭域 $K(\vartheta_\nu)$ 都与 Σ 重合.

因为在这个情形, 首先所有的 ϑ_ν 全包含在 $K(\vartheta)$ 中. 又因为 $K(\vartheta_\nu)$ 是与 $K(\vartheta)$ 等价的, 所以也是正规的; 因之, 反过来 ϑ 也包含在所有的 $K(\vartheta_\nu)$ 中.

逆定理 如果 Σ 与所有的共轭域重合, 那么 Σ 是正规的.

因为在这个假定下 Σ 就等于 $f(x)$ 的分裂域 $K(\vartheta_1, \cdots, \vartheta_n)$, 所以是正规的.

以下我们假定 $\Sigma = K(\vartheta)$ 是一个正规域. 在这个假定下, 把 Σ 变成它的共轭域 $K(\vartheta_\nu)$ 的同构就都是 Σ 的自同构. Σ 的这些自同构 (保持 K 的元素不变) 显然组成一个阶为 n 的群, 它称为 Σ 对于 K 的 Galois 群. 这个群在我们以后的讨论中起主要的作用. 用 $\mathfrak{G}$ 代表它. 我们再一次指出: Galois 群的阶就等于域的次数 $n = (\Sigma : K)$.

有时我们对于非正规的有限可分扩域 Σ' 也谈 Galois 群, 所指的是所属的正规域 $\Sigma \supseteq \Sigma'$ 的 Galois 群.

为了找出这些自同构, 我们并不一定要先找出域 Σ 的一个本原元素. Σ 也可以是由多次相继的添加生成的, 譬如说 $\Sigma = K(\alpha_1, \cdots, \alpha_m)$, 于是我们先找 $K(\alpha_1)$ 的同构, 它把 α_1 变成共轭的元素; 然后把这些同构开拓成 $K(\alpha_1, \alpha_2)$ 的同构, 如此一直下去.

一个重要的情形是 $\alpha_1, \cdots, \alpha_m$ 恰好是一个无重根的方程 $f(x) = 0$ 的根. 所谓方程 $f(x) = 0$ 或者多项式 $f(x)$ 的群就是指这个方程的分裂域 $K(\alpha_1, \cdots, \alpha_m)$ 的 Galois 群. 每个相对自同构把这组根变成自身. 换句话说, 每个自同构引起这些根的置换. 如果知道了置换, 那些自同构也就知道了. 因为当 $\alpha_1, \cdots, \alpha_m$ 依次地变到 $\alpha_1', \cdots, a_m'$, 于是 $K(\alpha_1, \cdots, \alpha_m)$ 的元素作为有理函数 $\varphi(\alpha_1, \cdots, \alpha_m)$ 就变成相应的函数 $\varphi(\alpha_1', \cdots, \alpha_m')$. 因此, 一个方程的 Galois 群也可以看作它的根的一个置换群. 在谈到方程的群时所指的总是这个置换群.

设 Δ 是一个"中间域": $K \subseteq \Delta \subseteq \Sigma$. 根据 6.5 节的一条定理, Δ 的每个把它变成在 Σ 中共轭域 Δ' 的 (相对) 同构都可以开拓成 Σ 的一个同构, 也就是 Galois 群的一个元素. 由此推出:

定理   两个中间域 Δ, Δ' 对于 K 是共轭的当且仅当 Galois 群中有一个代换把一个变到另一个.

令 $\Delta = K(\alpha)$, 同样地有:

Σ 中两个元素 α, α' 对于 K 是共轭的当且仅当在 Σ 的 Galois 群中有一代换把一个变成另一个.

如果方程 $f(x) = 0$ 是不可约的, 那么它的所有的根都是共轭的, 反之亦然. 由此推出:

方程 $f(x) = 0$ 的群是可迁的当且仅当这个方程在基域中是不可约的.

元素 α 在 Σ 中不同的共轭元素的个数等于 α 的不可约方程的次数, 如果个数为 1, 即 α 是一线性方程的根, 那么 α 在 K 中. 由此推出:

如果 Σ 的一个元素 α 在 Σ 的 Galois 群的所有代换下都保持不变, 那么 α 属于基域 K.

由所有这些定理我们已经看到自同构群对于研究域的性质的意义. 为了说清楚, 这些定理是对有限扩张证的, 但是通过"超限归纳法"它们不难推广到无限扩张. 它们对于不可分扩张也是对的, 只要把域的次数换成域的简约次数而最后一条定理的结论换成: "那么 α 的一个方幂 α^{p^f} 属于基域 K, 这里 p 是特征". 但是, 在下一节所建立的"Galois 理论的基本定理"只对于有限可分扩张成立.

K 上的扩域 Σ 称为 Abel 的, 如果它的 Galois 群是 Abel 的; 称为循环的, 如果群是循环的, 等等. 同样, 一个方程称为 Abel 的、循环的、本原的, 如果它的 Galois 群是 Abel 的、循环的或者 (作为根的置换群) 是本原的.

Galois 域 $GF(p^m)$(6.7 节) 给出了 Galois 群的一个特别简单的例子, 这里是把

它包含的素域 Π 作为基域. 在 6.7 节中考虑过的自同构 $s(\alpha \to \alpha^p)$ 以及它的方幂 $s^2, s^3, \cdots, s^m = 1$ 都保持 Π 的元素不变, 因之属于 Galois 群; 但是因为域的次数也是 m, 所以它们组成整个的群. 这个群是 m 阶的循环群.

习题 8.1 如果一个方程的根的有理函数在 Galois 群的全部置换下保持不变, 那么它属于基域, 反之亦然.

习题 8.2 不可约三次方程的群有哪些可能性?

习题 8.3 方程的群全由偶置换组成当且仅当判别式的平方根包含在基域 (假设其特征不是 2) 中.

习题 8.4 利用习题 8.2 与 8.3 求方程

$$x^3 + 2x + 1 = 0$$

在有理数域上的群. (首先讨论可迁性!)

习题 8.5 用平方与立方根解方程

$$x^3 - 2 = 0,$$

$$x^4 - 5x^2 + 6 = 0,$$

从而求出它们的群. 同样地对于 "分圆方程"

$$x^4 + x^2 + 1 = 0,$$

$$x^4 + 1 = 0$$

(这里全是以有理数域作为基域), 求出它们的解.

8.2 Galois 理论的基本定理

基本定理是:

定理 (1) 每个中间域 Δ, $K \subseteq \Delta \subseteq \Sigma$, 都对应着 Galois 群 $\mathfrak{G}$ 的一个子群 $\mathfrak{g}$, 即 Σ 的保持 Δ 的元素不变的全体自同构; (2) Δ 是由 $\mathfrak{g}$ 唯一决定, Δ 就是 Σ 中被 $\mathfrak{g}$ 中代换保持不变的元素的全体; (3) 对于 $\mathfrak{G}$ 的每个子群 $\mathfrak{g}$ 都有一个域 Δ, 它与 $\mathfrak{g}$ 有以上的关系; (4) $\mathfrak{g}$ 的阶就等于 Σ 对于 Δ 的次数, $\mathfrak{g}$ 在 $\mathfrak{G}$ 中的指数就等于 Δ 对于 K 的次数.

证明 Σ 的保持 Δ 的元素不变的自同构的全体就是 Σ 对于 Δ 的 Galois 群, 当然具有群的性质. 这就证明了断语 (1). 如果把 Σ 看作扩域, Δ 看作基域, 应用 8.1 节最后一条定理即得 (2). 比较有些困难的是断语 (3).

设 $\Sigma = K(\vartheta)$, $\mathfrak{g}$ 是 $\mathfrak{G}$ 的一个子群. 我们用 Δ 代表 Σ 中被 $\mathfrak{g}$ 中所有代换 σ 保持不变的元素的全体, 因为如果 α 与 β 是被代换 σ 保持不变, 那么 $\alpha + \beta, \alpha - \beta, \alpha \cdot \beta$ 以及在 $\beta \neq 0$ 时 $\alpha \cdot \beta$ 也具有这个性质. 于是 $K \subseteq \Delta \subseteq \Sigma$. Σ 对于 Δ 的 Galois 群

包含群 $\mathfrak{g}$, 因为 $\mathfrak{g}$ 的代换具有保持 Δ 的元素不变的性质. 假如 Σ 对于 Δ 的 Galois 群比群 $\mathfrak{g}$ 包含更多的元素, 则次数 $(\Sigma : \Delta)$ 就要比 $\mathfrak{g}$ 的阶来得大. 次数 $(\Sigma : \Delta)$ 等于 ϑ 对于 Δ 的次数, 因为 $\Sigma = \Delta(\vartheta)$. 如果 $\sigma_1, \cdots, \sigma_h$ 是 $\mathfrak{g}$ 的全部代换, 那么 ϑ 是 h 次方程

$$(x - \sigma_1\vartheta)(x - \sigma_2\vartheta) \cdots (x - \sigma_h\vartheta) = 0 \tag{8.1}$$

的根, 它的系数是被群 $\mathfrak{g}$ 保持不变的, 因而属于 Δ. 因此 ϑ 对于 Δ 的次数不能大于 $\mathfrak{g}$ 的阶.

剩下的唯一可能性就是, $\mathfrak{g}$ 恰恰是 Σ 对于 Δ 的 Galois 群. 这证明了 (3).

最后, 如果 $\mathfrak{G}$ 的阶为 $n, \mathfrak{g}$ 的阶为 h, j 是指数, 则有

$$n = (\Sigma : K), \quad h = (\Sigma : \Delta), \quad n = h \cdot j,$$

$$(\Sigma : K) = (\Sigma : \Delta) \cdot (\Delta : K),$$

即

$$(\Delta : K) = j.$$

这就证明了 (4).

根据证明了的基本定理, 子群 $\mathfrak{g}$ 与中间域 Δ 之间的对应是 1-1 的. 现在产生一个问题: 在有了 Δ 之后如何找 $\mathfrak{g}$, 或者有了 $\mathfrak{g}$ 如何找 Δ?

第一个问题是容易的. 假定我们已经找到与 ϑ 共轭的元素 $\vartheta_1, \cdots, \vartheta_n$ 并且用 ϑ 表出; 于是群 $\mathfrak{G}$ 的自同构 $\vartheta \to \vartheta_\nu$ 也就有了. 现在如果给了一个子域 $\Delta = K(\beta_1, \cdots, \beta_k)$, 这里 $\beta_1, \cdots, \beta_k$ 对于 ϑ 的表达式是知道的, 那么 $\mathfrak{g}$ 就是由 $\mathfrak{G}$ 中所有保持 $\beta_1, \cdots, \beta_k$ 不变的代换组成, 因为它们也保持 $\beta_1, \cdots, \beta_k$ 的有理函数不变.

反过来, 如果给了 $\mathfrak{g}$, 那么作乘积

$$(x - \sigma_1\vartheta)(x - \sigma_2\vartheta) \cdots (x - \sigma_h\vartheta).$$

按照基本定理的证明, 这个多项式的系数必然属于 Δ, 并且生成 Δ, 因为它们生成一个域, ϑ 作为方程 (8.1) 的根对于这个域的次数已经是 h, 因之它不可能是 Δ 的子域. Δ 的生成元简单地就是 $\sigma_1\vartheta, \cdots, \sigma_h\vartheta$ 的初等对称函数.

另外一个方法是, 设法找一个元素 $\chi(\vartheta)$, 它被 $\mathfrak{g}$ 中的代换保持不变, 但不被 $\mathfrak{G}$ 中其他代换保持不变. 这个元素属于域 Δ, 但不属于 Δ 的任一个子域, 因而生成 Δ.

由 Galois 理论的基本定理我们看到, 一旦知道了 Galois 群, K 与 Σ 的所有的中间域就全看清楚了, 它们的个数显然是有限的, 因为一个有限群只有有限多个子群. 由群我们还可以知道不同的域的相互包含关系, 因为有定理:

定理   如果 Δ_1 是 Δ_2 的子域, 那么属于 Δ_1 的群包含属于 Δ_2 的群, 反之亦然.

证明 首先设 $\Delta_1 \subseteq \Delta_2$. 于是所有保持 Δ_2 的元素不变的代换也保持 Δ_1 的元素不变.

其次, 设 $\mathfrak{g}_1 \supseteq \mathfrak{g}_2$, 于是所有被 $\mathfrak{g}_1$ 的代换保持不变的域元素也被 $\mathfrak{g}_2$ 的代换保持不变.

作为结束我们提出下面的问题: 如果我们把基域 K 扩大到域 Λ 同时扩域 $K(\vartheta)$ 也相应地扩大到 $\Lambda(\vartheta)$, 那么 $K(\vartheta)$ 对于 K 的 Galois 群有什么改变 (我们自然要假定, $\Lambda(\vartheta)$ 是有意义的, 即 Λ 与 ϑ 都包含在一个共同的扩域 Ω 之中)?

代换 $\vartheta \to \vartheta_\nu$ 按照扩张给出 $\Lambda(\vartheta)$ 的自同构, 它也给出 $K(\vartheta)$ 的同构, 因为 $K(\vartheta)$ 正规, 所以它是 $K(\vartheta)$ 的自同构. 因此基域扩充之后的代换群是原来群的子群. 如果我们特别取 K 与 $K(\vartheta)$ 的一个中间域为 Λ, 我们看到确实可能是真子群. 但是这个子群也可能就是原来的群. 这时我们说, 基域的这个扩张没有简约 $K(\vartheta)$ 的群.

习题 8.6 Galois 群 $\mathfrak{G}$ 的两个子群的交对应于属于这两个群的子域的和域, 而和群对应于交域[1].

习题 8.7 如果域 Σ 对于 K 是循环的, 次数为 n, 那么对 n 的每个因子 d 恰有一个次数为 d 的中间域, 并且两个这样的域一个包含另一个当且仅当一个的次数被另一个的次数整除.

习题 8.8 利用 Galois 理论重新决定 $GF(p^n)$ 的子域 (6.7 节).

习题 8.9 设 $K \subseteq \Lambda, K(\vartheta)$ 对 K 正规. 证明: $K(\vartheta)$ 对 K 的群等于 $\Lambda(\vartheta)$ 对于 Λ 的群当且仅当 $K(\vartheta) \cap \Lambda = K$.

习题 8.10 利用 7.9 节的定理证明: 由添加不可约代数方程的一个根 α_1 得到的域 $K(\alpha_1)$ 有一个子域 Δ 适合

$$K \subset \Delta \subset K(\alpha_1),$$

当且仅当这个方程的 Galois 群作为根的置换群是非本原的. 特别地, Δ 可以这样决定, 即域次数 $(\Delta : K)$ 等于非本原区域的个数, 而且方程在 Δ 上分解成对应于非本原区域的不可约因式.

习题 8.11 按以下的修改来证明关于不可分扩张 (特征 p) 的基本定理. 断语 (2) 是: Σ 中被 $\mathfrak{g}$ 的代换保持不变的元素全体是 Σ 中 p^f 次方属于 Δ 的元素的全体 (对于某个 f). 断语 (3) 是: 对应于 $\mathfrak{G}$ 的每个子群 $\mathfrak{g}$ 恰有一个域 Δ, 它对开 p 次方是不变的并且被 $\mathfrak{g}$ 中代换也只有 $\mathfrak{g}$ 中代换保持不变. 断语 (4) 改为对简约次数.

8.3 共轭的群、域与域的元素

设 $\mathfrak{G}$ 是 Σ 对于 K 的 Galois 群, β 是 Σ 的一个元素. 属于中间域 $K(\beta)$ 的子群 $\mathfrak{g}$ 是由保持 β 不变的代换组成. $\mathfrak{G}$ 中其余的代换把 β 变到与之共轭的元素, 并且每个共轭元素都可以这样得到 (8.1 节). 现在我们进一步断言:

定理 $\mathfrak{G}$ 中把 β 变到某一给定的共轭元素的代换组成 $\mathfrak{g}$ 的一个陪集 $\tau \mathfrak{g}$, 并且每个陪集把 β 变到同一个共轭元素.

---

[1] 所谓两个子群的和群是指由这两个群的并集合生成的群. 同样地定义和域的概念.

证明   如果 ρ 与 τ 是把 β 变到同一个共轭元素的代换:

$$\rho(\beta) = \tau(\beta),$$

那么

$$\tau^{-1}\rho(\beta) = \tau^{-1}\tau(\beta) = \beta,$$

即 $\tau^{-1}\rho = \sigma$ 是 $\mathfrak{g}$ 的一个元素, 从而 $\rho = \tau\sigma$, 这就是说, ρ 与 τ 属于同一个陪集. 如果 ρ 与 τ 在同一个陪集中, 即都在 $\tau\mathfrak{g}$ 中, 那么 $\rho = \tau\sigma$, σ 在 $\mathfrak{g}$ 中. 因之

$$\rho(\beta) = \tau\sigma(\beta) = \tau(\sigma(\beta)) = \tau(\beta).$$

由这个定理重新推出, β 的次数 (= 共轭元素的个数) 等于 $\mathfrak{g}$ 的指数 (= 陪集的个数).

变 β 为 $\tau\beta$ 的自同构 τ 把 $K(\beta)$ 变成 $K(\tau\beta)$. 我们断言: 域 $K(\tau\beta)$ 属于子群 $\tau\mathfrak{g}\tau^{-1}$.

因为属于 $K(\tau\beta)$ 的子群是由保持 $\tau\beta$ 不变的代换 σ' 组成, 对于它有

$$\sigma'\tau\beta = \tau\beta,$$

或者

$$\tau^{-1}\sigma'\tau\beta = \beta,$$

或者

$$\tau^{-1}\sigma'\tau = \sigma \text{ 在 } \mathfrak{g} \text{ 中},$$

或者

$$\sigma' = \tau\sigma\tau^{-1},$$

这就是说, 它恰为群 $\tau\mathfrak{g}\tau^{-1}$. 因之共轭的群属于共轭的域.

根据 8.1 节, K 上的域 Δ 是正规的当且仅当它与所有共轭域重合. 由此立即推出:

定理   域 Δ, $K \subseteq \Delta \subseteq \Sigma$ 是正规的当且仅当对应的群 $\mathfrak{g}$ 与它的所有在 $\mathfrak{G}$ 中共轭的群 $\tau\mathfrak{g}\tau^{-1}$ 重合, 也就是, 它是 $\mathfrak{G}$ 的正规子群.

如果 Δ 是正规的, 那么就产生了问题: Δ 对 K 的群是什么?

$\mathfrak{G}$ 中的每个自同构把 Δ 变到自身, 因之都引起所求的 Δ 对于 K 的群中一个自同构. $\mathfrak{G}$ 中两个自同构的乘积对应于相应的 Δ 的自同构的乘积, 因之 $\mathfrak{G}$ 同态地映射到 Δ 的群. $\mathfrak{G}$ 中对应到 Δ 的单位代换的元素恰好就是 $\mathfrak{g}$ 的元素. 根据同态定理 (2.5 节), 由此推出, 所求的群同构于商群 $\mathfrak{G}/\mathfrak{g}$. 于是

定理 Δ 对于 K 的 Galois 群同构于商群 $\mathfrak{G}/\mathfrak{g}$.

习题 8.12　Abel 域的所有子域都是正规的, 同时也是 Abel 的. 循环域的所有子域都也是循环的.

习题 8.13　如果 $K \subseteq \Delta \subseteq \Sigma$, Λ 是对于 K 的包含 Δ 的最小正规域, 那么 Λ 对应的群就是 Δ 对应的群与它所有的共轭群的交.

习题 8.14　$\mathbb{Q}$ 是有理数域, $\rho = \dfrac{-1-\sqrt{-3}}{2}$ 是三次本原单位根, 域 $\mathbb{Q}(\rho, \sqrt[3]{2})$ 有哪些子域? 哪些子域是共轭的, 哪些是正规的?

习题 8.15　对于域 $\mathbb{Q}(\sqrt{2}, \sqrt{5})$, 问与上相同的问题.

8.4　分　圆　域

设 $\mathbb{Q}$ 是有理数域, 也就是特征零的素域. 恰以全部 h 次本原单位根为根的方程:

$$\Phi_h(x) = 0 \tag{8.2}$$

(参考 6.6 节) 称为分圆方程, h 次单位根的域称为分圆域或者圆域. 在 6.6 节中已经看到 h 次单位根在复数域里把单位圆等分成 h 段相等的弧.

我们首先来证明, 方程 (8.2) 在 $\mathbb{Q}$ 中是不可约的.

设 $f(x) = 0$ 是任意选定的一个本原单位根 ζ 所适合的不可约方程. 不妨设 $f(x)$ 是一整系数的本原多项式. 下面证 $f(x) = \Phi_h(x)$.

设 p 是一个在 h 中不出现的素数, 于是 ζ^p 与 ζ 同时都是 h 次本原单位根, ζ^p 适合一个不可约的整系数本原方程 $g(\zeta^p) = 0$. 我们现在首先来证: $f(x) = \varepsilon g(x)$, 这里 $\varepsilon = \pm 1$ 是整数环中的可逆元素.

多项式 $x^h - 1$ 与 $f(x)$ 有公根 ζ, 与 $g(x)$ 有公根 ζ^p, 因之它可以被 $f(x)$ 与 $g(x)$ 整除. 假如 $f(x)$ 与 $g(x)$ 根本不同 (这就是说, 它们并不是只差一个可逆因子), 那么 $x^h - 1$ 必定被 $f(x)g(x)$ 整除:

$$x^h - 1 = f(x)g(x)h(x), \tag{8.3}$$

这里 $h(x)$ 根据 5.4 节还是整系数多项式. 多项式 $g(x^p)$ 以 ζ 为根, 因之一定被 $f(x)$ 整除:

$$g(x^p) = f(x)k(x), \tag{8.4}$$

$k(x)$ 仍然是一个整系数多项式.

我们现在把 (8.3) 与 (8.4) 看作模 p 的同余式. 模 p 有

$$g(x^p) \equiv \{g(x)\}^p.$$

因为如果我们把右端的乘方按以下的办法来作, 即首先把 $g(x)$ 写成 x 的方幂不带系数的和 (譬如 $2x^3$ 写成 $x^3 + x^3$), 然后按习题 5.8 的规则进行计算, $\{g(x)\}^p$ 是由

各个项的 p 次方组成, 那么恰好得出 $g(x^p)$. 于是由 (8.4) 推出

$$\{g(x)\}^p \equiv f(x)k(x) \pmod{p}. \tag{8.5}$$

设想把 (8.5) 的两边分解成不可分解的因子 (mod p). 根据系数在域 $\mathbb{Z}/(p)$ 中的多项式的唯一因子分解 (3.8 节), $f(x)$ 的任一个素因子 $\varphi(x)$ 一定能整除 $\{g(x)\}^p$, 因而能整除 $g(x)$. 因之 (8.3) 的右端必定模 p 被 $\varphi^2(x)$ 整除, 于是左端的 $x^h - 1$ 以及它的微商 hx^{h-1} 模 p 也都被 $\varphi(x)$ 整除. 由 $h \not\equiv 0 \pmod{p}$, hx^{h-1} 只有素因子 x, 它不在 $x^h - 1$ 中出现, 这样就得出一个矛盾.

因之实际上 $f(x) = \pm g(x)$, ζ^p 是 $f(x)$ 的根.

我们现在进一步指出: 所有的本原单位根都是 $f(x)$ 的根. 设 ζ^ν 是一个本原单位根, 并且

$$\nu = p_1 \cdots p_n,$$

这里 p_i 是相同的或者不同的素因子, 但它们总是与 h 互素.

因为 ζ 适合方程 $f(x) = 0$, 所以根据以上证明, ζ^{p_1} 也适合 $f(x) = 0$. 对素数 p_2 重复以上的过程, 于是 $\zeta^{p_1 p_2}$ 也适合. 一直下去我们就得到 (完全归纳法!) ζ^ν 适合方程 $f(x) = 0$.

因此 $\Phi_h(x)$ 的根全适合方程 $f(x) = 0$. 因为 $f(x)$ 不可约并且 $\Phi_h(x)$ 没有重因子, 所以有

$$\Phi_h(x) = f(x).$$

这就证明了分圆方程的不可约性[①].

在这个事实的基础上我们不难造出分圆域 $\mathbb{Q}(\zeta)$ 的 Galois 群.

首先, 这个域的次数等于 $\Phi_h(x)$ 的次数, 即 $\varphi(h)$ (参看 6.6 节). 只要知道 ζ 被变到 $\Phi_h(x)$ 的那一个根, $\mathbb{Q}(\zeta)$ 的自同构就定了. $\Phi_h(x)$ 的根都是方幂 ζ^λ, 其中 λ 与 h 互素. 令 σ_λ 是把 ζ 变到 ζ^λ 的自同构. 于是

$$\sigma_\lambda = \sigma_\mu$$

当且仅当

$$\zeta^\lambda = \zeta^\mu,$$

或者

$$\lambda \equiv \mu(h).$$

再者

$$\sigma_\lambda \sigma_\mu(\zeta) = \sigma_\lambda(\zeta^\mu) = \{\sigma_\lambda(\zeta)\}^\mu = \zeta^{\lambda\mu},$$

---

① 其他的简单证明可看 Landau E 以及紧接在它后面的 Schur J 在 *Math. Z.*, 1929: 29 中的文章.

即

$$\sigma_\lambda \sigma_\mu = \sigma_{\lambda\mu}.$$

因之, $\mathbb{Q}(\zeta)$ 的自同构群是同构于模 h 的与 h 互素的同余类的群 (参见习题 4.19).

特别, 这个群是 Abel 的. 因而所有的子群是正规子群, 所有的子域是正规的与 Abel 的.

例 十二次单位根. 与 12 互素的同余类由

$$1, 5, 7, 11$$

代表. 因之这些自同构可以用 $\sigma_1, \sigma_5, \sigma_7, \sigma_{11}$ 表示, 其中 σ_λ 把 ζ 变到 ζ^λ. 乘法表是

σ_1	σ_5	σ_7	σ_{11}
σ_5	σ_1	σ_{11}	σ_7
σ_7	σ_{11}	σ_1	σ_5
σ_{11}	σ_7	σ_5	σ_1

每个元素的阶都是 2. 除去这个群本身与单位群外还有三个子群

$$\{\sigma_1, \sigma_5\}, \quad \{\sigma_1, \sigma_7\}, \quad \{\sigma_1, \sigma_{11}\}.$$

对应于这三个群的是二次域, 都由平方根生成. 下面我们来找这三个域:

四次单位根 $i, -i$ 也是十二次单位根, 因之在这个域中. $\mathbb{Q}(i)$ 就是一个二次子域.

三次单位根同样也在这个域中. 因为

$$\rho = -\frac{1}{2} + \frac{1}{2}\sqrt{-3}$$

是一个三次单位根, 所以 $\mathbb{Q}(\sqrt{-3})$ 是一个二次子域.

由平方根 i 与 $\sqrt{-3}$ 相乘即得 $\sqrt{3}$, 因之 $\mathbb{Q}(\sqrt{3})$ 是第三个域.

我们现在问, 哪些二次域属于这三个子群.

由于 $\sigma_5 \zeta^3 = \zeta^{15} = \zeta^3$, 即 σ_5 保持 $\zeta^3 = i$ 不变, 所以 $\mathbb{Q}(i)$ 属于群 $\{\sigma_1, \sigma_5\}$.

由于 $\sigma_7 \zeta^4 = \zeta^{28} = \zeta^4$, 即 σ_7 保持 $\zeta^4 = \rho$ 不变, 所以 $\mathbb{Q}(\sqrt{-3})$ 属于群 $\{\sigma_1, \sigma_7\}$.

剩下的一个域 $\mathbb{Q}(\sqrt{3})$ 一定属于群 $\{\sigma_1, \sigma_{11}\}$.

这三个域中任意两个都生成整个的域. 因之单位根 ζ 一定可以用两个平方根来表示. 事实上

$$\zeta = \zeta^{-3}\zeta^4 = i^{-1}\rho = -i\frac{-1+\sqrt{-3}}{2} = \frac{i - \sqrt{3}}{2}.$$

习题 8.16　对于 $h > 2$, 元素 $\zeta + \zeta^{-1}$ 总是生成一个次数为 $\frac{1}{2}\varphi(h)$ 的子域.

习题 8.17　决定五次单位根域的子群与子域, 并把它用平方根表示出来. 同样讨论八次单位根的情形.

习题 8.18　决定七次单位根域的子群与子域. 域 $\mathbb{Q}(\zeta + \zeta^{-1})$ 的定义方程是什么?

现在设所讨论的单位根的次数 h 是素数 q. 在这个情形分圆方程为

$$\Phi_q(x) = \frac{x^q - 1}{x - 1} = x^{q-1} + x^{q-2} + \cdots + x + 1 = 0.$$

它的次数是 $n = q - 1$.

设 ζ 是一 q 次本原单位根.

与 q 互素的同余类的群是循环的 (6.7 节), 因之它是由 n 个同余类

$$1, g, g^2, \cdots, g^{n-1}$$

组成, 这里 g 是一个"模 q 的原根", 也就是同余类群的生成元. 因而 Galois 群也是循环的并且由自同构 σ 生成, σ 是把 ζ 变到 ζ^g. 本原单位根可以如下表示:

$$\zeta, \zeta^g, \zeta^{g^2}, \cdots, \zeta^{g^{n-1}}, \ 这里 \ \zeta^{g^n} = \zeta.$$

令

$$\zeta^{g^\nu} = \zeta_\nu,$$

这里 ν 可以按模 n 计算, 因为

$$\zeta^{g^{n+\nu}} = \zeta^{g^\nu}.$$

我们有

$$\sigma(\zeta_i) = \sigma(\zeta^{g^i}) = \{\sigma(\zeta)\}^{g^i} = (\zeta^g)^{g^i} = \zeta^{g^{i+1}} = \zeta_{i+1}.$$

因之自同构把指标增加 1. σ 作用 ν 次即得

$$\sigma^\nu(\zeta_i) = \zeta_{i+\nu}.$$

ζ_i $(i = 0, 1, \cdots, n-1)$ 组成域的基. 为此, 我们只要证明它们是线性无关的. 事实上, 这些 ζ_i 除去次序外与 $\zeta, \cdots, \zeta^{q-1}$ 是一样的. 假定在它们之间有一线性关系:

$$a_1\zeta + \cdots + a_{q-1}\zeta^{q-1} = 0,$$

或者消去因子 ζ:

$$a_1 + a_2\zeta + \cdots + a_{q-1}\zeta^{q-2} = 0.$$

因为 ζ 不可能适合次数 $\leqslant q - 2$ 的方程, 所以由此推出

$$a_1 = a_2 = \cdots = a_{q-1} = 0,$$

因此 ζ_i 线性无关.

这个分圆域的子域就由循环群的子群决定 (参看 2.2 节最后).

定理 如果

$$ef = n$$

是 n 的一个正因子分解, 那么就有一个阶为 f 的子群 $\mathfrak{g}$, 它由元素

$$\sigma^e, \sigma^{2e}, \cdots, \sigma^{(f-1)e}, \sigma^{fe}$$

组成, 其中 σ^{fe} 是单位元素. 每个子群都可以这样得出.

根据基本定理, 对应于每个这样的子群 $\mathfrak{g}$ 都有一个中间域 Δ, 它是由所有被 σ^e(因此 $\mathfrak{g}$ 中代换) 保持不变的元素组成.

$$\eta_\nu = \zeta_\nu + \zeta_{\nu+e} + \zeta_{\nu+2e} + \cdots + \zeta_{\nu+(f-1)e} \quad (\nu = 0, \cdots, e-1) \tag{8.6}$$

是一些这样的元素.

由 (8.6) 所定义的元素 $\eta_0, \eta_1, \cdots, \eta_{e-1}$ 被 Gauss 称为圆域的 f 项周期.

每个 η_ν 被代换 σ^e 以及它的幂保持不变, 但是不被 Galois 群中其他代换保持不变. 因之每个单个的 η_ν 都是中间域 Δ 的生成元. 譬如我们取 $\nu = 0$, 就有

$$\Delta = \mathbb{Q}(\eta_0),$$

$$\eta_0 = \zeta_0 + \zeta_e + \zeta_{2e} + \cdots + \zeta_{(f-1)e}$$

$$= \zeta + \zeta^{g^e} + \zeta^{g^{2e}} + \cdots + \zeta^{g^{(f-1)e}}.$$

这样就找出了圆域 $\mathbb{Q}(\zeta)$ 的全部子域.

例 设 $\mathbb{Q}(\zeta)$ 是 17 次单位根的域:

$$q = 17, \quad n = 16.$$

$g = 3$ 是模 17 的一个原根, 因为所有与 17 互素的同余类都是同余类 3(mod 17) 的幂. 16 个元素

$$\zeta_0 = \zeta; \quad \zeta_1 = \zeta^3; \quad \zeta_2 = \zeta^9; \quad \cdots$$

组成圆域的一组基.

有次数为 2, 4 与 8 的子域. 现在我们依次地来决定它们.

8 项周期是

$$\eta_0 = \zeta + \zeta^{-8} + \zeta^{-4} + \zeta^{-2} + \zeta^{-1} + \zeta^8 + \zeta^4 + \zeta^2,$$

$$\eta_1 = \zeta^3 + \zeta^{-7} + \zeta^5 + \zeta^{-6} + \zeta^{-3} + \zeta^7 + \zeta^{-5} + \zeta^6.$$

不难算出

$$\eta_0 + \eta_1 = -1,$$

$$\eta_0\eta_1 = -4.$$

因之 η_0 与 η_1 是方程

$$y^2 + y - 4 = 0 \tag{8.7}$$

的根, 它的解是

$$\eta = -\frac{1}{2} \pm \frac{1}{2}\sqrt{17}.$$

4 项周期是

$$\xi_0 = \zeta + \zeta^{-4} + \zeta^{-1} + \zeta^4,$$

$$\xi_1 = \zeta^3 + \zeta^5 + \zeta^{-3} + \zeta^{-5},$$

$$\xi_2 = \zeta^{-8} + \zeta^{-2} + \zeta^8 + \zeta^2,$$

$$\xi_3 = \zeta^7 + \zeta^6 + \zeta^{-7} + \zeta^{-6}.$$

有

$$\xi_0 + \xi_2 = \eta_0, \quad \xi_0\xi_2 = -1,$$

$$\xi_1 + \xi_3 = \eta_1, \quad \xi_1\xi_3 = -1.$$

因之 ξ_0 与 ξ_2 适合方程

$$x^2 - \eta_0 x - 1 = 0. \tag{8.8}$$

同样 ξ_1 与 ξ_3 适合方程

$$x^2 - \eta_1 x - 1 = 0. \tag{8.9}$$

这些方程说明, $\mathbb{Q}(\xi_0)$ 对于 $\mathbb{Q}(\eta_0)$ 是二次的, 这正如我们所希望的.

两个 2 项周期是

$$\lambda^{(1)} = \zeta + \zeta^{-1},$$

$$\lambda^{(4)} = \zeta^4 + \zeta^{-4}.$$

相加与相乘即得

$$\lambda^{(1)} + \lambda^{(4)} = \xi_0,$$

$$\lambda^{(1)}\lambda^{(4)} = \zeta^5 + \zeta^{-3} + \zeta^3 + \zeta^{-5} = \xi_1.$$

因之 $\lambda^{(1)}$ 与 $\lambda^{(4)}$ 适合方程

$$\Lambda^2 - \xi_0\Lambda + \xi_1 = 0. \tag{8.10}$$

最后, ζ 本身适合方程

$$\zeta + \zeta^{-1} = \lambda^{(1)}$$

或者

$$\zeta^2 - \lambda^{(1)}\zeta + 1 = 0.$$

由此可见, 17 次单位根可以通过解一系列二次方程计算出.

习题 8.19 对五次单位根的域作相同的讨论.

习题 8.20 证明: $\eta_0, \cdots, \eta_{e-1}$ 组成域 Δ 的一组基.

习题 8.21 证明: 二次方程 (8.7) 到 (8.10) 的解是实的并且可以用圆规与直尺作出. 由此得到正十七边形的一个作图法.

迄至目前为止, 我们的基域一直是有理数域. 如果对于基域只假定它的特征不能整除 h, 那么仍然有: 每个自同构把 h 次原单位根 ζ 变到一个方幂 ζ^λ, 其中 λ 与 h 互素:

$$\sigma_\lambda \zeta = \zeta^\lambda.$$

与以前一样有方程

$$\sigma_\lambda \sigma_\mu = \sigma_{\lambda\mu}.$$

由此推出: $K(\zeta)$ 的群同构于与 h 互素的模 h 的同余类群的一个子群.

8.5 循环域与纯粹方程

设基域 K 包含 n 次单位根, 并且它的单位元素的 n 倍不为零 (即 n 不被特征整除). 于是我们断言: "纯粹方程"

$$x^n - a = 0 \quad (a \neq 0)$$

对于 K 的群是循环的.

证明 如果 ϑ 是方程的一根, 那么 $\zeta\vartheta, \zeta^2\vartheta, \cdots, \zeta^{n-1}\vartheta$ (这里 ζ 是一 n 次本原单位根) 就是其余的根[①]. 因之 ϑ 就生成了根域, 并且 Galois 群的每个代换都具有形式

$$\vartheta \to \zeta^\nu \vartheta.$$

代换 $\vartheta \to \zeta^\nu \vartheta$ 与 $\vartheta \to \zeta^\mu \vartheta$ 的乘积为 $\vartheta \to \zeta^{\mu+\nu}\vartheta$. 因而每个代换都对应一确定的单位根 ζ^ν 并且代换的乘积对应单位根的乘积. 于是 Galois 群同构于 n 次单位根的群的一个子群. 因为单位根的群是循环的, 所以它的子群, 亦即 Galois 群也是循环的.

特别当方程 $x^n - a = 0$ 不可约时, 所有的根 $\zeta^\nu\vartheta$ 与 ϑ 共轭, 于是 Galois 群与整个 n 次单位根的群同构. 这样, 它的阶是 n.

---

① 显然这些根全不相同, 因之方程是可分的.

我们现在要反过来证明, K 上的每个 n 次的循环域都可以用纯粹方程 $x^n - a = 0$ 的根生成.

设 $\Sigma = K(\vartheta)$ 是一 n 次循环域, σ 是 Galois 群的一个生成元, $\sigma^n = 1$. 我们仍然假定基域 K 包含 n 次单位根.

设 ζ 是一个 n 次单位根, 对 Σ 内每个元素 α 我们可以作 Lagrange 预解式:

$$(\zeta, \alpha) = \alpha + \zeta \sigma \alpha + \zeta^2 \sigma^2 \alpha + \cdots + \zeta^{n-1} \sigma^{n-1} \alpha, \tag{8.11}$$

根据 7.7 节的无关性定理, 自同构 $1, \sigma, \sigma^2, \cdots, \sigma^{n-1}$ 线性无关. 因此我们可在 Σ 中选取 α 使得 $(\zeta, \alpha) \neq 0$. 自同构 σ 把 (ζ, α) 变成

$$\sigma(\zeta, \alpha) = \sigma \alpha + \zeta \sigma^2 \alpha + \cdots + \zeta^{n-1} \alpha$$

$$= \zeta^{-1}(\zeta \sigma \alpha + \zeta^2 \sigma^2 \alpha + \cdots + \alpha)$$

$$= \zeta^{-1}(\zeta, \alpha). \tag{8.12}$$

因此, n 次方幂 $(\zeta, \alpha)^n$ 在 σ 下是不变的, 这就是说 $(\zeta, \alpha)^n$ 属于基域 K.

重复应用 (8.12) 即得

$$\sigma^\nu(\zeta, \alpha) = \zeta^{-\nu}(\zeta, \alpha).$$

在 Galois 群中唯一保持预解式 (ζ, α) 不变的代换是恒等代换. 因之, (ζ, α) 生成整个的域 $K(\alpha)$. 由此推出所求的结果[①]:

定理　如果 n 次单位根在基域中并且 n 不被特征整除, 那么每个 n 次循环域都可以由添加一个 n 次根得出.

如果基域 K 不包含 n 次单位根, 那么为了能够应用以上利用 n 次根的解决方法, 我们必须首先把 n 次单位根 ζ 添加到 K 中去. 在添加之后, Galois 群仍然是循环的, 因为循环群的子群总是循环的.

现在我们还要证明一些关于素数 p 次的纯粹方程不可约性的结果.

如果首先还是假定基域 K 包含 p 次单位根, 那么根据本节开始时证明的结果, 它的群是 p 阶循环群的一个子群, 因而是整个的群或者是单位群. 在第一个情形, 所有的根都共轭, 从而方程不可约. 在第二个情形, 所有的根在 Galois 群的代换下都不变, 因而方程在基域 K 中就分解成了线性因子. 因此, 多项式 $x^p - a$ 是完全分解或者是不可约.

如果 K 不包含单位根, 我们就不能肯定这么多. 但是有定理:

---

① 显然, 所有的根是不同的, 所以方程是可分的.

定理[①] $x^p - a$ 或者是不可约的或者 a 在 K 中是一个 p 次幂, 从而在 K 中有分解:

$$x^p - a = x^p - \beta^p$$
$$= (x - \beta)(x^{p-1} + \beta x^{p-2} + \cdots + \beta^{p-1}).$$

证明 假设 $x^p - a$ 可约:

$$x^p - a = \varphi(x) \cdot \psi(x).$$

$x^p - a$ 在它的分裂域中分解成

$$x^p - a = \prod_{\nu=0}^{p-1}(x - \zeta^\nu \vartheta) \quad (\vartheta^p = a).$$

因之, 其中一个因子 $\varphi(x)$ 必然是某些 $x - \zeta^\nu \vartheta$ 的乘积, $\varphi(x)$ 的常数项 $\pm b$ 一定是 $\pm \zeta' \vartheta^\mu$ 的形式, 这里 ζ' 是一个 p 次单位根:

$$b = \zeta' \vartheta^\mu,$$

$$b^p = \vartheta^{p\mu} = a^\mu.$$

由 $0 < \mu < p$ 有 $(\mu, p) = 1$, 从而对于适当的整数 ρ 与 σ 有

$$\rho\mu + \sigma p = 1,$$

$$a = a^{\rho\mu} a^{\sigma p} = b^{\rho p} a^{\sigma p}.$$

由此 a 是一个 p 次幂.

习题 8.22 如果不假定基域 K 中含有 n 次单位根, 那么纯粹方程 $x^n - a = 0$ 的群与模 n 的线性代换:

$$x' \equiv cx + b$$

的一个群同构 (对应的正规域是 $K(\vartheta, \zeta)$, 群中每个代换 σ 是 $\sigma\zeta = \zeta^c$, $\sigma\vartheta = \zeta^b \vartheta$).

8.6 用根式解方程

我们知道, 二次、三次或者四次方程的根可以由系数通过有理运算与开方 $\sqrt{}$, $\sqrt[3]{}, \cdots$ 来计算 (参看 8.8 节). 我们现在问, 什么样的方程也具有这个性质, 即它的根可以由基域 K 的元素经有理运算与根号表示. 在这里我们自然可以只限于讨论

[①] 在 Capelli 的工作: Sulla riducibilità della equazioni algebriche (关于代数方程的可约性), *Rendiconti Napoli*, 1898 与 Darbi 的工作: Sulla riducibilità dell' equazioni algebriche (关于代数方程的可约性). *Annali di Mat.*, 1926, 4(4) 中有关于纯粹方程的可约性的有趣结果.

系数在 K 中的不可约方程. 这个问题也就是, 由 K 经过逐次添加元素 $\sqrt[n]{a}$(a 是属于已经造出的域) 来造一个域, 它包含所给方程一个或全部的根.

这个问题的提法在某一点上还是不确切的. 在域中根号 $\sqrt[n]{}$ 一般地, 是一个多值函数, 因之 $\sqrt[n]{a}$ 究竟指哪一个根是有问题的. 例如, 当我们用根式来表示六次本原单位根, 如果简单地表成 $\sqrt[6]{1}$ 或者 $\sqrt[12]{1}$, 那么这个解答是不够满意的, 而解 $\zeta = \dfrac{1}{2} \pm \dfrac{1}{2}\sqrt{-3}$ 就满意多了, 表达式 $\dfrac{1}{2} \pm \dfrac{1}{2}\sqrt{-3}$ 对于 $\sqrt{-3}$ 的不同的值(也就是方程 $x^2 + 3 = 0$ 的解) 恰恰表示了两个六次本原单位根.

在这一点上可以提出的进一步的要求是, 首先, 所给方程全部的根都可以用形式为

$$\sqrt[n]{\cdots \sqrt[m]{\cdots} + \sqrt[r]{\cdots} + \cdots + \cdots} \tag{8.13}$$

的 (或类似的) 表达式来表示. 其次, 这个表达式对于其中出现的根式的*每一个值*都表示方程的解 (当然, 如果根式 $\sqrt[r]{a}$ 在表达式 (8.13) 中不止一次出现, 那么它们的取值总是相同的).

假设第一个要求被满足, 于是第二个要求也就被满足, 因为我们可以假定对逐次添加的根式 $\sqrt[r]{a}$, 方程 $x^n - a = 0$ 总是不可约的. 这样, $\sqrt[r]{a}$ 的所有可能的值都是共轭的元素, 它们可以经过同构互变, 而这些同构在以后的添加时又可以开拓成扩域的同构 (参看 6.5 节). 因之当表达式 (8.13) 对于*根式* $\sqrt[r]{a}$ 的一组值表示所给方程的一个根, 那么对于每一组值也就都表示方程的根, 因为每一个同构总是把 $K[x]$ 中所给方程的根还是变成它的根.

在以上的说明之后, 现在可以来叙述用根式解方程的基本定理:

定理   (1) 只要在 K 中不可约方程 $f(x) = 0$ 的一个根可以用表达式 (8.13) 表示, 且其中根号的指数不被域 K 的特征整除, 那么这个方程的群就是可解的; (2) 反之, 如果方程的群是可解的, 那么方程所有的根都可以用表达式 (8.13) 表示, 并且逐次添加的*根式* $\sqrt[r]{a}$ 的指数是素数, 方程 $x^n - a = 0$ 是不可约的, 这里我们假定, 域 K 的特征是零或者是大于在合成因子的阶中出现的最大素数[①].

这个定理实质上是说, 群的可解性与方程用根式的可解性是相应的. 在定理的第一部分, 用根式的可解性的要求是尽可能弱的, 但是在第二部分是尽可能强的, 因之定理的结论是最强的.

证明   利用

$$\sqrt[rs]{a} = \sqrt[r]{\sqrt[s]{a}},$$

我们可以使 (8.13) 中根号的指数全是素数.

---

① 如果在解的公式中除去所写的根式外还允许用单位根, 那么最后要求的条件可减弱为: 域的特征不出现在合成因子的阶中.

我们对于 K 添加 p_1 次, p_2 次等的单位根, 这里 $p_1, p_2, \cdots$ 是 (8.13) 中根号的指数. 这样我们有了一系列的一个接一个的循环正规扩张, 它们还可以分解成素次数的扩张. 一旦有了这些单位根之后, 根据 8.5 节, $\sqrt[p]{a}$ 的添加或者根本不是扩张, 或者是一个 p 次扩张. 在添加了一个 $\sqrt[p]{a}$ 之后, 紧跟着就添加所有与 a 共轭的元素的 p 次根, 它们或者不是扩张, 或者是素数次的循环扩张, 这样就使我们作出的域对于 K 始终是正规的. 最后经过一系列的循环扩张

$$K \subset \varLambda_1 \subset \varLambda_2 \subset \cdots \subset \varLambda_\omega, \tag{8.14}$$

得到一个正规域 $\varLambda_\omega = \varOmega$, 它包含表达式 (8.13), 也就是 $f(x)$ 的一个根. 因为域 $\varOmega$ 是正规的, 所以它包含 $f(x)$ 全部的根, 这就是说, 它包含 $f(x)$ 的分裂域 $\varSigma$.

设 $\mathfrak{G}$ 是 $\varOmega$ 对于 K 的 Galois 群. 对于域的序列 (8.14) 有 $\mathfrak{G}$ 的子群的序列:

$$\mathfrak{G} \supset \mathfrak{G}_1 \supset \mathfrak{G}_2 \supset \cdots \supset \mathfrak{G}_\omega = \mathfrak{E}, \tag{8.15}$$

这里每一个群都是它前一个的正规子群, 商群是素数阶的循环群. 这就是说, 群 $\mathfrak{G}$ 是可解的并且 (8.15) 是一个合成群列.

属于域 $\varSigma$ 的是 $\mathfrak{G}$ 的正规子群 $\mathfrak{H}$, 根据 7.4 节, 有一个包含 $\mathfrak{H}$ 的合成群列, 在同构之下它有相同的合成因子, 只是次序可能不同:

$$\mathfrak{G} \supset \mathfrak{H}_1 \supset \mathfrak{H}_2 \supset \cdots \supset \mathfrak{H} \supset \cdots \supset \mathfrak{E}, \tag{8.16}$$

$\varSigma$ 对于 K 的 Galois 群是群 $\mathfrak{G}/\mathfrak{H}$. 它现在有合成群列

$$\mathfrak{G}/\mathfrak{H} \supset \mathfrak{H}_1/\mathfrak{H} \supset \mathfrak{H}_2/\mathfrak{H} \supset \cdots \supset \mathfrak{H}/\mathfrak{H} = \mathfrak{E},$$

根据第二同构定理 (7.3 节), 它的因子与 (8.16) 中相应的因子同构, 从而也是素数阶的循环群. 这就证明了定理的第一部分.

为了第二部分我们先来证明

引理　q 次单位根 (q 素数) 可以用 "不可约根式" (即不可约方程 $x^p - a = 0$ 的根) 表示, 这里假定 K 的特征是零或者是大于 q.

因为对于 $q = 2$ 这个结论是显然的 (二次单位根 ± 1 根本是有理数), 所以我们可以假定对于比 q 小的素数结论已得证. 根据 8.4 节, q 次单位根的域是循环的, 次数是 $q-1$ 的因子. 如果把 $q-1$ 分解成素因子: $q-1 = p_1^{\rho_1} \cdots p_r^{\rho_r}$, 那么就可以通过一系列 p_ν 次的循环扩张作出所要的域. 我们首先添加 p_1 次, $\cdots$, p_r 次单位根, 它们根据归纳假定是能够用根式表示的, 然后对于 p_ν 次循环扩张应用 8.5 节的定理, 这样逐次添加的域的生成元就都可以用根式表示. 其中出现的方程 $x^{p_\nu} - a = 0$ 一定是不可约的, 否则域的次数就不能等于 p_ν 了.

现在我们能够来证定理的第二部分. 设 Σ 是 $f(x)$ 的分裂域, $\mathfrak{G} \supset \mathfrak{G}_1 \supset \cdots \supset$ $\mathfrak{G}_l = \mathfrak{E}$ 是 Σ 对于 K 的 Galois 群的一个合成群列. 相应于这一系列群有一系列域:

$$K \subset \Lambda_1 \subset \cdots \subset \Lambda_l = \Sigma,$$

其中每一个对于前一个域都是正规的且是循环的. 如果 $q_1, q_2, \cdots$ 是在这个系列中出现的相对次数, 那么我们添加 q_1 次, q_2 次, $\cdots$ 单位根, 根据引理它们可以用不可约根式表示. 于是根据 8.5 节的定理, $\Lambda_1, \Lambda_2, \cdots, \Lambda_l$ 的生成元都可以用根式表示, 这里出现的方程 $x^q - a = 0$ 或者是不可约的, 或者是完全分解 (8.5 节最后), 在后一种情形, 相应根式的添加就是多余的. 这就完成了证明.

如果有一个次数 q_ν 等于域的特征 p, 那么结论 2 是不对的, 下面是一个例子: "二次的一般方程" $x^2 + ux + \nu = 0$ (u, ν 是添加到特征为 2 的素域中的不定元) 是不可约的与可分的, 并且在添加全部单位根之后仍然不可约. 添加一个奇次数的不可约纯粹方程的根不可能使它分解, 因为这样得到的域是奇次的. 添加一个二次根也不可能使它分解, 因为这时域的简约次数未变. 因之, 这个方程不可能用根式解.

应用　2, 3 或 4 个文字的对称置换群 (以及它们的子群) 是可解的, 这就说明了为什么 2, 3 与 4 次方程能够有解的公式 (在 8.8 节中给出). 5 个以及更多文字的对称群不再是可解的 (7.8 节), 并且我们即将看到, 对于每个次数都有以对称群为群的方程, 因此对于 5 次以及 5 次以上的方程没有解的一般公式. 只是某些特殊的方程 (例如分圆方程) 才能用根式解.

8.7　n 次一般方程

所谓 n 次一般方程是指方程

$$z^n - u_1 z^{n-1} + u_2 z^{n-2} - + \cdots + (-1)^n u_n = 0, \tag{8.17}$$

其中系数 $u_1, \cdots, u_n$ 是添加到基域 K 中的不定元. 如果它的根是 $v_1, \cdots, v_n$, 那么就有

$$u_1 = v_1 + \cdots + v_n,$$
$$u_2 = v_1 v_2 + v_1 v_3 + \cdots + v_{n-1} v_n,$$
$$\cdots\cdots\cdots$$
$$u_n = v_1 v_2 \cdots v_n.$$

我们把一般方程与另一个方程来比较, 它的根是不定元 $x_1, \cdots, x_n$, 因而它的

系数是这些不定元的初等对称函数：

$$z^n - \sigma_1 z^{n-1} + \sigma_2 z^{n-2} - + \cdots + (-1)^n \sigma_n$$
$$= (z - x_1)(z - x_2) \cdots (z - x_n) = 0,$$
$$\sigma_1 = x_1 + \cdots + x_n,$$
$$\sigma_2 = x_1 x_2 + x_1 x_3 + \cdots + x_{n-1} x_n,$$
$$\cdots\cdots\cdots$$
$$\sigma_n = x_1 x_2 \cdots x_n. \tag{8.18}$$

方程 (8.18) 是可分的并且它对于域 $K(\sigma_1, \cdots, \sigma_n)$ 的 Galois 群是 x_ν 的全部置换组成的对称群. 因为每个置换都表示域 $K(x_1, \cdots, x_n)$ 的自同构且保持对称函数 $\sigma_1, \cdots, \sigma_n$, 从而域 $K(\sigma_1, \cdots, \sigma_n)$ 中的元素不变. 因此 $x_1, \cdots, x_n$ 的每一个被这个群的置换保持不变的函数都属于域 $K(\sigma_1, \cdots, \sigma_n)$, 也就是, x_ν 的每一个对称函数都可以被 $\sigma_1, \cdots, \sigma_n$ 有理地表出. 这样, 利用 Galois 理论我们给出了 5.7 节中 "对称函数基本定理" 一部分的一个新的证明.

5.7 节中的 "唯一性定理", 即没有不恒等于零的多项式 f 使关系 $f(\sigma_1, \cdots, \sigma_n)$ 成立, 也不难重新证明. 假设

$$f(\sigma_1, \cdots, \sigma_n) = f\left(\sum x_i, \sum x_i x_k, \cdots, x_1 x_2 \cdots x_n\right) = 0,$$

那么用元素 v_i 来代不定元 x_i, 这个关系仍然成立. 于是就要有

$$f\left(\sum v_i, \sum v_i v_k, \cdots, v_1 v_2 \cdots v_n\right) = 0$$

或者 $f(u_1, \cdots, u_n) = 0$. 因此 f 恒等于零.

由唯一性定理推知, 对应

$$f(u_1, \cdots, u_n) \to f(\sigma_1, \cdots, \sigma_n)$$

不只是一个同态, 而是环 $K[u_1, \cdots, u_n]$ 与 $K[\sigma_1, \cdots, \sigma_n]$ 的同构. 它可以开拓成商域 $K(u_1, \cdots, u_n)$ 与 $K(\sigma_1, \cdots, \sigma_n)$ 的同构, 并且根据 5.9 节还可进一步开拓成根域 $K(v_1, \cdots, v_n)$ 与 $K(x_1, \cdots, x_n)$ 的同构, 这些 v_i 按某种次序变成 x_k. 但是 x_k 是可以用置换来变的, 所以不妨使 v_i 变到 x_i. 这就证明了：

有一个同构

$$K(v_1, \cdots, v_n) \cong K(x_1, \cdots, x_n),$$

它把 v_i 变成 x_i, u_i 变成 σ_i.

利用这个同构, 所有关于方程 (8.18) 的定理都可以直接搬到方程 (8.17) 上. 特别地, 我们有

定理   一般方程 (8.17) 是可分的, 它对于系数域 $K(u_1, \cdots, u_n)$ 的 Galois 群是对称群. 它的分裂域的次数为 $n!$.

令

$$K(u_1, \cdots, u_n) = \Delta,$$

$$K(v_1, \cdots, v_n) = \Sigma,$$

并以 $\mathfrak{S}_n$ 表示对称群. 它总有一个指数为 2 的子群: 交错群 $\mathfrak{A}_n$. 对应的中间域 Λ 是 2 次的, 由 v_i 的任一个被 $\mathfrak{A}_n$ 保持不变, 但不被 $\mathfrak{S}_n$ 保持不变的函数生成. 如果 K 的特征不为 2, 那么差积

$$\prod_{i<k}(v_i - v_k) = \sqrt{D}$$

就是这样一个函数, 它的平方是方程 (8.17) 的判别式

$$D = \prod_{i<k}(v_i - v_k)^2.$$

判别式是一对称函数, 因而是 u_i 的多项式. 域 Λ 就有以下形式

$$\Lambda = \Delta(\sqrt{D}).$$

对于 $n > 4$, 群 $\mathfrak{A}_n$ 是单纯的 (7.8 节), 因之

$$\mathfrak{S}_n \supset \mathfrak{A}_n \supset \mathfrak{E} \tag{8.19}$$

是合成群列. 由此可见, 当 $n > 4$, 群 $\mathfrak{S}_n$ 是不可解的, 而由 8.6 节得 Abel 的著名的定理:

定理   对于 $n > 4$, n 次一般方程不能用根式解.

对于 $n = 2$ 与 $n = 3$, (8.19) 中合成因子是循环的. 当 $n = 2$, 有 $\mathfrak{A}_n = \mathfrak{E}$; 当 $n = 3$, 因子的阶为 2 与 3. 对于 $n = 4$, 合成群列为

$$\mathfrak{S}_n \supset \mathfrak{A}_n \supset \mathfrak{B}_4 \supset \mathfrak{Z}_2 \supset \mathfrak{E}.$$

这里 $\mathfrak{B}_4$ 是 Klein 四元群

$$\{1, (1\,2)(3\,4), (1\,3)(2\,4), (1\,4)(2\,3)\}.$$

$\mathfrak{Z}_2$ 是它的任意一个 2 阶子群. 合成因子的阶为

$$2, 3, 2, 2.$$

我们在下一节即将讨论的 2, 3 与 4 次方程的解的方式就依赖于以上的事实.

8.8　二次、三次与四次方程

按一般理论, 一般二次方程

$$x^2 + px + q = 0$$

的解可以通过一个二次根式表示. 这个二次根可以取 (参看上一节的末尾) 根 x_1, x_2 的差积:

$$x_1 - x_2 = \sqrt{D}, \quad D = p^2 - 4q.$$

再由

$$x_1 + x_2 = -p$$

即得熟知的公式

$$x_1 = \frac{-p + \sqrt{D}}{2}, \quad x_2 = \frac{-p - \sqrt{D}}{2}.$$

这里当然假定基域的特征异于 2.

一般的三次方程

$$z^3 + a_1 z^2 + a_2 z + a_3 = 0$$

首先经过代换

$$z = x - \frac{1}{3} a_1$$

可以变成

$$x^3 + px + q = 0$$

的形式①(相应于 8.6 节的一般求解的理论, 我们假定基域的特征不是 2 与 3).

按照合成群列

$$\mathfrak{S}_3 \supset \mathfrak{A}_3 \supset \mathfrak{E},$$

我们首先添加根的差积:

$$(x_1 - x_2)(x_1 - x_3)(x_2 - x_3) = \sqrt{D} = \sqrt{-4p^3 - 27q^2}$$

(参看 5.7 节最后, 令 $a_1 = 0, a_2 = p, a_3 = -q$), 添加后即得域 $\Delta(\sqrt{D})$. 方程对于这个域的群为 $\mathfrak{A}_3$, 它是 3 阶的循环群. 按 8.6 节的一般理论, 我们首先添加三次单位根:

$$\rho = -\frac{1}{2} + \frac{1}{2}\sqrt{-3}, \quad \rho^2 = -\frac{1}{2} - \frac{1}{2}\sqrt{-3}, \tag{8.20}$$

---

① 这样作只是为了简化公式. 由以下证明很容易得出, 对于原方程

$$z^3 + a_1 z^2 + a_2 z + a_3 = 0$$

公式是什么样子.

然后考虑 Lagrange 预解式:

$$(1, x_1) = x_1 + x_2 + x_3 = 0,$$
$$(\rho, x_1) = x_1 + \rho x_2 + \rho^2 x_3,$$
$$(\rho^2, x_1) = x_1 + \rho^2 x_2 + \rho x_3. \tag{8.21}$$

它们每一个的三次方一定能由 $\sqrt{-3}$ 与 $\sqrt{D}$ 有理表出. 直接计算给出:

$$(\rho, x_1)^3 = x_1^3 + x_2^3 + x_3^3 + 3\rho x_1^2 x_2 + 3\rho x_2^2 x_3 + 3\rho x_3^2 x_1$$
$$+ 3\rho^2 x_1 x_2^2 + 3\rho^2 x_2 x_3^2 + 3\rho x_3 x_1^2 + 6x_1 x_2 x_3,$$

交换 ρ 与 ρ^2 即得 $(\rho^2, x_1)^3$. 用 (8.20) 代入并考虑

$$\sqrt{D} = (x_1 - x_2)(x_1 - x_3)(x_2 - x_3)$$
$$= x_1^2 x_2 + x_2^2 x_3 + x_3^2 x_1 - x_1 x_2^2 - x_2 x_3^2 - x_3 x_1^2,$$

即得

$$(\rho, x_1)^3 = \sum x_1^3 - \frac{3}{2} \sum x_1^2 x_2 + 6x_1 x_2 x_3 + \frac{3}{2}\sqrt{-3}\sqrt{D}.$$

其中出现的对称函数按 5.7 节可以用初等对称函数 $\sigma_1, \sigma_2, \sigma_3$ 表示, 也就是用方程的系数表示. 我们有

$$\sigma_1^3 = \sum x_1^3 + 3\sum x_1^2 x_2 + 6x_1 x_2 x_3 = 0, \quad \text{因 } \sigma_1 = 0,$$
$$-\frac{9}{2}\sigma_1\sigma_2 = -\frac{9}{2}\sum x_1^2 x_2 - \frac{27}{2}x_1 x_2 x_3 = 0, \quad \text{因 } \sigma_1 = 0,$$
$$\frac{27}{2}\sigma_3 = \frac{27}{2}x_1 x_2 x_3 = -\frac{27}{2}q$$

$$\overline{\sum x_1^3 - \frac{3}{2}\sum x_1^2 x_2 + 6x_1 x_2 x_3 = -\frac{27}{2}q.}$$

因之

$$(\rho, x_1)^3 = -\frac{27}{2}q + \frac{3}{2}\sqrt{-3}\sqrt{D},$$

同样地

$$(\rho^2, x_1)^3 = -\frac{27}{2}q - \frac{3}{2}\sqrt{-3}\sqrt{D}.$$

这两个立方无理式 (ρ, x_1) 与 (ρ^2, x_1) 并不是无关的, 而是

$$(\rho, x_1)(\rho^2, x_1) = x_1^2 + x_2^2 + x_3^2 + (\rho + \rho^2)x_1 x_2$$
$$+ (\rho + \rho^2)x_1 x_3 + (\rho + \rho^2)x_2 x_3$$
$$= x_1^2 + x_2^2 + x_3^2 - x_1 x_2 - x_1 x_3 - x_2 x_3$$
$$= \sigma_1^2 - 3\sigma_2 = -3p.$$

我们必须如此决定立方根

$$(\rho, x_1) = \sqrt[3]{-\frac{27}{2}q + \frac{3}{2}\sqrt{-3D}},$$

$$(\rho^2, x_1) = \sqrt[3]{-\frac{27}{2}q - \frac{3}{2}\sqrt{-3D}}, \tag{8.22}$$

使它们的乘积有

$$(\rho, x_1) \cdot (\rho^2, x_1) = -3p. \tag{8.23}$$

为了算出根 x_1, x_2, x_3, 我们对方程 (8.21) 分别乘以序列 $1, 1, 1; 1, \rho^2, \rho; 1, \rho, \rho^2$, 相加即得

$$3 \cdot x_1 = \sum_\zeta (\zeta, x_1) = (\rho, x_1) + (\rho^2, x_1),$$

$$3 \cdot x_2 = \sum_\zeta \zeta^{-1}(\zeta, x_1) = \rho^2(\rho, x_1) + \rho(\rho^2, x_1),$$

$$3 \cdot x_3 = \sum_\zeta \zeta^{-2}(\zeta, x_1) = \rho(\rho, x_1) + \rho^2(\rho^2, x_1). \tag{8.24}$$

公式 (8.22)~(8.24) 就是 Cardan 公式. 由它们的推导过程可知, 它们不仅对 "一般的", 同时也对每个特殊的三次方程成立.

实根问题

如果系数 p, q 所在的基域是一个实的数域 K, 那么有两个可能的情形:

a) 方程有一个实的和两个共轭的复根. 于是 $(x_1 - x_2)(x_1 - x_3)(x_2 - x_3)$ 显然是纯虚数, 从而 $D < 0$. 数 $\pm\sqrt{-3D}$ 是实数, 在 (8.22) 中作为 (ρ, x_1) 我们可以选取一个实的立方根. 根据 (8.23), (ρ^2, x_1) 也是实数, (8.24) 中第一个公式给出 $3x_1$ 是两个实的立方根之和, 而 x_2 与 x_3 是共轭的复数.

b) 方程有三个实根. 这时, $\sqrt{D}$ 是实的. 因之, $D \geqslant 0$. 在 $D = 0$ 时 (两根相等), 情况与以上一样; 当 $D > 0$ 时, (8.22) 中在立方根下面的数就是虚数, 于是在 (8.24) 中三个 (实) 数被表成虚的立方根的和, 也就是, 不是实的形式.

这个情形是所谓的三次方程的 "不可约情形". 我们来证明: 在这个情形, 方程

$$x^3 + px + q = 0$$

不可能用实的根式来解, 除非方程在基域中已经分解.

设方程 $x^3 + px + q = 0$ 在 K 中不可约并有三个实根 x_1, x_2, x_3. 我们首先添加 $\sqrt{D}$. 这时方程不可能分解 (因为在最高是二次的域 $K(\sqrt{D})$ 中不可能有不可约三次方程的根), 而它的群将是 $\mathfrak{A}_3$. 假如方程能够在添加一系列实的根式之后分解, 这里

根式的指数当然可以认为是素数, 那么在这一串添加中必有一"临界的"添加 $\sqrt[h]{a}$ (h 素数), 即在域 Λ 中添加了 $\sqrt[h]{a}$ 之后方程恰恰分解, 而在 Λ 中方程还是不可约的. 按 8.5 节, $x^h - a$ 在 Λ 中不可约或者 a 是 Λ 中一个数的 h 次方. 后一个情形可以除外, 否则 a 的实的 h 次根就要包含在 Λ 中, 于是 $\sqrt[h]{a}$ 的添加不可能使方程分解. 因之 $x^h - a$ 是不可约的, 域 $\Lambda(\sqrt[h]{a})$ 的次数恰为 h. 根据假定, $\Lambda(\sqrt[h]{a})$ 包含一个在 Λ 中不可约的方程 $x^3 + px + q = 0$ 的根. 因而 h 被 3 整除, 于是 $h = 3$ 且 $\Lambda(\sqrt[3]{a}) = \Lambda(x_1)$. 分裂域 $\Lambda(x_1, x_2, x_3)$ 对于 Λ 的次数同样也是 3. 因之 $\Lambda(\sqrt[3]{a}) = \Lambda(x_1, x_2, x_3)$. 既然域 $\Lambda(\sqrt[3]{a})$ 是正规的, 所以它一定包含 $\sqrt[3]{a}$ 的共轭元素 $\rho\sqrt[3]{a}$ 与 $\rho^2\sqrt[3]{a}$, 也就包含单位根 ρ 与 ρ^2. 这样就得出了矛盾, 因为域 $\Lambda(\sqrt[3]{a})$ 是实的, 而数 ρ 不是.

一般的四次方程

$$z^4 + a_1 z^3 + a_2 z^2 + a_3 z + a_4 = 0$$

也可以经过代换

$$z = x - \frac{1}{4}a_1$$

变成

$$x^4 + px^2 + qx + r = 0.$$

相应于合成群列

$$\mathfrak{S}_4 \supset \mathfrak{A}_4 \supset \mathfrak{B}_4 \supset \mathfrak{Z}_2 \supset \mathfrak{E}$$

有域的序列

$$\Delta \subset \Delta(\sqrt{D}) \subset \Lambda_1 \subset \Lambda_2 \subset \Sigma.$$

仍然设 Δ 的特征 $\neq 2, 3$. 下面将看到, 明显的算出 D 是不必要的. 域 Λ_1 可以由 $\Delta(\sqrt{D})$ 添加一个元素得到, 这个元素被 $\mathfrak{B}_4$ 的代换保持不变, 但不被 $\mathfrak{A}_4$ 的代换保持不变. 这样一个元素是

$$\Theta_1 = (x_1 + x_2)(x_3 + x_4).$$

这个元素除去上面指出的被 $\mathfrak{B}_4$ 中代换保持不变外, 下面的代换:

$$(1\ 2), (3\ 4), (1\ 3\ 2\ 4), (1\ 4\ 2\ 3)$$

也保持它不变 (这些代换与 $\mathfrak{B}_4$ 合在一起成一 8 阶的群). 它对于 Δ 有三个共轭元素, 它们由 $\mathfrak{S}_4$ 中的代换互变, 即

$$\Theta_1 = (x_1 + x_2)(x_3 + x_4),$$

$$\Theta_2 = (x_1 + x_3)(x_2 + x_4),$$

$$\Theta_3 = (x_1 + x_4)(x_2 + x_3).$$

这些元素是一个三次方程

$$\Theta^3 - b_1\Theta^2 + b_2\Theta - b_3 = 0 \tag{8.25}$$

的根, 其中 b_i 是 $\Theta_1, \Theta_2, \Theta_3$ 的初等对称函数:

$$b_1 = \Theta_1 + \Theta_2 + \Theta_3 = 2\sum x_1 x_2 = 2p,$$
$$b_2 = \sum \Theta_1 \Theta_2 = \sum x_1^2 x_2^2 + 3\sum x_1^2 x_2 x_3 + 6x_1 x_2 x_3 x_4,$$
$$b_3 = \Theta_1 \Theta_2 \Theta_3 = \sum x_1^3 x_2^2 x_3 + 2\sum x_1^3 x_2 x_3 x_4 + 2\sum x_1^2 x_2^2 x_3^2 + 4\sum x_1^2 x_2^2 x_3 x_4.$$

b_2 与 b_3 可以由 x_i 的初等对称函数 $\sigma_1, \sigma_2, \sigma_3, \sigma_4$ 表示. 我们有 (5.7 节的方法):

$$\sigma_2^2 = \sum x_1^2 x_2^2 + 2\sum x_1^2 x_2 x_3 + 6x_1 x_2 x_3 x_4 = p^2,$$
$$\sigma_1 \sigma_3 = \sum x_1^2 x_2 x_3 + 4x_1 x_2 x_3 x_4 = 0,$$
$$\underline{-4\sigma_4 = -4x_1 x_2 x_3 x_4 = -4r,}$$
$$b_2 = \sum x_1^2 x_2^2 + 3\sum x_1^2 x_2 x_3 + 6x_1 x_2 x_3 x_4 = p^2 - 4r,$$
$$\sigma_1 \sigma_2 \sigma_3 = \sum x_1^3 x_2^2 x_3 + 3\sum x_1^3 x_2 x_3 x_4 + 3\sum x_1^2 x_2^2 x_3^2 + 8\sum x_1^2 x_2^2 x_3 x_4 = 0,$$
$$-\sigma_1^2 \sigma_4 = -\sum x_1^3 x_2 x_3 x_4 - 2\sum x_1^2 x_2^2 x_3 x_4 = 0,$$
$$\underline{-\sigma_3^2 = -\sum x_1^2 x_2^2 x_3^2 - 2\sum x_1^2 x_2^2 x_3 x_4 = -q^2,}$$
$$b_3 = \sum x_1^3 x_2^2 x_3 + 2\sum x_1^3 x_2 x_3 x_4 + 2\sum x_1^2 x_2^2 x_3^2 + 4\sum x_1^2 x_2^2 x_3 x_4 = -q^2.$$

因之, 方程 (8.25) 是

$$\Theta^3 - 2p\Theta^2 + (p^2 - 4r)\Theta + q^2 = 0,$$

这个方程称为 4 次方程的立方预解式. 它的根 $\Theta_1, \Theta_2, \Theta_3$ 可以按 "Cardan" 用根式表示. 每一个 Θ 都有一个八阶的群保持, 它不变, 保持这三个都不变的只有 $\mathfrak{B}_4$, 因而

$$K(\Theta_1, \Theta_2, \Theta_3) = \Lambda_1.$$

域 Λ_2 由 Λ_1 添加一个元素得出. 这个元素不被 $\mathfrak{B}_4$ 中全部置换保持不变, 只被 (譬如说) 单位元素与置换 (1 2)(3 4) 保持不变. $x_1 + x_2$ 是一个这样的元素. 我们有

$$(x_1 + x_2)(x_3 + x_4) = \Theta_1 \quad \text{与} \quad (x_1 + x_2) + (x_3 + x_4) = 0,$$

由此得

$$x_1 + x_2 = \sqrt{-\Theta_1}, \quad x_3 + x_4 = -\sqrt{-\Theta_1}.$$

同样有

$$x_1 + x_3 = \sqrt{-\Theta_2}, \quad x_2 + x_4 = -\sqrt{-\Theta_2},$$
$$x_1 + x_4 = \sqrt{-\Theta_3}, \quad x_2 + x_3 = -\sqrt{-\Theta_3}.$$

这三个无理式并不是没有关系的, 而是

$$\begin{aligned}
\sqrt{-\Theta_1} \cdot \sqrt{-\Theta_2} \cdot \sqrt{-\Theta_3} &= (x_1 + x_2)(x_1 + x_3)(x_1 + x_4) \\
&= x_1^3 + x_1^2(x_2 + x_3 + x_4) + x_1 x_2 x_3 \\
&\quad + x_1 x_2 x_4 + x_1 x_3 x_4 + x_2 x_3 x_4 \\
&= x_1^2(x_1 + x_2 + x_3 + x_4) + \sum x_1 x_2 x_3 \\
&= \sum x_1 x_2 x_3 = -q.
\end{aligned}$$

为了由 $\mathfrak{B}_4$ 降到 $\mathfrak{C}$ 或者由 Λ 上升到 Σ, 我们恰需要两个二次无理式, 因为 $\mathfrak{B}_4$ 是 4 阶的并且有 2 阶的子群. 事实上, x_i 可以由三个元素 Θ (其中的两个已经够了) 有理地决定. 因为

$$\begin{aligned}
2x_1 &= \sqrt{-\Theta_1} + \sqrt{-\Theta_2} + \sqrt{-\Theta_3}, \\
2x_2 &= \sqrt{-\Theta_1} - \sqrt{-\Theta_2} - \sqrt{-\Theta_3}, \\
2x_3 &= -\sqrt{-\Theta_1} + \sqrt{-\Theta_2} - \sqrt{-\Theta_3}, \\
2x_4 &= -\sqrt{-\Theta_1} - \sqrt{-\Theta_2} + \sqrt{-\Theta_3}.
\end{aligned}$$

这就是一般的四次方程解的公式. 由推导过程可知, 它对每个特殊的 4 次方程也成立.

注意, 由

$$\Theta_1 - \Theta_2 = -(x_1 - x_4)(x_2 - x_3),$$
$$\Theta_1 - \Theta_3 = -(x_1 - x_3)(x_2 - x_4),$$
$$\Theta_2 - \Theta_3 = -(x_1 - x_2)(x_3 - x_4)$$

可见, 立方预解式的判别式等于原方程的判别式. 因为我们已经知道了三次方程的判别式, 所以这就给出了计算 4 次方程判别式的一个简单方法. 我们不难得出

$$D = 16p^4 r - 4p^3 q^2 - 128 p^2 r^2 + 144 p q^2 r - 27 q^4 + 256 r^3.$$

习题 8.23　一个给定四次方程的立方预解式的群是原方程的群对于它与四元群 $\mathfrak{B}_4$ 的交的商群.

习题 8.24　决定方程

$$x^4 + x^2 + x + 1 = 0$$

的群. (参考习题 8.3 和 8.23.)

8.9　圆规与直尺作图

我们要来讨论问题: 一个几何作图问题在什么时候可以用圆规与直尺解决[①]?

假设已知一些初等几何的图形 (点、直线或者圆). 问题就是, 满足什么样的条件, 就可以由它们作出另外一些图形.

对于已知的图形, 设想已引入一个直角坐标系. 所有已知的图形就可以用数 (坐标) 来表示, 要作的图形同样也用数表示. 如果我们能作出后面这些数 (作为线段), 那么问题就解决了. 全部问题就归结为由一些已知的线段来作线段. 设 $a, b, \cdots$ 是已知线段, x 是要作的线段.

现在我们首先可以给出可构造性的一个充分条件:

定理　如果问题的解 x 是实的并且能够由已知线段 $a, b, \cdots$ 经过有理运算以及开平方根 (不一定是实的) 算出, 那么线段 x 可以用圆规与直尺作出.

为了清楚地给出定理的证明, 我们把在计算 x 的过程中出现的复数 $p + iq$ 按熟知的方法用一张平面上直角坐标为 p, q 的点来表示, 而所有要作的运算都用平面上的几何作图来实现. 实现的方法就按照: 加法是向量加法, 减法是它的逆运算. 乘法就是幅角相加而模相乘. 如果相乘的两个数的幅角是 φ_1, φ_2, 模是 r_1, r_2, 那么乘积的幅角与模 φ, r 即按方程

$$\varphi = \varphi_1 + \varphi_2 \quad \text{与} \quad r = r_1 r_2 \quad \text{或者} \quad 1 : r_1 = r_2 : r$$

来构造. 除法又是它的逆运算. 最后, 为了计算一个模为 r, 幅角为 φ 的数的平方根, 由方程

$$\varphi = 2\varphi_1 \quad \text{或者} \quad \varphi_1 = \frac{1}{2}\varphi$$

与

$$r = r_1^2 \quad \text{或者} \quad 1 : r_1 = r_1 : r$$

就作出要求的幅角 φ_1 与模 r_1. 因之所有的运算全归结为圆规与直尺的熟知的作图.

这个定理的逆也成立:

逆定理　如果线段 x 可以由已知线段 $a, b, \cdots$ 用圆规与直尺作出, 那么 x 就可以由 $a, b, \cdots$ 经有理运算与平方根表示.

为了证明这个结果, 我们来考察一下在作图过程中究竟要用到哪些手续. 它们有: 任取一个点 (在一给定的区域之内), 过两点作一直线, 作圆, 最后是求两条直线、一直线与一圆或者两个圆的交点.

[①] 关于这个问题的历史最好参看 Steele A D. Die Rolle von Zirkel und Lineal in der griechischen Mathematik (在希腊数学中圆规与直尺的作用). *Quellen und Studien Gesch. Math.*, 1936, 3: 287.

利用我们的坐标系, 这些手续全可以化为代数运算. 如果在一区域内要任取一个点, 那么总可以假定它的坐标是有理数. 其余的作图, 除去最后两个 (圆与直线或者圆与圆的交点) 都是有理运算, 而最后两个是解二次方程, 也就是开平方根, 这就证明了定理.

我们还需要考虑以下这种情况, 即对于某些几何问题, 并不是要求对于每一次特殊给定的点找出一个作图法, 而是要求一个一般的作图法, 它 (在适当范围之内) 总给出问题的解. 从代数的观点来说, 就是要给出一个统一的公式 (它可以包含二次根式), 它对于在适当范围之内的 $a, b, \cdots$ 的所有的值都给出一个有意义的解 x, 它适合这个几何问题的方程. 或者也可以说成, 当已知元素 $a, b, \cdots$ 用不定元来代替, 决定 x 的方程以及解方程所出现的二次根式等仍然是有意义的. 譬如说, 用圆规与直尺能不能三等分角就是一个这样的问题, 利用关系

$$\cos 3\varphi = 4\cos^3 \varphi - 3\cos\varphi,$$

这个问题可以化成解方程

$$4x^3 - 3x = \alpha \quad (\alpha = \cos 3\varphi), \tag{8.26}$$

这个问题并不是说, 对于 α 每一个特殊的值用开平方来求方程 (8.26) 的一个解, 而是问方程 (8.26) 是否有一个解的公式. 这个解的公式对于不定元 α 是有意义的.

现在我们已经把用圆规与直尺可构造性的几何问题化为下面这样一个代数问题: 在什么时候元素 x 可以由已知元素 $a, b, \cdots$ 通过有理运算与平方根表示?

这个问题不难回答, 设 $\Re$ 是已知元素 $a, b, \cdots$ 的有理函数域. 假如 x 可以由 $a, b, \cdots$ 经有理运算与平方根表示, 那么 x 必然属于一个由 $\Re$ 经过有限多次添加平方根所得的域, 这个域也就是经过有限多次 2 次扩张得到的. 如果我们在每添加了一个平方根之后就把共轭元素的平方根也添加进去, 这些扩张仍然是 2 次的, 那么就得到一个次数为 2^m 的正规扩域, 它包含 x. 因之,

如果线段 x 可以用圆规与直尺作出, 那么数 x 一定属于 $\Re$ 的一个 2^m 次的正规扩域.

这个条件也是充分的. 因为 2^m 次的域的 Galois 群是 2^m 阶的, 而每个阶为素数幂的群是可解的(7.5 节). 因之有一合成群列, 它的合成因子全是 2 阶的, 根据 Galois 理论基本定理, 与之对应有一域链, 其中每一个对于前一个都是 2 次的. 2 次扩张总可以由添加一个平方根得出. 因而元素 x 可以用平方根表示. 于是结论得证.

对于一些古典的问题, 我们来应用上面一般的定理.

倍立方的问题[①]化成三次方程

① 关于这些问题的历史我们是从 Eutocios' Commentary on Archi medes 知道的. 参看 B. L. van der Waerden. *Science Awakening* (科学的觉醒). Noordhoff, Groningen, 1963, pp. 139, 150, 159, 230, 236, 268.

$$x^3 = 2,$$

根据 Eisenstein 判别法, 它是不可约的, 因而它的每一个根生成一 3 次扩域, 但是这样一个域不可能是 2^m 次域的子域. 因之倍立方的问题不能用圆规与直尺解.

我们已经看到, 三等分角的问题化成方程

$$4x^3 - 3x - \alpha = 0,$$

这里 α 是不定元. 这个方程在 α 的有理函数域中的不可约性是容易证明的: 假如左端有一个对 α 是有理的因子, 那么一定有对 α 是整有理的因子. 但是当 α 的线性多项式的系数没有公因子时, 它一定是不可约的. 于是和上面一样, 三等分角不能用圆规与直尺来作.

如果我们在 $\alpha = \cos 3\varphi$ 的有理函数域上再添加元素

$$i \sin 3\varphi = \sqrt{-(1 - \cos^2 3\varphi)},$$

并求

$$y = \cos\varphi + i\sin\varphi$$

的方程, 三等分角的方程就具有在代数上更为清楚的形式. 事实上

$$(\cos\varphi + i\sin\varphi)^3 = \cos 3\varphi + i\sin 3\varphi,$$

即

$$y^3 = \beta.$$

由复数的几何意义也很容易把角 3φ 的三等分问题化成上面这个纯粹方程.

化圆为方归结为数 π 的构造. 如果我们证明了 π 根本不适合任何代数方程, 换句话说, 它是超越的, 那么这个问题的不可能性就证明了. 因为 π 不属于有理数域的任何一个有限扩张. 至于这个证明, 不属于代数的范围, 可参看 Hessenberg 的书 *Trans-zendenz von e und π* (e 与 π 的超越性).

在给定圆周内正多边形的作图在 h 边形时归结为元素

$$2\cos\frac{2\pi}{h} = \zeta + \zeta^{-1}$$

的构造, 其中 ζ 表示 h 次本原单位根 $e^{\frac{2\pi i}{h}}$. 因为在分圆域的 Galois 群中只有代换 $\zeta \to \zeta$ 与 $\zeta \to \zeta^{-1}$ 保持这个元素不变, 从而它生成一个次数为 $\frac{\varphi(h)}{2}$ 的实子域, 所以它的可构造性的条件是: $\frac{\varphi(h)}{2}$, 因而也就是 $\varphi(h)$ 是 2 的幂. 对于 $h = 2^\nu q_1^{\nu_1} \cdots q_r^{\nu_r}$ (q_i 是奇素数) 有

$$\varphi(h) = 2^{\nu-1} q_1^{\nu_1-1} \cdots q_r^{\nu_r-1}(q_1 - 1) \cdots (q_r - 1) \tag{8.27}$$

(在 $\nu = 0$ 的情形第一个因子没有). 条件就是: 奇素数因子在 h 中只能出现一次方 ($\nu_i = 1$), 并且对于每个在 h 中出现的奇素数 q_i, 数 $q_i - 1$ 必须是 2 的幂, 这就是说, 每个 q_i 必有形式

$$q_i = 2^k + 1.$$

具有这种形式的素数是哪一些?

k 不可能被奇数 $\mu > 1$ 整除, 因为由

$$k = \mu\nu, \quad \mu \text{ 奇数}, \quad \mu > 1$$

就要推出, $(2^\nu)^\mu + 1$ 被 $2^\nu + 1$ 整除, 于是它不是素数.

因之必有 $k = 2^\lambda$ 与

$$q_i = 2^{2^\lambda} + 1.$$

$\lambda = 0, 1, 2, 3, 4$ 确实给出素数 q_i, 即

$$3, 5, 17, 257, 65537.$$

对于 $\lambda = 5$ 以及一些更大的 λ(究竟多少还不知道), $2^{2^\lambda} + 1$ 不再是素数. 例如 $2^{2^5} + 1$ 有因子 641.

如果 h 除去 2 的幂外最后包含素数 $3, 5, 17, \cdots$ 的一次幂, 那么正 h 边形是可构造的 (Gauss). 我们在 8.4 节中已讨论了 17 边形的例子. 3, 4, 5, 6, 8 与 10 边形的作图法是熟知的. 正 7 与 9 边形就不可能作出, 因为它们引导到 6 次分圆域的三次子域.

习题 8.25　证明: 三次方程

$$x^3 + px + q = 0$$

在不可约情形一定可以经过代换 $x = \beta x'$ 化成三等分角方程 (8.26) 的形式, 由此利用三角函数给出三次方程解的公式.

8.10　Galois 群的计算, 具有对称群的方程

下面是一个真正求出方程 $f(x) = 0$ 对于域 Δ 的群的方法.

设方程的根为 $\alpha_1, \cdots, \alpha_n$. 利用不定元 $u_1, \cdots, u_n$ 作表达式

$$\vartheta = u_1\alpha_1 + \cdots + u_n\alpha_n,$$

用不定元 u 的全部置换 s_u 去变它, 作乘积

$$F(z, u) = \prod_{s_u} (z - s_u\vartheta).$$

这个乘积显然是根的一个对称函数, 因之根据 5.7 节, 它可以用 $f(x)$ 的系数表示. 把 $F(z, u)$ 在 $\Delta[u, z]$ 中分解成不可约因子:

$$F(z, u) = F_1(z, u) F_2(z, u) \cdots F_r(z, u).$$

把某一个因子, 譬如 F_1, 变到自身的全体置换 s_u 组成一个群 $\mathfrak{g}$. 现在我们断言, $\mathfrak{g}$ 恰好就是所给方程的 Galois 群.

证明   在所有的根添加进去之后, F 从而 F_1 就分裂成线性因子 $z - \sum u_\nu \alpha_\nu$, 这里根 α_ν 以任意的顺序作为系数. 我们现在把根编号, 使 F_1 含有因子 $z - (u_1 \alpha_1 + \cdots + u_n \alpha_n)$. 以下, s_u 表示 u 的任意置换而 s_α 表示 α 的与之相同的置换. 于是乘积 $s_u s_\alpha$ 显然保持表达式 $\vartheta = u_1 \alpha_1 + \cdots + u_n \alpha_n$ 不变, 即

$$s_u s_\alpha \vartheta = \vartheta,$$

$$s_\alpha \vartheta = s_u^{-1} \vartheta.$$

如果 s_u 属于群 $\mathfrak{g}$, 也就是它保持 F_1 不变, 那么 s_u 把 F_1 的每个线性因子, 特别是因子 $z - \vartheta$, 还变成 F_1 的线性因子. 反之, 如果置换 s_u 把因子 $z - \vartheta$ 变成 F_1 的一个线性因子, 那么它把 F_1 变成一个在 $\Delta[z, u]$ 中不可约的多项式, 还是 $F(z, u)$ 的因子, 因而是多项式 F_i 中的一个, 但是这个因子与 F_1 有一公共的线性因子, 因之必然就是 F_1 自身. 由此可知 s_u 属于 $\mathfrak{g}$. 因之 $\mathfrak{g}$ 是由所有把 $z - \vartheta$ 还变成 F_1 的一个因子的置换组成.

$f(x)$ 的 Galois 群中的置换 s_α 是这样一些置换, 它们把元素

$$\vartheta = u_1 \alpha_1 + \cdots + u_n \alpha_n$$

变到共轭的元素, 因之对于这些置换 s_α, $s_\alpha \vartheta$ 与 ϑ 适合同一个不可约方程, 这就是说, 它们把线性因子 $z - \vartheta$ 变成 F_1 的另一个线性因子. 由于 $s_\alpha \vartheta = s_u^{-1} \vartheta$, 所以 s_u^{-1} 也把线性因子 $z - \vartheta$ 变成 F_1 的一个线性因子, 这就是说, s_u^{-1} 从而 s_u 属于 $\mathfrak{g}$. 反之亦然. 因之 Galois 群与群 $\mathfrak{g}$ 含有相同的置换, 只是把 u 换成 α.

这个决定 Galois 群的方法不如它的一个推论在实际上更为有用, 这个推论是:

设 $\mathfrak{R}$ 是具有单元元素的整环, 素因子分解唯一定理在 $\mathfrak{R}$ 中成立. 设 $\mathfrak{p}$ 是 $\mathfrak{R}$ 中一个素理想, $\bar{\mathfrak{R}} = \mathfrak{R}/\mathfrak{p}$ 是同余类环. $\mathfrak{R}$ 与 $\bar{\mathfrak{R}}$ 的商域分别是 Δ 与 $\bar{\Delta}$. $f(x) = x^n + \cdots$ 是 $\mathfrak{R}[x]$ 中一个多项式, $\bar{f}(x)$ 是在同态 $\mathfrak{R} \to \bar{\mathfrak{R}}$ 下与之对应的多项式, 假定它们都没有重根. 于是方程 $\bar{f} = 0$ 对于 $\bar{\Delta}$ 的群 $\bar{\mathfrak{g}}$ (作为根在适当次序下的置换群) 是 $f = 0$ 的群 $\mathfrak{g}$ 的子群.

证明   根据 5.4 节,

$$F(z, u) = \prod_{s_u} (z - s_u \vartheta)$$

在 $\Delta[z,u]$ 中的分解 $F_1F_2\cdots F_k$, 其中 F_i 是不可约的, 可以认为是在 $\mathfrak{R}[z,u]$ 中的, 经过同态映射到 $\mathfrak{R}[z,u]$ 即得

$$\bar{F}(z,u) = \bar{F}_1\bar{F}_2\cdots\bar{F}_k.$$

因子 $\bar{F}_1,\cdots$ 可能还可以进一步分解. $\mathfrak{g}$ 中置换把 F_1 变到自身, 从而把 $\bar{F}_1$ 也变到自身, 其余的 u 的置换把 $\bar{F}_1$ 变成 $\bar{F}_2,\cdots,\bar{F}_k$. $\bar{\mathfrak{g}}$ 中置换把 $\bar{F}_1$ 的一个不可约因子变到自身, 因而不能把 $\bar{F}_1$ 变成 $\bar{F}_2,\cdots,\bar{F}_k$, 只能把 $\bar{F}_1$ 变到自身, 这就是说, $\bar{\mathfrak{g}}$ 是 $\mathfrak{g}$ 的子群.

我们常常应用这条定理来决定群 $\mathfrak{g}$. 特别地, 我们时常是这样选择理想 $\mathfrak{p}$, 使多项式 $f(x)$ 模 $\mathfrak{p}$ 可分解, 于是 $\bar{f}$ 的群 $\bar{\mathfrak{g}}$ 就比较容易决定. 譬如说, $\mathfrak{R}$ 是整数环, $\mathfrak{p} = (p)$, p 是素数. 设 $f(x)$ 模 p 后分解成

$$f(x) \equiv \varphi_1(x)\varphi_2(x)\cdots\varphi_h(x) \quad (p).$$

由此得

$$\bar{f} = \bar{\varphi}_1\bar{\varphi}_2\cdots\bar{\varphi}_h.$$

$\bar{f}(x)$ 的群 $\bar{\mathfrak{g}}$ 一定是循环的, 因为 Galois 域的自同构群总是循环的 (6.7 节). 设 $\bar{\mathfrak{g}}$ 的生成置换 s 分解成轮换:

$$(12\cdots j)(j+1\cdots)\cdots.$$

因为群 $\bar{\mathfrak{g}}$ 的可迁区域恰好与 $\bar{f}$ 的不可约因子对应, 所以在轮换 $(1\ 2\cdots j), (j+1,\cdots)\cdots$ 中出现的号码一定恰好分别地与 $\bar{\varphi}_1,\bar{\varphi}_2,\cdots$ 的根相应. 因之一旦知道了 $\varphi_1,\varphi_2,\cdots$ 的次数 $j,k,\cdots$, 于是置换 s 的类型就知道了: s 是由一个 j 项, 一个 k 项, $\cdots$ 轮换组成. 根据上面的定理, 在根的适当编号之下 $\bar{\mathfrak{g}}$ 是 $\mathfrak{g}$ 的一个子群, 所以 $\mathfrak{g}$ 一定也包含一个相同类型的置换.

例如, 假定一个 5 次的整系数多项式模一个素数分解成一个 2 次与一个 3 次不可约因子, 那么它的 Galois 群就包含一个类型为 $(1\ 2)(3\ 4\ 5)$ 的置换.

例　给了整系数方程

$$x^5 - x - 1 = 0$$

模 2 之后, 左端分解成

$$(x^2 + x + 1)(x^3 + x + 1),$$

模 3, 它是不可约的, 否则它就要有一个线性的或者二次因子, 于是它就要与 $x^9 - x$ 有一个公因子 (习题 6.28), 因而与 $x^5 - x$ 或者 $x^5 + x$ 有公因子, 这显然是不可能的. 因之它的群包含一 5 项轮换与一个乘积 $(ik)(lmn)$. 后面这个置换的三次方是 (ik);

用 $(1\,2\,3\,4\,5)$ 以及它的幂来变换 (ik) 即得一系列对换 (ik), (kp), (pq), (qr), (ri), 它们合起来生成对称群. 因之群 $\mathfrak{g}$ 是对称的.

基于下面的定理, 我们可以利用上面提到的事实来造任意次数的方程, 它的群是对称的.

定理   如果一个 n 个文字的可迁置换群包含一个二项轮换与一个 $(n-1)$ 项轮换, 那么它就是对称群.

证明   设 $n-1$ 项轮换是 $(1\,2\cdots n-1)$. 根据可迁性, 二项轮换 $(i\,j)$ 可以变换成 $(k\,n)$, 这里 k 是 1 到 $n-1$ 中的一个. 用 $(1\,2\cdots n-1)$ 以及它的幂来变换 $(k\,n)$ 就得出 $(1\,n)$, $(2\,n)$, $\cdots$, $(n-1\ n)$, 它们合起来生成对称群.

为了利用这个定理来造 n 次的 ($n>3$)、群为对称的方程, 我们首先选取一个模 2 不可约的 n 次多项式 f_1, 然后一个多项式 f_2, 它模 3 分解成一个 $n-1$ 次与一个线性不可约因子, 最后再取一 n 次多项式 f_3, 它模 5 分解成一个二次因子与一个或两个奇次因子 (模 5 全是不可约的). 因为模每个素数有任意次的不可约多项式, 所以上面这些多项式总能取到 (习题 6.28). 最后选取 f 使

$$f \equiv f_1 (\mathrm{mod}\ 2),$$

$$f \equiv f_2 (\mathrm{mod}\ 3),$$

$$f \equiv f_3 (\mathrm{mod}\ 5),$$

这一定是可能的. 譬如, 可以取

$$f = -15 f_1 + 10 f_2 + 6 f_3.$$

它的 Galois 群是可迁的 (因为这个多项式模 2 是不可约的), 包含一个类型为 $(1\,2\cdots n-1)$ 的轮换并且包含一个二项轮换与奇项轮换的乘积. 把这个乘积乘到适当的奇次方, 我们就得到一个纯粹的二项轮换, 于是按上面的定理它的 Galois 群是对称的.

用这个方法我们不但能证明具有对称群的方程的存在, 还能进一步得到, 在全体系数不超过上界 N 的整系数多项式中, 当 N 趋向 ∞ 时, 几乎 100% 的群是对称的[1].

是否对于任意给定的置换群, 都存在有理系数多项式以它为群, 这是一个没有解决的问题[2].

习题 8.26   方程

$$x^4 + 2x^2 + x + 3 = 0$$

---

[1] 参看 van der Waerden B L. *Math. Ann.*, 1931, 109: 13.

[2] 关于这个问题可参看 Noether E. Gleichungen mit vor-geschriebener Gruppe (具指定的群的方程). *Math. Ann.*, 78: 221.

的群是什么 (对于有理数域)?

习题 8.27　作一个群为对称群的 6 次方程.

8.11　正　规　基

域 Σ 在 Δ 上的正规基 $w_1, \cdots, w_n$ 是具有以下性质的基: Galois 群作用在这些基元素上相当于作一个置换:

$$\sigma w_k = w_i, \qquad \text{对所有的 } \sigma \in \mathfrak{G}.$$

我们可以证明正规基的存在性. 参照 Artin 的证明, 先给出基域 Δ 为无限域的情形的证明. 有限域的情形放在后面处理.

设 $\alpha = \alpha_1$ 是本原元, 且设 $f(x)$ 是 α 的极小多项式:

$$\Sigma = \Delta(\alpha), \qquad f(\alpha) = 0.$$

$f(x)$ 在 $\Sigma[x]$ 里分裂成线性因子:

$$f(x) = (x - \alpha_1) \cdots (x - \alpha_n). \tag{8.28}$$

群 $\mathfrak{G}$ 的元素 $\sigma_1, \cdots, \sigma_n$ 把 α 变成互不相等的共轭元 $\alpha_1, \cdots, \alpha_n$. 对 σ_k 重新排序后可设

$$\sigma_k \alpha = \alpha_k \qquad (k = 1, \cdots, n). \tag{8.29}$$

我们构造多项式环 $\Sigma[x]$ 模 $f(x)$ 的剩余类环

$$R = \frac{\Sigma[x]}{f(x)}.$$

R 中的元素的代表元可以取成系数在 Σ 内的不超过 $n-1$ 次的多项式:

$$g(x) = g_0 + g_1 x + \cdots + g_{n-1} x^{n-1}. \tag{8.30}$$

常数剩余类被等同于 Σ 的元素. 把 x 代表的剩余类记为 β, 则 $g(x)$ 代表的剩余类就是

$$g(\beta) = \sum_k g_k \beta^k = \sum_{i,k} c_{ik} \alpha^i \beta^k, \tag{8.31}$$

这里下标 i, k 的取值范围都是从 0 至 $n-1$.

在 R 内有两个同构的子域 $\Sigma = \Delta(\alpha)$ 与 $\Sigma' = \Delta(\beta)$. 由 (8.31), R 的每个元素可以唯一地表示成乘积 $\alpha^i \beta^k$ 的系数在 Δ 内的和, 其中 α^i 是 Σ 的基, β^k 是 Σ' 的基. R 称为代数 Σ 和 Σ' 在 Δ 上的直积, 写成

$$R = \Sigma \times \Sigma'.$$

我们现在要证明 R 可以表成 n 个同构域 $K_1, \cdots, K_n$ 的直和.

根据 Lagrange 插值公式, 不超过 $n-1$ 次的多项式可以由 n 个值 $g(\alpha_1), \cdots, g(\alpha_n)$ 表出:

$$g(x) = \sum P_k(x)g(\alpha_k). \tag{8.32}$$

$P_k(x)$ 是 $\Sigma[x]$ 的多项式, 它在点 α_k 上取值 1, 在其他 α_i 上取值 0:

$$P_k(x) = \left[\prod_{i \neq k}(\alpha_k - \alpha_i)\right]^{-1} \prod_{i \neq k}(x - \alpha_i). \tag{8.33}$$

过渡到 $f(x)$ 的剩余类, 由 (8.32) 可得

$$g(\beta) = \sum e_k g(\alpha_k), \tag{8.34}$$

其中

$$e_k = P_k(\beta). \tag{8.35}$$

(8.34) 的左边是 R 的任意元素 (8.31), 右边的系数 $g(\alpha_k)$ 是 Σ 的元素. 从 (8.34) 可知元素 $e_1, \cdots, e_n$ 构成 R 在 Σ 上的基:

$$R = e_1\Sigma + e_2\Sigma + \cdots + e_n\Sigma. \tag{8.36}$$

在 (8.34) 中把 g 取成常数多项式 1, 即得

$$1 = \sum_1^n e_k. \tag{8.37}$$

当 $j \neq k$ 时 $f(x)$ 整除两个多项式 $P_j(x)$ 与 $P_k(x)$ 的乘积. 过渡到模 $f(x)$ 的剩余类后得

$$e_j e_k = 0 \qquad (j \neq k). \tag{8.38}$$

用 e_j 乘 (8.37) 的两边得

$$e_j e_j = e_j. \tag{8.39}$$

如果 γ 跑遍域 Σ, 则乘积 $e_j\gamma$ 跑遍与 Σ 同构的域 $e_j\Sigma$, 这是由于对应 $\gamma \to e_j\gamma$ 显然是一个同构. $e_j\Sigma$ 的单位元是 e_j.

如果在 (8.34) 里把 $g(x)$ 取成系数在 Δ 中的多项式, 则左边得到 Σ' 里的元素 $g(\beta)$. 把 (8.34) 的两边乘以 e_j, 得到

$$e_j g(\beta) = e_j g(\alpha_j). \tag{8.40}$$

如果 $g(\beta)$ 跑遍域 Σ', 则 $g(\alpha_j)$ 跑遍 Σ. 由 (8.40) 即知

$$e_j\Sigma' = e_j\Sigma. \tag{8.41}$$

于是分解式 (8.36) 也可写成

$$R = e_1\Sigma' + \cdots + e_n\Sigma', \tag{8.42}$$

这样就得到了

元素 $e_1, \cdots, e_n$ 构成了 R 在 Σ' 上的一个基.

如果让不定元 x 保持不变, 就可以把 Σ 的自同构 σ 扩展到 $\Sigma[x]$. 自同构 σ 只作用在多项式 (8.30) 的系数 g_k 上. 这样就在模 $f(x)$ 的剩余类里得到了 R 的自同构 $\sigma_1, \cdots, \sigma_n$, 它们都是对 $\alpha_1, \cdots, \alpha_n$ 作一个置换, 但是保持 Σ' 的每个元素都不变.

特别地, 如果把自同构 σ_k 作用于由 (8.33) 定义的多项式 $P_1(x)$, 就得到

$$\sigma_k P_1(x) = P_k(x), \tag{8.43}$$

从而

$$\sigma_k e_1 = e_k.$$

由此可见

$$\sigma e_k = \sigma(\sigma_k e_1) = (\sigma\sigma_k)e_1 = \sigma_i e_1 = e_i. \tag{8.44}$$

因此, $e_1, \cdots, e_n$ 构成 R 在 Σ' 上的一个正规基.

现在设 $u_1, \cdots, u_n$ 是 Σ 在 Δ 上的任意一个基. 多项式 $P_k(x)$ 可用这个基表示成

$$P_k(x) = \sum u_i p_{ik}(x), \tag{8.45}$$

这里的 $p_{ik}(x)$ 是系数在 Δ 里的多项式. 转移到剩余类上可得

$$e_k = \sum u_i \pi_{ik},$$

这里的 π_{ik} 是 $p_{ik}(x)$ 模 $f(x)$ 的剩余类. 由于 e_k 构成 R 在 Σ' 上的线性无关基, 所以 π_{ik} 的行列式不等于零. 因此多项式 $p_{ik}(x)$ 的行列式 $D(x)$ 也不等于零.

由假设, 基域是无限域, 因此 x 可用 Δ 的一个元 a 代入, 使得

$$D(a) = \mathrm{Det}(p_{ik}(a)) \neq 0. \tag{8.46}$$

如果把这个 a 代入 (8.45), 我们可得新的基元素

$$v_k = P_k(a) = \sum u_i p_{ik}(a), \tag{8.47}$$

由 (8.46) 可知它们构成 Σ' 在 Δ 上的线性无关基.

把自同构 σ_k 作用于 $v_1 = P_1(a)$, 由 (8.43) 可得

$$\sigma_k v_1 = v_k,$$

于是 $v_1, \cdots, v_n$ 构成 Σ 在 Δ 上的一个正规基. 这就完成了无限域 Δ 情形的证明.

如果 Δ 是有 $q = p^m$ 个元素的有限域, 则 Σ 也是有限域. 于是 Σ 在 Δ 上的 Galois 群由定义为

$$\sigma a = a^q,$$

且使 Δ 的元素保持不动的自同构 σ 的方幂

$$1, \sigma, \sigma^2, \cdots, \sigma^{n-1} \qquad (\sigma^n = 1)$$

构成. 我们要证明存在 $\zeta \in \Sigma$ 使得元素

$$\zeta, \sigma\zeta, \sigma^2\zeta, \cdots, \sigma^{n-1}\zeta$$

在 Δ 上线性无关. 这些元素就构成了所求的正规基.

证明的思路与 h 次本原单位根存在性的证明 (下文中称为以前的证明) 相同. 不过以前的证明中考虑的是 h 次单位根的乘法群, 而现在要考虑 Σ 元素的加法群. 用多项式整环 $\Delta[x]$ 作为乘子集合. 多项式

$$g = g(x) = \sum c_k x^k$$

与元素 $\zeta \in \Sigma$ 的乘积定义为

$$g\zeta = g(\sigma)\zeta = \sum c_k \sigma^k \zeta.$$

以前的证明中对于每个元素 ζ 指定一个整数的阶 g, 而现在每个 ζ 有一个极小多项式 g, 定义为具有性质 $g\zeta = 0$ 的次数最小的多项式. 以前的 m 是群的阶 h 的因子, 现在的极小多项式 g 则是 $x^n - 1$ 的因子, 这是因为 $\sigma^n = 1$, 所以 $x^n - 1$ 零化所有的 ζ. 以前的 h 分解成素因子 q_i, 现在的多项式 $h(x) = x^n - 1$ 分解成素因子 $p_i(x) \in \Delta[x]$. 以前对每个 i 可以构造一个 a_i 使得它的 $\dfrac{h}{q_i}$ 次幂不等于 1, 现在则存在不被 $\dfrac{h}{q_i}$ 零化的 a_i. 这是因为多项式 $\dfrac{h}{q_i} = g_i$ 的次数至多 $n - 1$, 并且自同构 $1, \cdots, \sigma^{n-1}$ 线性无关, 以前的证明中取 a_i 的 $\dfrac{h}{r_i}$ 次幂, 现在则用 $\dfrac{h}{r_i}$ 乘 a_i 得到 b_i, b_i 的零化多项式正是 $r_i = q_i^{\nu_i}$. 以前的情形证明了 b_i 的乘积的阶恰好是 h, 类似地, 现在我们的和式

$$\zeta = \sum b_i$$

以多项式 $x^n - 1$ 作为零化多项式. 这个 ζ 不能被任何次数小于 n 的多项式 $g(x)$ 零化, 因此 $\zeta, \sigma\zeta, \cdots, \sigma^{n-1}\zeta$ 线性无关, 所以是正规基.

习题 8.28　完成上面的证明.

习题 8.29　如果群元素 $\sigma_1, \cdots, \sigma_n$ 被一个群元素 σ 左乘, 就会得到一个置换 S. 表示 $\sigma \to S$ 称为群 $\mathfrak{G}$ 的正则表示. 另一方面, 如果自同构 σ 作用在正规基元素上, 也能得到一个置换 S', 并且 $\sigma \to S'$ 是 $\mathfrak{G}$ 的用置换给出的表示. 证明这正是正则表示.

第9章 集合的序与良序

9.1 有序集合

一个集合称为有序的或线性序的 (也称全序的), 如果对于它的元素定义了一个关系 $a < b$, 适合

(1) 对于任意两个元素 $a, b, a < b$ 或者 $b < a$ 或者 $a = b$;

(2) 关系 $a < b, b < a, a = b$ 是互相排斥的;

(3) 由 $a < b$ 与 $b < c$ 推出 $a < c$.

如果只要求性质 (2) 与 (3), 那么这个集合就称为偏序的, 格论讨论这种偏序集合. 关于这方面的结果可以看 Birkhoff G. *Lattice Theory*(格论). Amer. math. soc. colloq. publ., 25 卷. 第二版. New York, 1948.

当 $a < b$ 时, 我们就说 a 在 b 之前, b 在 a 之后, 也称 a 先于 b.

由关系 $a < b$ 我们定义一些导出关系:

$a > b$ 就是 $b < a$;

$a \leqslant b$ 就是 $a = b$ 或者 $a < b$;

$a \geqslant b$ 就是 $a = b$ 或者 $a > b$.

因此 $a \leqslant b$ 就等价于 $a > b$ 的否定, 同样, $a \geqslant b$ 等价于 $a < b$ 的否定.

如果一个集合是有序的, 那么对于同样的关系 $a < b$, 它的每一个子集合也都是有序的.

一个集合可能有一个 "初始元素", 它先于所有其余的元素. 例: 在自然数序列中的 1.

一个有序集合称为良序的, 如果它的每个非空子集合 (特别这个集合本身) 都有一个初始元素.

例 1 每个有限的有序集合是良序的.

例 2 自然数序列 1, 2, 3, $\cdots$ 是良序的, 因为每个自然数的非空集合都有一个初始元素.

例 3 全体整数的集合 $\cdots, -2, -1, 0, 1, 2, \cdots$ 在 "自然" 顺序下不是良序的, 因为它没有初始元素. 但是如果给以另外的顺序, 它可能变成良序的, 譬如

$$0, 1, -1, 2, -2, \cdots$$

或者

$$1, 2, 3, \cdots; \quad 0, -1, -2, -3, \cdots.$$

这里是把正数排在前面, 其余的数就按绝对值的大小来排.

习题 9.1　在自然数偶 (a, b) 所成的集合中按以下的方法定义一个顺序关系: $(a, b) < (a', b')$, 当 $a < a'$ 或者 $a = a', b < b'$. 证明: 这样定义了一个良序.

习题 9.2　证明: 在每个良序集合中每个元素 a(除去这个集合的最后元素, 如果有的话) 都有一个 "直接后继"$b > a$, 这就是说, 没有元素 x 在 a 与 b 之间 (即 $b > x > a$). 是否每个元素 (除去初始元素) 也都有一个直接先行?

设 M 是偏序集 E 的子集. 如果 M 的所有元素 x 满足条件 $x \leqslant s$, 则称 s 为 M 的一个上界. 如果存在 E 内的上界 g, 使得对任意的上界 s, 都有 $s \geqslant g$, 则 g 是唯一确定的, 被称为 M 在 E 内的上限.

例 1　有理数域 $\mathbb{Q}$ 内负数的上界是 0.

例 2　自然数集在 $\mathbb{Q}$ 内没有上界, 从而没有上限.

例 3　满足 $x^2 < 2$ 的有理数 x 的集合 M 有上界 2, 但是在 $\mathbb{Q}$ 内没有上限. 如果把实数 $\sqrt{2}$ 添加到 $\mathbb{Q}$, 则集合 M 在 $\mathbb{Q}(\sqrt{2})$ 内有上限 $\sqrt{2}$.

9.2　选择公理与 Zorn 引理

Zermelo 第一个注意到许多数学的讨论依赖于一个假设, 他第一个明白地叙述了这个假设并称之为选择公理, 即

对于由非空集合组成的任一个集合, 都存在一 "选择函数", 这就是说, 它是使这些集合中的每一个都对应于它的一个元素的函数.

应该注意, 这里假定了每个单个集合是非空的, 因之由每个集合中一定能选出一个元素. 这个公理所肯定的是, 由所有这些集合中可以按照一个对应规则同时作出选择. 以后在必要时, 我们总是认为选择公理是成立的.

Zorn 引理以及良序原理 (它断言每个集合都是可以良序的) 都是选择公理的主要推论. 本节我们将叙述并证明 Zorn 引理. 在 9.3 节将叙述并证明良序原理.

集合 $\mathfrak{g}$ 全部的子集 $\mathfrak{a}, \mathfrak{b}, \cdots$ 仍然构成一个集合, 称为 $\mathfrak{g}$ 的幂集 P. 两个子集 $\mathfrak{a}$ 与 $\mathfrak{b}$ 具有关系 $\mathfrak{a} \subset \mathfrak{b}$, 意为 $\mathfrak{a}$ 是 $\mathfrak{b}$ 的真子集. Zorn 把 P 的线性序子集称为链. 因此, 对于链 K 的两个元素 $\mathfrak{a}$ 与 $\mathfrak{b}$, $\mathfrak{a} \subset \mathfrak{b}$, $\mathfrak{b} \subset \mathfrak{a}$ 或 $\mathfrak{a} = \mathfrak{b}$ 三者必居其一.

Zorn 把 P 的一个子集 A 称为闭的, 如果其中每个链都包含它的并集.

A 的极大元是指 A 的一个集合 $\mathfrak{m}$, 它不被 A 的其他集合包含. 极大原理或 Zorn 引理可以叙述如下:

引理　P 的每个闭子集 A 至少包含一个极大元 $\mathfrak{m}$.

Bourbaki 给出了这个引理的更一般的形式. 把 P 的子集 A 换成任意的偏序集 M. M 里的链仍被定义为 M 的线性序子集. 于是, 对链里的任意两个元 a 与 b, $a < b, b < a$ 或 $a = b$ 三者必居其一. 如果对集合 M 的每个链 K, M 都包含它的上限, 就称 M 是闭的. 现在可把极大原理叙述如下:

每个偏序闭集 M 包含一个极大元 m.

Kneser[1] 指出可在更弱的假设下证明极大元的存在性: 不是要求对每个线性序子集 K, M 都包含它的上限, 而是改成对每个线性序子集 K, M 都包含 K 的一个上界. Kneser 指出在这个较弱的假设下仍可以证明以下基本引理.

我们现在要证明极大原理可以从选择公理推出. 为此, 我们先不用选择公理证明下述 Bourbaki 的基本引理:

引理 设 M 是偏序闭集. 假设 M 到自身的映射 $x \to fx$ 有下述性质:

$$x \leqslant fx, \qquad 对所有的 \ x \in M.$$

则在 M 里存在一个元素 m 满足 $m = fm$.

设 A 是偏序集 M 的子集, 如果对于 A 的任一元素 y, A 也包含所有满足的 $x < y$ 的 $x \in M$, 就称 A 是 M 的一个初始段. 由 z 在 M 内定义的截段 M_z 则是 M 内所有满足 $x < z$ 的 x 的集合. 每个截段都是 M 的初始段. 如果 M 是良序的, 则 M 的初始段或者是截段 M_z, 或者是 M 自己. 事实上, 如果初始段 $A \neq M$, 且若 z 是 M 的不包含在 A 内的第一个元素, 那么 A 就是 M_z.

现在设 M 是一个偏序闭集. 于是 M 内的链 K 在 M 内都有上限 $g(K)$. 截段 K_y 是一个链, 因此有上限 $g(K_y)$. 如果 K 是良序的, 且对每个 $y \in K$, 有

$$y = fg(K_y),$$

则 K 称为 fg 链. fg 链的初始段仍是 fg 链.

设 K 和 L 是 fg 链. 我们要证明如果 K 不是 L 的初始段, 那么 L 是 K 的初始段. K 的任一初始段都是某个截段 K_y. 由于 K 对于关系 $x < y$ 是良序的, 因而初始段的集合对于关系 $\subset$ 是良序的. 如果 K 不是 L 的初始段, 那么一定有 K 的一个最先初始段 A, 它不是 L 的初始段.

如果 A 没有最终元, 则对任意的 $x \in A$, 存在 $y \in A$, 使得 $x < y$, 因此 A 是初始段 A_y 的并集. 但是这些都是 L 的初始段, 从而它们的并集 A 也是 L 的初始段, 与假设矛盾.

于是我们可以假设 A 有最终元 y. 则初始段 $A' = A_y$ 是 L 的初始段. 如果 $L \neq A'$ 且若 z 是 L 中最先不属于 A' 的元, 则

$$K_y = A' = L_z,$$

---

[1] Direkte Ableitung des Zornschen Lemmas aus dem Auswahlaxiom. *Math. Z.*, 1950, 53:110.

从而

$$y = fg(K_y) = fg(L_z) = z.$$

这意味着 A 恰由 A' 与 y 组成, 因而 A 是 L 的初始段, 与假设矛盾. 现在剩下的只有 $L = A'$ 这种可能性, 因而 L 是 K 的初始段. 这就证明了: 对于任意两个 fg 链, 总有一个是另一个的初始段.

现在我们作出所有 fg 链的并集 V. 则有

(1) V 具有线性序, 因此是一个链;

(2) V 是良序的;

(3) 对任意的 $y \in Y$, 有 $y = fg(V_y)$, 因此 V 是一个 fg 链;

(4) 如果添加了另一个元素 w 到 V, 则增广集 $\{V, w\}$ 不再是 fg 链.

现在令 $w = fg(V)$. 由于 $g(V) \leqslant fg(V) = w$, 所以 w 是 V 的上界. 如果 w 不属于 V, 则 $\{V, w\}$ 将是 fg 链, 与 (4) 矛盾. 因而 w 属于 V, 从而 $w \leqslant g(V)$. 另一方面 $g(V) \leqslant w$, 所以

$$g(V) = w, \qquad w = fg(V) = fw,$$

这就完成了基本引理的证明.

现在我们要使用选择公理以证明极大原理. 设 M 是偏序闭集. 如果 $x \in M$ 不是极大的, 则满足 $y > x$ 的 y 的集合是非空的. 根据选择公理, 对丁每个不是极大的 x 可以联系一个元素 $fx > x$, 而对于极大的 x, 令 $fx = x$. 根据基本引理, 存在 w 满足 $fw = w$. 因此 w 是极大的, 这样就完成了极大原理的证明.

9.3　良　序　定　理

选择公理的最重要的推论也许就是 Zermelo 的良序定理:

定理　*每个集合都是可以良序的.*

Zermelo 自己给出了这个定理的两个证明[1]. Kneser 指出, 第一个证明可以稍作简化, 叙述如下.

设 M 是一个集合, 对 M 的任意真子集 N, 其补集 $M - N$ 是非空的. 根据选择公理, 存在一个函数 $\varphi(N)$, 它把非空子集 N 对应到 $M - N$ 的一个元素.

我们把 M 的具有特殊序的子集 K 称为 φ 链, 如果对于 $y \in K$, 都有

$$y = \varphi(K_y).$$

这样, K_y 仍是 K 的截段, 它由在 K 的良序下先于 y 的所有 x 组成.

---

[1] *Math. Ann.*, 1904, 59:519; *Math. Ann.*, 1908, 65:107.

我们现在可以把 9.2 节中的 fg 链换成 φ 链, 应用基本引理的所有论证. 这样形成所有 φ 链的并集 V, 并且证明 V 是良序的, V 是 φ 链, 且若添加一个元素 w 到 V, 则 $\{V,w\}$ 不再成为 φ 链.

如果 $V \neq M$, 则在 $M - V$ 里有特异元素 $w = \varphi(V)$, 把它添加到 V 作为结尾元素. 这样得到的增广集 $\{V,w\}$ 仍是 φ 链, 与前面的讨论矛盾. 另一个仅有的可能性是 $V = M$. 因此 M 是良序的.

良序的重要性在于, 以前我们对于可数集合所知道的完全归纳的方法可以推广到任意良序的集合. 这一点将在下一节讨论.

9.4 超限归纳法

超限归纳证明法

为了证明一个良序集合的元素全具有性质 E, 我们可以这样进行: 我们证明, 只要一个元素的所有先行元素全具有性质 E, 这个元素就具有性质 E(特别, 这个集合的初始元素具有性质 E). 于是所有的元素就都具有性质 E. 因为假如有元素不具有性质 E, 那么在这些元素中有一个初始元素 e, 但是它的所有先行元素都具有性质 E, 从而 e 也具有, 这就得出一个矛盾.

超限归纳构造法

假如我们要使良序集合 M 中每个元素 x 都与一个新的对象 $\varphi(x)$ 对应, 为了决定这个对应, 我们给了一个关系, 即所谓 "递归定义关系", 它把函数值 $\varphi(a)$ 与函数值 $\varphi(b)(b < a)$ 联系起来. 假定一旦所有的函数值 $\varphi(b)(b < a)$ 给定之后, 这个关系就唯一地决定函数值 $\varphi(a)$, 它们一起适合所给的关系, 当然也可以是一组关系而不是一个关系.

定理 在所作的假定之下, 有一个且只有一个函数 $\varphi(x)$ 适合所给的关系.

证明 首先来证明唯一性. 假设有两个不同的函数 $\varphi(x), \psi(x)$, 它们都适合定义关系. 一定有一个初始的 a 使 $\varphi(a) \neq \psi(a)$. 对于所有的 $b < a$, 有 $\varphi(b) = \psi(a)$. 根据假定, 一旦所有的 $\varphi(b)$ 给定之后, 关系就唯一地决定函数值 $\varphi(a)$, 从而 $\varphi(a) = \psi(a)$, 与假设冲突.

为了证明存在, 我们考虑集合 M 的截段 A(截段 A 就是所有先于一个元素 a 的元素的集合). 它们组成 (以关系 $A \subset B$ 作为顺序关系) 一良序集合, 因为每个元素 a $1-1$ 地与一个截段 A 相对应, 由 $b < a$ 推出 $B \subset A$. 如果我们取集合 M 本身作为最后一个截段, 那么这个集合仍然是良序的.

我们现在对 A 作归纳来证明, 在每个集合 A 上都存在一个函数 $\varphi(x) = \varphi_A(x)$ (对于 A 中所有 x 定义), 适合所给的关系. 假定对于所有先于截段 A 的截段结论

已证. 有两个情形:

(1) A 有一个最后的元素 a. 在由 A 除去元素 a 所得的集合 A' 上已经定义了函数 $\varphi(x)$, 因为 A' 是先于 A 的截段. 根据定义关系, 由全体函数值 $\varphi(b)(b < a)$ 唯一地定义 $\varphi(a)$. 加进这个函数值, 函数 φ 就对于 A 的所有元素都定义了, 并且适合定义关系.

(2) A 没有最后的元素. A 的每个元素 a 因之都属于前面的某一个截段 B. 在前面的每个截段 B 上都已经定义了一个函数 φ_B. 我们希望定义:

$$\varphi(a) = \varphi_B(a),$$

为此首先必须证明, 这些属于不同截段的函数 $\varphi_B, \varphi_C, \cdots$ 在这些截段的每个公共的点上有相同的值. 假设 B 与 C 是不同的截段并且 $B \subset C$. 于是 φ_B 与 φ_C 在 B 上都定义并且都适合所给的关系, 因此它们重合 (根据已经证明的唯一性). 因之定义 $\varphi(a) = \varphi_B(a)$ 是有意义的. 显然, 这样造出的函数 φ 适合定义关系, 因为所有的函数 φ_B 全适合.

不论是情形 (1) 还是情形 (2), 在 A 上都有一个函数 φ 具有给定的性质, 这样就证明了在每一个截段上函数的存在. 如果特别就取集合 M 本身作为一个截段, 那么结论就证明了.

第 10 章　无限域扩张

每个域都可由它的素域经过有限的或无限的扩张得到. 在第 5 章和第 8 章中我们研究了有限的域扩张, 本章中我们要讨论无限域扩张. 先讨论代数扩张, 再讨论超越扩张.

所考察的域都是可交换的.

10.1　代数封闭域

一个已给域的各种代数扩域当中, 最大的代数扩域, 即不能再进一步代数地扩张的域, 自然具有重要的意义. 本节中我们将要证明这种扩张的确存在.

为了使得 Ω 是这样一个最大的代数扩域, 必要的条件就是 $\Omega[x]$ 中每个多项式都能完全分解成一次因子 (不然的话, 根据 6.3 节, 还可以添加一个次数大于 1 的多项式的零点, 将 Ω 作进一步的扩张). 这个条件同时也是充分的. 事实上, 如果 $\Omega[x]$ 中的每个多项式都能分解成一次因子, 而 Ω' 是一个代数扩域, 则 Ω' 中的每个元素满足 Ω 中的一个方程, 因而 (当我们把方程的左端分解成一次因子时) 满足 Ω 中一个一次方程. 因此这个元素属于 Ω. 这样一来, 就有 $\Omega' = \Omega$. 这就是说, Ω 是最大的代数扩域.

由于这个原因, 我们定义:

定义　域 Ω 称为一个代数封闭域, 如果在 $\Omega[x]$ 中每个多项式都能分解成一次因子.

与此等价的一个定义如下: Ω 称为代数封闭域, 如果 $\Omega[x]$ 中每一不等于常数的多项式在 Ω 中至少有一个零点, 因而在 $\Omega[x]$ 至少有一个一次因子.

事实上, 如果这一条件成立, 那么当我们把一个多项式分解成素因子时, 这些素因子只可能是一次的.

11.4 节中将要证明的 "代数学基本定理" 说明, 复数域是一个代数封闭域. 代数封闭域的另外一个例子, 就是所有代数的复数 (即满足一个以有理数为系数的代数方程的复数) 所组成的域. 如果一个复数是一个以代数数为系数的代数方程的根, 那么它不仅对代数数域来说是代数的, 对有理数域来说也是代数的, 因而它本身也是一个代数数.

在本节中我们将要看到, 任给一个域 P, 可以通过纯代数的途径造出一个代数封闭的扩域. 根据 Steinitz, 我们有下面的定理.

基本定理　　每个域 P 有一个代数封闭的代数扩域 Ω, 并且这个域在等价扩张的意义下是唯一地确定的, 这就是说, P 的任意两个代数封闭的代数扩域 Ω 和 Ω' 等价.

为了证明这个定理, 先要证明几个引理:

引理 1　　设 Ω 是 P 的一个代数扩域. Ω 为代数封闭域的一个充分条件是: $P[x]$ 中的每个多项式在 $\Omega[x]$ 中可分解成一次因子.

证明　　设 $f(x)$ 是 $\Omega[x]$ 中的一个多项式. 如果它不能分解成一次因子, 那么我们可以添加一个零点 α 而得到一个真扩域 Ω'. α 对 Ω 是代数的, 而 Ω 对 P 是代数的, 因此 α 对 P 是代数的. α 必是 $P[x]$ 中一个多项式 $g(x)$ 的零点. 另一方面, $g(x)$ 在 $\Omega[x]$ 中分解成一次因子, 因此 α 必是 $\Omega[x]$ 中一个一次因子的零点, 即 α 必属于 Ω, 然而这是与所设相违的.

引理 2　　如果域 P 已按某种方式良序化, 那么有一个一意地定义的方式可将多项式整环 $P[x]$ 良序化, 使得在这个良序中 P 恰为一截段.

证明　　我们定义 $P[x]$ 中多项式 $f(x)$ 的顺序如下: 在下面的情况下, $f(x) < g(x)$:

(1) $f(x)$ 的次数 $< g(x)$ 的次数;

(2) $f(x)$ 的次数 $= g(x)$ 的次数, 例如 $f(x) = a_0 x^n + \cdots + a_n, g(x) = b_0 x^n + \cdots + b_n$. 同时对某一足数 k 有

$$\begin{cases} a_i = b_i, & \text{当 } i < k, \\ a_k < b_k, & \text{在 } P \text{ 的良序中.} \end{cases}$$

这里, 和通常习惯相反, 我们赋给 0 多项式以次数 0. 显然, 这个定义给出了 $P[x]$ 中的一个顺序. 至于它是一个良序这一点, 可以证明如下: 每个非空的多项式集合中, 次数最低的多项式组成一个非空子集. 设这一最低次数为 n. 在这个子集中, 首项系数 a_0 在 P 的良序中出现最早的多项式又成一非空子集; 而在后一子集中, 具有最早系数 a_1 的多项式又成一非空子集. 余此类推. 最后得到的具有最早系数 a_n 的多项式的子集只可能包含一个多项式 (因为 $a_0, \cdots, a_n$ 由历次的最小性要求所唯一确定), 这个多项式就是所给集合中的第一个多项式.

引理 3　　假设域 P 已经良序化, 并且假设给定了一个 n 次多项式 $f(x)$ 和 n 个符号 $\alpha_1, \alpha_2, \cdots, \alpha_n$, 那么可以一意地造出一个域 $P(\alpha_1, \alpha_2, \cdots, \alpha_n)$, 并将其良序化, 使得 $f(x)$ 在这个域中可以完全分解成一次因子 $\prod_1^n (x - \alpha_i)$, 而 P 在这个域的良序中恰是一个截段.

证明　　我们由 $P = P_0$ 出发依次添加根 $\alpha_1, \alpha_2, \cdots, \alpha_n$, 从而依次造出域 P_1, $P_2, \cdots, P_n$. 假设域 $P_{i-1} = P(\alpha_1, \cdots, \alpha_{i-1})$ 已经造出且已良序化, 使得 P 是 P_{i-1} 中的一个截段. 域 P_i 可按下述方式造出:

首先, 根据引理 2, 可以将多项式整环 $P_{i-1}[x]$ 良序化. 在这个整环中, 多项式 $f(x)$ 将分解成一些不可约因子的乘积, 其中可能包括若干个一次因子 $x - \alpha_1, x - \alpha_2 \cdots, x - \alpha_{i-1}$. 在其余的因子当中, 假设 $f_i(x)$ 是在 $P_{i-1}[x]$ 中的良序下的第一个多项式. 根据 6.3 节, 我们可以把 α_i 作为 $f_i(x)$ 的一个根的符号, 从而作出域 $P_i = P_{i-1}(\alpha_i)$. 这个域就是所有和

$$\sum_0^{h-1} c_\lambda \alpha_i^\lambda$$

的全体, 其中 h 是多项式 $f_i(x)$ 的次数. 如果 $f_i(x)$ 是一次的, 那么自然就有 $P_i = P_{i-1}$, 这时 α_i 就不是一个新的符号, 而是 $f_i(x)$ 在 P_{i-1} 中的一个零点. 域 P_i 可按照下面的定则良序化: 对每个域元素 $\sum_0^{h-1} c_\lambda \alpha_i^\lambda$, 我们使一个多项式 $\sum_0^{h-1} c_\lambda x^\lambda$ 与之相对应, 并将域中的元素和相应的多项式一样编序.

显然, P_{i-1} 是 P_i 的一个截段, 因而 P 也是 P_i 的一个截段.

这样, 我们就依次地造出了域 $P_1, P_2, \cdots, P_n$, 并在它们之中定义了良序. P_n 就是所要求的唯一地可定义的域 $P(\alpha_1, \alpha_2, \cdots, \alpha_n)$.

引理 4   如果在一个由域所构成的有序集合中, 每一个出现在前面的域是每一个出现在后面的域的子域, 那么这些域的并集仍是一个域.

证明   任给并集中的两个元素 α 和 β, 可以找到两个域 Σ_α 和 Σ_β 分别包含 α 和 β, 其中一个域包含在另一个域之内. 在较大的那个域中 $\alpha + \beta$ 和 $\alpha \cdot \beta$ 都有定义, 并且这一定义对上述集合中所有包含 α 和 β 的域都是一样的, 因为任意两个这样的域中必有一个域是另一域的子域. 现在假设要证明结合律:

$$\alpha\beta \cdot \gamma = \alpha \cdot \beta\gamma.$$

我们从域 $\Sigma_\alpha, \Sigma_\beta, \Sigma_\gamma$ 中取最大 (出现最晚) 的一个, 那么 α, β 和 γ 都包含在这个域内, 而在这个域中结合律是成立的. 所有其余的运算规律都可以照这一方式来证明.

基本定理的证明   可分为两个部分: 域 Ω 的作法及其唯一性的证明. 域 Ω 的作法及唯一性的证明都是通过 9.4 节中所述的超限归纳法来进行的.

Ω 的作法

引理 1 告诉我们, 为了作出 P 的一个代数封闭的扩域 Ω, 只需作出一个对 P 为代数的域, 使得 $P[x]$ 中所有的多项式都能在这个域中完全分解成一次因子即可.

我们设想域 P, 从而多项式整环 $P[x]$, 已经良序化. 对每个多项式 $f(x)$, 我们使一组新的符号 $\alpha_1, \alpha_2, \cdots, \alpha_n$ 与之相对应, 后者的个数等于多项式的次数.

对每个多项式 $f(x)$, 可作出两个良序化的域 P_f 和 Σ_f, 这两个域由下面的递归关系定义:

(1) P_f 是域 P 和所有 $\Sigma_g(g < f)$ 的并集.

(2) P_f 中的良序应该如此确定, 以使得 P 和所有的 $\Sigma_g(g < f)$ 都是 P_f 的截段.

(3) Σ_f 可按引理 3 的作法将符号 $\alpha_1, \alpha_2, \cdots, \alpha_n$ 添加于 P_f 得出.

现在要证明的是: 当所有 $P_g, \Sigma_g(g < f)$ 均已造出, 并满足上述要求时, 通过上述要求的确能够一意地确定两个良序化的域 P_f 和 Σ_f.

如果 (3) 成立, 那么首先可以断定 P_f 是 Σ_f 的一个截段. 由这一事实, 并由 (2) 可以推知, P 和每个 $\Sigma_g(g < f)$ 都是 Σ_f 的截段. 假设对所有先于 f 的足标, 这三个要求都已满足, 则

$$\begin{cases} \text{对任意 } h < f, \ P \text{ 是 } \Sigma_h \text{ 的截段}; \\ \text{对任意 } g < h < f, \ \Sigma_g \text{ 是 } \Sigma_h \text{ 的截段}. \end{cases}$$

由此可知, 域 P 和 $\Sigma_h(h < f)$ 组成一个引理 4 所要求的有序集合, 因而它们的并集仍是一个域. 这个域就是相应于条件 (1) 的域 P_f. P_f 中的良序由条件 (2) 所唯一确定. 事实上, P_f 中的任意两个元素 a 和 b 必属于 P 或某一 Σ_g, 在那里它们之间有顺序 $a < b$ 或 $a > b$, 这一顺序在 P_f 的良序中应该保持不变. 这一顺序对所有包含 a 和 b 的域 P 或 Σ_g 都是一样的, 因为所有这些域中一个是另一个的截段. 这样就的确在 P_f 中定义了一个顺序. 至于这个顺序是一个良序, 这一点也是显然的. 事实上, P_f 中的一个非空集 $\mathfrak{M}$ 至少包含 P 或某一 Σ_g 中的一个元素, 因而包含一个属于 P 或 Σ_g 的最早的元素. 这个元素就是 $\mathfrak{M}$ 中的第一个元素.

这样一来, 域 P_f 以及其中的良序就由条件 (1) 和 (2) 所唯一地确定了. 由于 Σ_f 可由条件 (3) 唯一确定, 故 P_f 和 Σ_f 都造出来了.

由于条件 (3) 多项式 f 在 Σ_f 中可完全分解成一次因子. 其次, 我们可以用超限归纳法证明, Σ_f 对 P 是代数的. 事实上, 假设所有 $\Sigma_g(g < f)$ 都是代数的, 那么这些域和 P 的并集, 即域 P_f 也是代数的. 另一方面, 根据条件 (3), Σ_f 对 P_f 是代数的, 故对 P 也是代数的.

最后, 我们作所有 Σ_f 的并集 Ω. 根据引理 4, 这个并集仍是一个域, 这个域对 P 是代数的, 并且在它里面所有多项式 f 都能完全分解成一次因子 (因为每个 f 在 Σ_f 中已能分解成一次因子). 这样, 域 Ω 就是代数封闭的 (引理 1).

Ω 的唯一性

现在假设 Ω 和 Ω' 是两个域, 二者都是代数封闭的, 并且对 P 是代数的, 我们要证明它们的等价性. 为了这个目的, 我们假设两个域都已良序化. 对 Ω 的每个截段 $\mathfrak{A}$(这里 Ω 本身也算作截段之一), 我们要作出 Ω' 的一个截段 $\mathfrak{A}'$ 和一个同构

$$P(\mathfrak{A}) \cong P(\mathfrak{A}').$$

这一同构应满足下面的递归条件:

(1) 同构 $P(\mathfrak{A}) \cong P(\mathfrak{A}')$ 使得域 P 中的元素不动;

(2) 对 $\mathfrak{B} \subset \mathfrak{A}$, 同构 $P(\mathfrak{A}) \cong P(\mathfrak{A}')$ 是 $P(\mathfrak{B}) \cong P(\mathfrak{B}')$ 的一个开拓;

(3) 如果 $\mathfrak{A}$ 有一个最末元素 a, 从而 $\mathfrak{A} = \mathfrak{B} \cup \{a\}$, 并且 a 是 $P(\mathfrak{B})$ 中一个不可约多项式 $f(x)$ 的根, 而 $f'(x)$ 是在同构 $P(\mathfrak{B}) \cong P(\mathfrak{B}')$ 下和 $f(x)$ 对应的多项式, 则 a' 是 $f'(x)$ 在 Ω' 的良序中的一个根.

现在需要证明的是: 如果对所有较 $\mathfrak{A}$ 为先的截段 $\mathfrak{B} \subset \mathfrak{A}$ 满足上述条件的同构已经造出, 那么这三个条件的确能够决定一个, 而且是唯一的一个同构 $P(\mathfrak{A}) \cong P(\mathfrak{A}')$. 下面我们要区分两种不同的情形.

第一种情形. $\mathfrak{A}$ 中没有最末元素. 这时 $\mathfrak{A}$ 的每个元素 a 都已包含在一个较先的截段 $\mathfrak{B}$ 之内, 这就是说, $\mathfrak{A}$ 是所有 $\mathfrak{B}(\mathfrak{B} \subset \mathfrak{A})$ 的并集, 因而 $P(\mathfrak{A})$ 是域 $P(\mathfrak{B})$ 的并集. 由于每个同构 $P(\mathfrak{B}) \cong P(\mathfrak{B}')$ 都是较先的同构的开拓, 每个元素 α 在所有这些同构之下被映成同一元素 α'. 因此, 我们能够找到一个, 而且仅能找到一个同构 $P(\mathfrak{A}) \to P(\mathfrak{A}')$, 使得它包含所有较先的同构 $P(\mathfrak{B}) \to P(\mathfrak{B}')$, 这个同构就是对应 $\alpha \to \alpha'$. 这个对应显然是一个同构, 并满足条件 (1) 和 (2).

第二种情形. $\mathfrak{A}$ 中有一个最末元素 a. 这时 $\mathfrak{A} = \mathfrak{B} \cup \{a\}$. 条件 (3) 唯一地确定了和 a 对应的元素 a'. 由于 a' 所满足的 $P(\mathfrak{B}')$ 中的不可约方程和 a 所满足的 $P(\mathfrak{B})$ 中的不可约方程是 (在同构意义下的)"同一个" 方程, 故同构 $P(\mathfrak{B}) \to P(\mathfrak{B}')$(当 $\mathfrak{B}$ 为空集时就是恒等同构 $P \to P$) 可开拓为一个同构 $P(\mathfrak{B}, a) \to P(\mathfrak{B}', a')$, 其中 a 被映射成 a'(6.5 节). 这一同构是唯一确定的, 因为每个系数属于 $P(\mathfrak{B})$ 的有理函数 $\varphi(a)$ 必须映成以 $P(\mathfrak{B}')$ 中相应元素为系数的有理函数. 这样构出的同构显然满足条件 (1) 和 (2).

这样一来, 同构 $P(\mathfrak{A}) \to P(\mathfrak{A}')$ 就作出来了. 如命 Ω'' 表示所有 $P(\mathfrak{A}')$ 的并集, 那么就有一个同构 $P(\Omega) \to \Omega''$ 或 $\Omega \to \Omega''$, 它使得 P 按元素不动. 由于 Ω 是代数封闭的, Ω'' 也应是代数封闭的, 因而 Ω'' 应和整个 Ω' 相重合. 从这里就得出了曾经断言过的 Ω 和 Ω' 的等价性.

一个已给域的代数封闭扩域之所以有意义, 在于这个扩域在扩张的等价性的意义之下包含了一切可能代数扩域. 更确切地说:

定理　如果 Ω 是域 P 的一个代数封闭的代数扩域, 而 Σ 是 P 的任意代数扩域, 那么在 Ω 内可以找到一个和 Σ 等价的扩域 Σ_0.

证明　我们可以把 Σ 扩成一个代数封闭的代数扩域 Ω'. 这个域对 P 来说也是代数的, 因而与 Ω 等价. 把 Ω' 映射成 Ω 并使得 P 按元素不动的同构, 特别将 Σ 映射成 Ω 中的一个等价子域 Σ_0.

习题 10.1　证明: 任给 $P[x]$ 中的一组多项式, 存在 P 的一个唯一的扩域 Ω, 这个域是通过添加这组多项式的一切零点而得的.

注 我们也可以在本节定理的证明中用 Zorn 的一条引理来代替超限归纳法. 见 M. Zorn. *Bull. Amer. Math. Soc.*, 1935, 41: 667.

10.2 单纯超越扩域

我们知道, 一个 (交换) 域 Δ 的每个单纯超越扩域都等价于多项式整环 $\Delta[x]$ 的商域 $\Delta(x)$. 由此之故, 我们要对这个商域

$$\Omega = \Delta(x)$$

进行研究. Ω 中的元素即有理函数

$$\eta = \frac{f(x)}{g(x)}.$$

我们可以假定每个这样的分式都是既约的 (即 f 和 g 无公因子). $f(x)$ 和 $g(x)$ 的次数中的最大者称为函数 η 的次数.

定理 每个次数为 n 的不等于常数的 η 对 Δ 是超越的, 而 $\Delta(x)$ 对 $\Delta(\eta)$ 是代数的, 其次数为 n.

证明 设 $\eta = f(x)/g(x)$ 是不可约的. 这时 x 满足方程

$$g(x)\eta - f(x) = 0,$$

方程的系数属于 $\Delta(\eta)$. 这些系数不可能全等于零. 事实上, 如果这个方程所有系数都等于零, 而 a_k 是 $g(x)$ 中一个不等于零的系数, b_k 是 $f(x)$ 中 x 的同次幂的系数, 那么我们就会得到

$$a_k\eta - b_k = 0,$$

从而有 $\eta = b_k/a_k = $ 常数, 与所设相违. 由此可知, x 对 $\Delta(\eta)$ 是代数的.

如果 η 对 Δ 是代数的, 那么 x 对 Δ 也会是代数的, 但实际情形不是这样. 因此 η 是超越的.

x 是 $\Delta(\eta)[z]$ 中一个 n 次多项式

$$g(z)\eta - f(z)$$

的零点. 这个多项式在 $\Delta(\eta)[z]$ 中是不可约的. 不然的话, 根据 5.4 节, 它在 $\Delta[\eta, z]$ 中也将是可约的. 但这个多项式对 η 来说是一次的, 其中必有一个因子不依赖于 η 而仅依赖于 z. 由于 $g(z)$ 和 $f(z)$ 无公因子, 这样一个因子是不可能存在的.

这样一来, x 对 $\Delta(\eta)$ 就是一个次数为 n 的代数元素. 由此即得断言 $(\Delta(x) : \Delta(\eta)) = n$.

为了下面的需要, 我们在这里指出, 多项式

$$g(z)\eta - f(z)$$

没有仅仅依赖于 z 的 (即位于 $\Delta[z]$ 内的) 因子. 当把 η 代以它的值 $f(x)/g(x)$ 并将整个式子乘以分母 $g(x)$ 时, 这一事实也仍然成立. 这就是说, $\Delta[x,z]$ 中的多项式

$$g(z)f(x) - f(z)g(x)$$

没有仅依赖于 z 的因子.

由上面证明的定理可得出三个推论:

(1) 一个函数 $\eta = f(x)/g(x)$ 的次数仅取决于域 $\Delta(\eta)$ 和 $\Delta(x)$, 而与后一域的生成元 x 的特殊选择无关.

(2) $\Delta(\eta) = \Delta(x)$ 当且仅当 η 的次数为 1, 即 η 为分式线性函数. 这就是说, 可作为域 $\Delta(x)$ 的生成元的, 除了 x 之外还有 x 的所有分式线性函数, 并且仅有这些函数.

(3) $\Delta(x)$ 的任何一个使得 Δ 中的元素不动的自同构必将 x 映成另一生成元. 反之, 如果我们将 x 映成域的另一生成元 $\bar{x} = \dfrac{ax+b}{cx+d}$, 而将每一 $\varphi(x)$ 映成 $\varphi(\bar{x})$, 那么就可以得到一个自同构, 这个自同构使得 Δ 中的元素不动.

$\Delta(x)$ 相对于 Δ 的全部自同构, 就是分式线性代换

$$\bar{x} = \frac{ax+b}{cx+d}, \quad ad - bc \neq 0.$$

对于某些几何学上的应用来说, 下面的定理具有重要意义.

Lüroth 定理　每个中间域 $\Sigma : \Delta \subset \Sigma \subseteq \Delta(x)$, 都是一个单纯超越扩域: $\Sigma = \Delta(\vartheta)$.

证明　元素 x 对域 Σ 来说必是代数的. 事实上, 假设 η 是 Σ 中任意一个不属于 Δ 的元素, 那么像上面已经证明过的那样, x 对 $\Delta(\eta)$ 是代数的, 对整个 Σ 来说更应当是如此. 现设多项式整环 $\Sigma[z]$ 中首项系数为 1 且以 x 为零点的不可约多项式是

$$f_0(z) = z^n + a_1 z^{n-1} + \cdots + a_n. \tag{10.1}$$

我们要决定这个多项式 $f_0(z)$ 的构造.

系数 a_i 是 x 的有理函数. 乘上公分母之后可以使得这些系数都是多项式, 并且可以作到使所得的多项式

$$f(x,z) = b_0(x)z^n + b_1(x)z^{n-1} + \cdots + b_n(x)$$

对 x 来说是一个本原多项式 (参看 5.4 节). 设这个多项式对 x 的次数是 m, 对 z 的次数是 n.

(10.1) 的系数 $a_i = b_i/b_0$ 不可能全都和 x 无关, 因为不然的话 x 就会是 Δ 上的一个代数元素. 因此必有一个系数, 譬如说

$$\vartheta = a_i = \frac{b_i(x)}{b_0(x)},$$

或者写成既约形式时,

$$\vartheta = \frac{g(x)}{h(x)}$$

的确是和 x 有关的. $g(x)$ 和 $h(x)$ 的次数都不大于 m. 多项式 (不为零的)

$$g(z) - \vartheta h(z) = g(z) - \frac{g(x)}{h(x)} h(z)$$

有零点 $z = x$, 因而在 $\Sigma[z]$ 中可被 $f_0(z)$ 整除. 根据 5.4 节, 当我们把这两个对 x 为有理的多项式整理成对 x 为整有理的本原多项式时, 这一可除性仍然成立. 这样我们就有

$$h(x)g(z) - g(x)h(z) = q(x,z)f(x,z).$$

左端对 x 的次数不超过 m, 而右端的因子 f 就已经是 m 次的, 由此可知右端的次数应该恰等于 m, 从而 $q(x,z)$ 与 x 无关. 另一方面, 左端不可能有一个仅和 z 有关的因子, 因此 $q(x,z)$ 应是一个常数:

$$h(x)g(z) - g(x)h(z) = q \cdot f(x,z).$$

这样一来, 由于常数 q 不起影响, $f(x,z)$ 的构造就被确定了. $f(x,z)$ 对 x 的次数是 m, 因此 (根据对称性) 它对 z 的次数也是 m. 由此即得 $m = n$. $g(x)$ 和 $h(x)$ 的次数当中至少有一个达到最大值 m, 因此 ϑ 作为 x 的有理函数来看, 其次数恰等于 m.

这样一来, 一方面有

$$(\Delta(x) : \Delta(\vartheta)) = m,$$

另一方面有

$$(\Delta(x) : \Sigma) = m.$$

由于 Σ 包含着 $\Delta(\vartheta)$, 故有

$$(\Sigma : \Delta(\vartheta)) = 1,$$

即

$$\Sigma = \Delta(\vartheta).$$

Lüroth 定理在几何学中有下面的意义:

一条 (不可约的) 平面曲线 $F(\xi, \eta) = 0$ 称为一条有理曲线, 如果它上面的点除有限多个之外可由有理的参数方程:

$$\xi = f(t),$$
$$\eta = g(t)$$

来表示.

可能出现这样一种情况, 即曲线上的每个点 (可能要除去其中有限多个) 都相当于 t 的好几个值 (例如, 当

$$\xi = t^2,$$
$$\eta = t^2 + 1$$

时, 相当于 t 和 $-t$ 的是同一个点). 根据 Lüroth 定理, 我们可以适当地选择参数而避免这样的情况. 设 Δ 是一个域, 函数 f 和 g 的系数是属于这个域的, 再设 t 是一个未定元. $\Sigma = \Delta(f, g)$ 是 $\Delta(t)$ 的一个子域. 如果 t' 是 Σ 的一个本原元素, 则有

$$f(t) = f_1(t') \quad \text{(有理函数)},$$
$$g(t) = g_1(t') \quad \text{(有理函数)},$$
$$t' = \varphi(f, g) = \varphi(\xi, \eta).$$

容易验证, 新的参变数

$$\xi = f_1(t'),$$
$$\eta = g_1(t')$$

表示同一曲线, 而函数 $\varphi(x, y)$ 的分母只在曲线上的某有限个点为零, 因此对曲线上的每个点 (除有限多个点之外) 只有 t' 的一个值与之相当.

习题 10.2 如果域 $\Delta(x)$ 对子域 $\Delta(\eta)$ 是正规的, 则多项式 (10.1) 在它里面完全分解为一次因子. 所有这些因子都可以由其中的一个, 例如由 $z - x$, 对 x 作分式线性变换得出. 这些分式线性变换可由以下性质刻画: 它们组成一个有限群, 并且使得函数 $\vartheta = g(x)/h(x)$ 不变.

10.3 代数相关性与无关性

设 Ω 是某一固定的域 P 的一个扩域. 我们说 Ω 中的一个元素 v 和 $u_1, \cdots, u_n$ 代数相关, 如果 v 对域 $P(u_1, \cdots, u_n)$ 来说是代数的, 即 v 满足一个代数方程

$$a_0(u)v^g + a_1(u)v^{g-1} + \cdots + a_g(u) = 0,$$

其中的系数 $a_0(u),\cdots,a_g(u)$ 是 $u_1,\cdots,u_n$ 的系数属于 P 的多项式, 且不全为零.

代数相关这一关系具有下面的基本性质, 这些性质和线性相关性的基本性质完全类似 (参看 4.2 节):

基础定理 1　每个 $u_i(i=1,\cdots,n)$ 都和 $u_1,\cdots,u_n$ 代数相关.

基础定理 2　如果 v 和 $u_1,\cdots,u_n$ 代数相关, 而不和 $u_1,\cdots,u_{n-1}$ 代数相关, 则 u_n 和 $u_1,\cdots,u_{n-1},v$ 代数相关.

证明　我们设想已经把 $u_1,\cdots,u_{n-1}$ 添加到基域上去了. 这时 v 就和 u_n 代数相关, 因而有一个代数关系式

$$a_0(u_n)v^g + a_1(u_n)v^{g-1} + \cdots + a_g(u_n) = 0. \tag{10.2}$$

将这个方程按 u_n 的升幂排列, 就得

$$b_0(v)u_n^h + b_1(v)u_n^{h-1} + \cdots + b_g(v) = 0. \tag{10.3}$$

据假设, v 对基域 $P(u_1,\cdots,u_{n-1})$ 是超越的. 因此, $b_0(v),b_1(v),\cdots,b_n(v)$ 或者恒等于零 (作为 v 的多项式来看), 或者 $\neq 0$. 但这些多项式不可能全恒等于零, 因为不然的话, (10.2) 的左端作为 v 的多项式也将恒等于零, 即有 $a_0(u_n) = a_1(u_n) = \cdots = a_n(u_n) = 0$, 而这是与所设相违的. 这样, 在 (10.3) 中不可能所有的系数 b_k 都等于零. 因此, 由于 (10.3), u_n 相对于基域 $P(u_1,\cdots,u_{n-1})$ 来说, 和 v 代数相关.

基础定理 3　设 w 和 $v_1,\cdots,v_s$ 代数相关, 而每个 $v_j(j=1,\cdots,s)$ 又和 $u_1,\cdots,u_n$ 代数相关, 则 w 和 $u_1,\cdots,u_n$ 代数相关.

证明　如果 w 对域 $P(v_1,\cdots,v_n)$, 从而对域 $P(u_1,\cdots,u_n,v_1,\cdots,v_n)$ 来说, 是代数的, 而后一域对 $P(u_1,\cdots,u_n)$ 是代数的, 则根据 6.5 节, w 对 $P(u_1,\cdots,u_n)$ 也是代数的. 这就是所要证明的.

由于线性相关性的几个基础定理现在都能成立, 故 4.2 节中所建立的其他导出定理, 特别是替换定理, 也同样能成立.

类似于线性无关性的概念, 现在我们可以引进代数无关性的概念: $u_1,\cdots,u_r$ 称为对基域 K 代数无关, 如果没有一个 u_i 和其余元素 u_j 代数相关. 我们有

定理　元素 $u_1,\cdots,u_r$ 代数无关的充分必要条件是

$$f(u_1,\cdots,u_r) = 0,$$

其中 f 是系数属于 P 的多项式, 必然地可以推出这个多项式的系数全等于零.

证明　如果由 $f(u_1,\cdots,u_r) = 0$ 即可推出这个多项式恒等于零, 那么显然没有一个 u_i 和其余的 u_j 代数相关. 现在, 反过来假设 $u_1,\cdots,u_r$ 代数无关. 设

$$f(u_1,\cdots,u_r) = 0,$$

并将多项式 f 按 u_r 的幂排列, 则这个多项式的系数 $f_i(u_1, \cdots, u_{r-1})$ 都将等于零. 再将这些多项式按 u_{r-1} 的幂排列, 并用同样的方式来进行推论, 最后可知多项式 f 所有的系数都应等于零.

根据这个定理可知, 如果 $u_1, u_2, \cdots, u_n$ 代数无关的话, 它们不能由任何代数方程彼此相关联. 因此这些元素也称为无关超越元素.

如果 $u_1, \cdots, u_r$ 对 P 是代数无关的, 而 $z_1, \cdots, z_r$ 是一组不定元, 那么每个系数属于 P 的多项式 $f(z_1, \cdots, z_r)$ 都有一个多项式 $f(u_1, \cdots, u_n)$ 与之双方单值地相对应. 因此, $P[z_1, \cdots, z_r] \cong P[u_1, \cdots, u_r]$. 由多项式环的同构, 可得出其商域的同构:

$$P(z_1, \cdots, z_r) \cong P(u_1, \cdots, u_r).$$

因此, 无关超越元素 $u_1, \cdots, u_r$ 在所有代数性质上和不定元一致.

代数相关与代数无关的概念也可以对无限集合来定义.

我们说元素 v(对基域 P) 和集合 $\mathfrak{M}$ (代数) 相关, 如果它对域 $P(\mathfrak{M})$ 是代数的, 即这个元素能够满足一个代数方程, 而这个方程的系数是 $\mathfrak{M}$ 中的元素的有理函数 (系数属于 P)[①]. 在这一情况下, 我们可以将方程乘以系数的分母的积, 使之对 $\mathfrak{M}$ 中的元素来说是有理整的. 由于在这样一个方程中只出现 $\mathfrak{M}$ 中的有限多个元素 $u_1, \cdots, u_n$, 故有下面的结论:

如果 v 和 $\mathfrak{M}$ 代数相关, 则 v 必和 $\mathfrak{M}$ 中某有限多个元素代数相关.

如果我们这样选择有限子集 $\{u_1, \cdots, u_n\}$, 使得其中没有一个元素是多余的, 那么根据基础定理 2, 每一 u_i 和 v 以及其余的 u_j 代数相关.

基础定理 3 可以直接推广到无限集合:

如果 u 和 $\mathfrak{M}$ 代数相关, 而 $\mathfrak{M}$ 中的每个元素又和 $\mathfrak{N}$ 代数相关, 则 u 和 $\mathfrak{N}$ 代数相关.

我们说一个集合 $\mathfrak{N}$ 和一个集合 $\mathfrak{M}$(代数) 相关, 如果 $\mathfrak{N}$ 中所有的元素都和 $\mathfrak{M}$ 代数相关. 如果 $\mathfrak{N}$ 和 $\mathfrak{M}$ 相关, 而 $\mathfrak{M}$ 又和 $\mathfrak{L}$ 相关, 则 $\mathfrak{N}$ 和 $\mathfrak{L}$ 相关.

如果两个集 $\mathfrak{M}$ 和 $\mathfrak{N}$ 彼此代数相关, 我们就说它们 (对基域 P) 等价. 等价关系是自反的、对称的和传递的.

一个集合 $\mathfrak{M}$ 称为 (对域 P) 是代数无关的, 如果 $\mathfrak{M}$ 中没有一个元素和其余的元素代数相关. 在这一情形下我们也说, 集合 $\mathfrak{M}$"完全由代数无关元素组成".

如果 $\mathfrak{M}$ 是代数无关的, 那么 $\mathfrak{M}$ 中有限多个不同元素之间的一个关系

$$f(u_1, \cdots, u_r) = 0$$

[①] 如果一个元素对 P 是代数的, 我们就说它和空集代数相关.

(其中 f 是系数在 P 中的多项式) 只有当 f 恒等于零, 即

$$f(x_1, \cdots, x_r) = 0 \quad (\text{对不定元 } x_i)$$

时才能成立.

现在如果我们作一个多项式整环 $P[\mathfrak{X}]$, 其不定元的个数和 $\mathfrak{M}$ 中元素的个数一样 (有限或无限多个). 对每个元素 $f(x_1, \cdots, x_r)$ 我们使域元素 $f(u_1, \cdots, u_r)$ 与之相对应. 这样显然得出多项式整环到由域元素 $f(u_1, \cdots, u_r)$ 所组成的集合 $P[\mathfrak{M}]$ 的一个同态. 另一方面, 如果 $\mathfrak{M}$ 是代数无关的, 则这个同态把不同的多项式映成不同的域元素, 因而在这一情形下我们有同构:

$$P[\mathfrak{X}] \cong P[\mathfrak{M}].$$

由多项式环的同构又可以得出其商域的同构. 这就证明了下面的结论:

定理   将一个代数无关的集添加到 P, 所得的域 $P(\mathfrak{M})$ 同构于一个和 $\mathfrak{M}$ 等势的不定元的集合 $\mathfrak{X}$ 的有理函数域, 即多项式整环 $P[\mathfrak{X}]$ 的商域.

将一个代数无关集合 $\mathfrak{M}$ 添加于 P 而得的任何一个域 $P(\mathfrak{M})$ 称为 P 的一个纯超越扩张. 纯超越扩张的结构由前面的定理完全确定: 每个这样的域都同构于一个多项式整坏的商域. 因此, 这种域的结构只和代数无关集合 $\mathfrak{M}$ 的势有关. 这个势就是下一节所要讨论的超越次数.

10.4   超 越 次 数

我们要证明, 每个域扩张都可以分解成一个纯超越扩张和这一纯超越扩张之上的一个代数扩张. 这个结论要归根于下面这样一个定理:

定理   如果 Ω 是 P 的一个扩张, 则 Ω 中的每个子集 $\mathfrak{M}$ 和一个包含在它之内的代数无关集合 $\mathfrak{M}'$ 等价.

证明   设 $\mathfrak{M}$ 已经良序化. 子集 $\mathfrak{M}'$ 的定义如下: $\mathfrak{M}$ 中的一个元素 a 属于 $\mathfrak{M}'$, 如果它和位于它之前的截段 $\mathfrak{A}$ 无关 (因而对 $P(\mathfrak{A})$ 是超越的). 关于 $\mathfrak{M}'$, 下面的事实成立:

(1) $\mathfrak{M}'$ 是代数无关的. 事实上, 如果某一元素, 譬如说 a_1, 和元素 $a_2, \cdots, a_k$ 相关, 我们设集合 $\{a_2, \cdots, a_n\}$ 是一个最小的这样的集合. 这时 a_i 当中的每一个都和其余的相关. 特别, 在 $\mathfrak{M}$ 中的良序下居最末的元素 a_i 和所有属于它之前的其余元素相关. 根据 $\mathfrak{M}'$ 的定义, 这个最末元素 a_i 不可能属于 $\mathfrak{M}'$.

(2) $\mathfrak{M}$ 和 $\mathfrak{M}'$ 相关. 不然的话, $\mathfrak{M}$ 中和 $\mathfrak{M}'$ 不相关的元素当中有一个最先的元素 a. a 不属于 $\mathfrak{M}'$, 因而必和位于它之前的截段 $\mathfrak{A}$ 相关, 而这个截段本身是和 $\mathfrak{M}'$

相关的 (因为 a 是第一个不和 $\mathfrak{M}'$ 相关的元素). 因此 a 和 $\mathfrak{M}'$ 相关, 而这是与所设相违的.

推论　如果 $\mathfrak{M} \subseteq \mathfrak{N}$, 则 $\mathfrak{M}$ 中的每一个和 $\mathfrak{M}$ 等价的不可约子集 $\mathfrak{M}'$ 可扩充为 $\mathfrak{N}$ 中一个和 $\mathfrak{N}$ 等价的不可约子集 $\mathfrak{N}'$.

证明　在 $\mathfrak{N}$ 中引入一个良序, 使得在这个良序中 $\mathfrak{M}$ 中的元素居于最前, 并在 $\mathfrak{N}$ 中作出相应的子集 $\mathfrak{N}'$, 其作法和上面在 $\mathfrak{M}$ 中作子集 $\mathfrak{M}'$ 一样. 这样一来, $\mathfrak{N}'$ 显然包含着 $\mathfrak{M}'$ 中的元素.

习题 10.3　对于 $\mathfrak{M}$ 的所有代数无子集的闭集 A, 使用 Zorn 引理证明定理.

从上面的定理可以看出, P 的每一个扩张 Ω 都可以看作是 $P(\mathfrak{G})$ 的一个代数扩张, 其中 $\mathfrak{G}$ 是一个代数无关集合, 从而 $P(\mathfrak{G})$ 是 P 的一个纯超越扩张. 这也就是说, Ω 可由 P 先作一纯超越扩张, 然后再在这一基础之上作一纯代数扩张得到.

通过上面几个定理作出的代数无关集合 $\mathfrak{M}'$ 当然不是唯一的, 可是它的势 (因而纯超越扩张 $P(\mathfrak{M}')$ 的类型) 却是唯一地确定的. 事实上, 下面的定理成立:

定理　两个彼此等价的代数无关集合 $\mathfrak{M}$ 和 $\mathfrak{N}$ 是等势的.

关于这一定理的一般证明, 可参看 *Journal f. d. reine u. angew. Math.*, 137 卷中 Steinitz 的原作或 Haupt《代数学引论 II》, 23 章 6 节. 一个最重要的特殊情形, 就是集合 $\mathfrak{M}$ 和 $\mathfrak{N}$ 当中至少有一个是有限集合的情况. 事实上, 设 $\mathfrak{M}$ 由 r 个元素 $u_1, u_2, \cdots, u_r$ 组成, 那么根据 4.2 节推论 4, $\mathfrak{N}$ 也不可能包含多于 r 个元素, 因而 $\mathfrak{N}$ 也是有限的. 另一方面, 根据同样的理由, $\mathfrak{M}$ 也不可能比 $\mathfrak{N}$ 包含更多的元素, 因此 $\mathfrak{M}$ 和 $\mathfrak{N}$ 等势.

和 Ω 等价的不可约集合 $\mathfrak{M}'$ 的唯一确定的势, 称为域 Ω(对域 P) 的超越次数.

定理　如果一个扩张可以依次作两个 (有限) 超越次数分别为 s 和 t 的扩张得到, 那么这个扩张的超越次数等于 $s+t$[①].

证明　设 $P \subseteq \Sigma \subseteq \Omega$. 设 $\mathfrak{G}$ 是 Σ 中一个对 P 来说代数无关而与 Σ 等价的集合, $\mathfrak{T}$ 是 Ω 中一个对 Σ 来说代数无关而与 Ω 等价的集合, 那么 $\mathfrak{G}$ 的势是 s, 而 $\mathfrak{T}$ 的势是 t, 并且 $\mathfrak{G}$ 和 $\mathfrak{T}$ 没有公共元素, 因而 $\mathfrak{G} \cup \mathfrak{T}$ 的势是 $s+t$, 如果我们能够证明 $\mathfrak{G} \cup \mathfrak{T}$ 对 P 不可约且与 Ω 等价, 那么我们的证明就完成了.

Ω 对 $\Sigma(\mathfrak{T})$ 是代数的, Σ 对 $P(\mathfrak{G})$ 是代数的. 因此, Ω 对 $P(\mathfrak{G}, \mathfrak{T})$ 是代数的, 即 Ω 和 $\mathfrak{G} \cup \mathfrak{T}$ 等价.

如果 $\mathfrak{G} \cup \mathfrak{T}$ 中某有限多个元素之间存在一个系数属于 P 的代数关系, 那么首先可以断定, $\mathfrak{T}$ 中的元素事实上不可能出现在这个关系中. 不然的话, 在 $\mathfrak{T}$ 中的这样一些元素之间就会有一个系数属于 Σ 的代数关系, 而这是和 $\mathfrak{T}$ 的代数无关性相违背的. 因此, $\mathfrak{G}$ 中的元素之间存在一个关系, 而这又和 $\mathfrak{G}$ 的代数无关性相矛盾.

---

① 这个定理对无限超越次数也成立, 但是要用到无限势相加的概念, 而这是我们所没有讲过的.

由此可知, $\mathfrak{S} \cup \mathfrak{T}$ 对 P 来说是不可约的. 这就证明了定理.

10.5　代数函数的微分法

在 5.1 节中给出的多项式 $f(x)$ 的导数的定义, 可以直接推广于系数属于域 P 的、一个不定元的有理函数

$$\varphi(x) = \frac{f(x)}{g(x)}.$$

事实上, 如果我们作差

$$\varphi(x+h) - \varphi(x) = \frac{f(x+h)g(x) - f(x)g(x+h)}{g(x)g(x+h)},$$

则当 $h = 0$ 时这个分式的分子等于零. 因此分子中含有因子 h. 两端同除以 h 即得

$$\frac{\varphi(x+h) - \varphi(x)}{h} = \frac{q(x,h)}{g(x)g(x+h)}. \tag{10.4}$$

右端是 h 的一个有理函数, 当 $h = 0$ 时, 由于分母不为零, 故这个有理函数有完全确定的值. 这个值称为有理函数 $\varphi(x)$ 的微商或导数 $\varphi'(x)$:

$$\varphi'(x) = \frac{d\varphi(x)}{dx} = \frac{q(x,0)}{g(x)^2}. \tag{10.5}$$

为了实际计算 $q(x,0)$, 我们把 (10.4) 中右端的分子按 h 的升幂展开, 除以 h 再命 $h = 0$, 这样就得到

$$q(x,0) = f'(x)g(x) - f(x)g'(x),$$

以此式代入 (10.5) 即得商的微商的熟知的公式

$$\frac{d}{dx} \frac{f(x)}{g(x)} = \frac{f'(x)g(x) - f(x)g'(x)}{g(x)^2}.$$

设 $R(u_1, \cdots, u_n)$ 是一个有理函数, 它对不定元 $u_1, \cdots, u_n$ 的偏导数是 $R'_1, \cdots, R'_n$. 再设 $\varphi_1, \cdots, \varphi_n$ 是 x 的有理函数.

我们要证明全微商公式:

$$\frac{d}{dx} R(\varphi_1, \cdots, \varphi_n) = \sum_1^n R'_\nu(\varphi_1, \cdots, \varphi_n) \frac{d\varphi_\nu}{dx}. \tag{10.6}$$

为了这个目的, 我们根据微商的定义, 命

$$\varphi_\nu(x+h) - \varphi_\nu(x) = h\psi_\nu(x,h), \quad \psi_\nu(x,0) = \varphi'_\nu(x),$$

并命

$$R(u_1 + h_1, \cdots, u_n + h_n) - R(u_1, \cdots, u_n)$$
$$= \sum_{\nu=1}^{n} \{ R(u_1 + h_1, \cdots, u_\nu + h_\nu, u_{\nu+1}, \cdots, u_n)$$
$$- R(u_1 + h_1, \cdots, u_\nu, u_{\nu+1}, \cdots, u_n) \}$$
$$= \sum_{\nu=1}^{n} h_\nu S_\nu(u_1 + h_1, \cdots, u_\nu, h_\nu, u_{\nu+1}, \cdots, u_n), \qquad (10.7)$$

其中

$$S_\nu(u_1, \cdots, u_\nu, 0, u_{\nu+1}, \cdots, u_n) = R_\nu'(u_1, \cdots, u_n).$$

在恒等式 (10.7) 中命

$$u_\nu = \varphi_\nu(x), \quad h_\nu = \varphi_\nu(x + h) - \varphi_\nu(x) = h \psi_\nu(x, h),$$

并除以 h, 则得

$$\frac{R(\varphi_1(x + h), \cdots, \varphi_n(x + h)) - R(\varphi_1(x), \cdots, \varphi_n(x))}{h}$$
$$= \sum_{\nu=1}^{n} \psi_\nu(x, h) S_\nu(\varphi_1 + h\psi_1, \cdots, \varphi_\nu, h\psi_\nu, \varphi_{\nu+1}, \cdots, \varphi_n).$$

在右端命 $h = 0$, 即有

$$\frac{d}{dx} R(\varphi_1, \cdots, \varphi_n) = \sum \varphi_\nu'(x) R_\nu'(\varphi_1, \cdots, \varphi_n).$$

这就证明了 (10.6).

现在我们要把微分法的理论推广到一个变量 x 的代数函数去. 所谓不定元 x 的一个代数函数, 指的就是 $P(x)$ 的一个代数扩张中的一个任意的元素 η. 这里我们只作一个假定, 即 η 对 $P(x)$ 是可分的.

这样, 代数函数 η 就是 $P(x)$ 上一个可分不可约多项式 $F(x, y)$ 的一个零点:

$$F(x, \eta) = 0.$$

$F(x, y)$ 对 x 和 y 的偏导数分别记作 F_x' 和 F_y'. 由于可分性, $F_y'(x, y)$ 和 $F(x, y)$ 没有公共零点. 因此

$$F_y'(x, \eta) \neq 0.$$

在给出导数 $\dfrac{d\eta}{dx}$ 的一个合适的定义时, 我们当然会期望全微商的规则对多项式

$F(x, y)$ 成立, 即希望有

$$F'_x(x, \eta) + \frac{d\eta}{dx} F'_y(x, \eta) = 0.$$

因此我们定义

$$\frac{d\eta}{dx} = -\frac{F'_x(x, \eta)}{F'_y(x, \eta)}. \tag{10.8}$$

立即可以看出, 这个定义实际上和定义多项式 $F(x, y)$ 的选择无关. 事实上, 如果将 $F(x, y)$ 换成 $F(x, y) \cdot \psi(x)$, 其中 $\psi(x)$ 为 x 的任意有理函数, 则 (10.8) 中的 $F'_x(x, \eta)$ 和 $F'_y(x, \eta)$ 将被换成

$$F'_x(x, \eta) \cdot \psi(x) + F(x, \eta) \cdot \psi'(x) = F'_x(x, \eta)\psi(x)$$

和

$$F'_y(x, \eta) \cdot \psi(x),$$

而这是不会改变二者的商 (10.8) 的.

特别, 如果 $\eta = c$ 是 P 中的常数, 那么在 η 的定义方程中 x 根本不会出现, 因此 $\frac{dc}{dx} = 0$.

现在设 ζ 是域 $P(x, \eta)$ 中的一个元素, 即 x 和 η 的一个有理函数, 并且对 η 是有理整的:

$$\zeta = \varphi(x, \eta).$$

我们要对这个函数 φ 证明全微商规则:

$$\frac{d\zeta}{dx} = \varphi'_x(x, \eta) + \varphi'_y(x, \eta)\frac{d\eta}{dx}, \tag{10.9}$$

其中 φ'_x 和 φ'_y 代表 $\varphi(x, y)$ 对 x 和 y 的偏导数. 为了这个目的, 我们作出 ζ 的定义方程:

$$G(x, \zeta) = 0,$$

并可设这个方程对 x 和 ζ 是有理整的. 将 ζ 的表达式 $\varphi(x, \eta)$ 代到这个方程中去, 并将 η 换成不定元 y. 这样得到的 y 的多项式以 η 为它的一个零点, 因而可被 $F(x, y)$ 整除

$$G(x, \varphi(x, y)) = Q(x, y)F(x, y).$$

利用全微商规则 (10.6) 将这个恒等式分别对 x 和 y 求偏微商得

$$G'_x(x, \varphi(x, y)) + G'_z(x, \varphi(x, y))\varphi'_x(x, y) = QF'_x + Q'_x F(x, y),$$

$$G'_z(x, \varphi(x, y))\varphi'_y(x, y) = QF'_y + Q'_y F(x, y).$$

再将 y 换成 η, 这时含有 $F(x,y)$ 的项将成为零. 其次, 根据定义 (10.6), 命

$$F'_x(x,\eta) = -F'_y(x,\eta)\frac{d\eta}{dx},$$

$$G'_x(x,\zeta) = -G'_z(x,\zeta)\frac{d\zeta}{dx},$$

即得

$$-G'_z(x,\zeta)\cdot\frac{d\zeta}{dx} + G'_z(x,\zeta)\varphi'_x(x,\eta) = -Q(x,\eta)F'_y(x,\eta)\cdot\frac{d\eta}{dx},$$

$$G'_z(x,\zeta)\varphi'_y(x,\eta) = Q(x,\eta)F'_y(x,\eta).$$

将第二个方程乘以 $\dfrac{d\eta}{dx}$ 加到第一个方程上去, 并将整个式子除以 G'_z, 即得

$$-\frac{d\zeta}{dx} + \varphi'_x(x,\eta) + \varphi'_y(x,\eta)\cdot\frac{d\eta}{dx} = 0.$$

这就证明了 (10.9).

　　通过这样一些计算证明了特殊情形 (10.9) 之后, 一般的全微商规则的证明就不再费力了. 这个规则说: 如果 $\eta_1,\cdots,\eta_n$ 是一个域中 x 的可分代数函数, 而 $R(u_1,\cdots,u_n)$ 是一个多项式, 其偏导数为 R'_ν, 则

$$\frac{d}{dx}R(\eta_1,\cdots,\eta_n) = \sum_1^n R'_\nu(\eta_1,\cdots,\eta_n)\frac{d\eta_\nu}{dx}. \tag{10.10}$$

　　证明　设 ϑ 是 $P(x)$ 的可分扩域 $P(x,\eta_1,\cdots,\eta_n)$ 的一个本原元素, 那么所有的 η_ν 都可以表成 x 和 ϑ 的有理函数:

$$\eta_\nu = \varphi_\nu(x,\vartheta).$$

　　如果 $\varphi'_{\nu x}$ 和 $\varphi'_{\nu t}$ 是 $\varphi_\nu(x,t)$ 对 x 和 t 的偏导数, 则根据 (10.9) 有

$$\frac{d\eta_\nu}{dx} = \varphi'_{\nu x}(x,\vartheta) + \varphi'_{\nu t}(x,\vartheta)\cdot\frac{d\vartheta}{dx}.$$

同样, 如果 R'_x 和 R'_t 是函数 $R(\varphi_1(x,t),\cdots,\varphi_n(x,t))$ 的偏导数, 则

$$\frac{d}{dx}R(\eta_1,\cdots,\eta_n) = \frac{d}{dx}R(\varphi_1(x,\vartheta),\cdots,\varphi_n(x,\vartheta))$$

$$= R'_x(x,\vartheta) + R'_t(x,\vartheta)\cdot\frac{d\vartheta}{dx}.$$

但根据 (10.6) 我们有

$$R'_x(x,t) = \sum_1^n R'_\nu(\varphi_1(x,t),\cdots,\varphi_n(x,t))\varphi'_{\nu x}(x,t),$$

$$R'_t(x,t) = \sum_1^n R'_\nu(\varphi_1(x,t),\cdots,\varphi_n(x,t))\varphi'_{\nu t}(x,t),$$

故得

$$\begin{aligned}
\frac{d}{dx}R(\eta_1,\cdots,\eta_n) &= \sum_1^n R'_\nu(\varphi_1(x,\vartheta),\cdots,\varphi_n(x,\vartheta)) \\
&\quad \times \left\{ \varphi'_{\nu x}(x,\vartheta) + \varphi'_{\nu t}(x,\vartheta)\cdot\frac{d\vartheta}{dx} \right\} \\
&= \sum_1^n R'_\nu(\eta_1,\cdots,\eta_n)\frac{d\eta_\nu}{dx}.
\end{aligned}$$

一般规则 (10.10) 的几个重要的特殊情形是:

$$\frac{d}{dx}(\eta+\zeta) = \frac{d\eta}{dx} + \frac{d\zeta}{dx}, \tag{10.11}$$

$$\frac{d}{dx}\eta\zeta = \eta\frac{d\zeta}{dx} + \zeta\frac{d\eta}{dx}, \tag{10.12}$$

$$\frac{d}{dx}\frac{\eta}{\zeta} = \frac{1}{\zeta^2}\left(\zeta\frac{d\eta}{dx} - \eta\frac{d\zeta}{dx} \right), \tag{10.13}$$

$$\frac{d}{dx}\eta^r = r\eta^{r-1}\frac{d\eta}{dx}. \tag{10.14}$$

　　显然, 微商的定义 (10.8) 不仅当 x 为不定元时适用, 当 x 是基域 P 上的超越元素, 而 η 是 $P(x)$ 上的可分代数元素时也是适用的. 我们经常把 x 改写成 ξ. 由于这个原因, 在 P 上一个超越次数为 1 的域中, 我们可以对超越元素 ξ 求所有元素 η 的微商, 只要后者对 $P(\xi)$ 为可分就行.

　　设 η,ζ 都和 ξ 代数相关, 则域 $P(\xi,\eta,\zeta)$ 对域 P 的超越次数为 1. 如果 η 对 P 是超越的, 则 ζ 和 η 代数相关, 因此我们可以作出微商 $\dfrac{d\zeta}{d\eta}$. 设

$$G(\eta,\zeta) = 0 \tag{10.15}$$

是 ζ 在 $P(\eta)$ 上的定义方程, 而 G'_y 和 G'_z 是 $G(y,z)$ 的偏导数, 则有

$$G'_y(\eta,\zeta) + G'_z(\eta,\zeta)\frac{d\zeta}{d\eta} = 0. \tag{10.16}$$

另一方面, 将 (10.15) 对 ξ 微分之, 根据全微商规则有

$$G'_y(\eta,\zeta)\frac{d\eta}{d\xi} + G'_z(\eta,\zeta)\frac{d\zeta}{d\xi} = 0. \tag{10.17}$$

将 (10.16) 乘以 $d\eta/d\xi$ 并从所得等式中减去 (10.17), 即得连锁规则:

$$\frac{d\zeta}{d\xi} = \frac{d\zeta}{d\eta}\frac{d\eta}{d\xi}. \tag{10.18}$$

特别, 当 $\zeta = \xi$ 时由 (10.18) 可得

$$\frac{d\xi}{d\eta} \cdot \frac{d\eta}{d\xi} = 1. \tag{10.19}$$

这样一来, 我们就用纯代数的方式对一个变量的代数函数推导出了普通微分学中的全部规则. 这里没有利用到任何极限的考虑.

第 11 章 实 域

在代数数域的研究中, 除去代数性质外还有某些非代数的性质: 绝对值 $|a|$、实性、正性等也起作用. 下面所举的例子指明, 这些性质不能由代数运算 $+$ 与 $\cdot$ 唯一的定义.

设 $\mathbb{Q}$ 是有理数域, 且设 w 是方程 $x^4 = 2$ 的一个实根, iw 是它的一个纯虚根. 同构

$$\mathbb{Q}(w) \cong \mathbb{Q}(iw)$$

保持所有的代数性质. 但是这个同构把实数 w 变到纯虚数 iw, 把正数 $w^2 = \sqrt{2}$ 变到负数 $(iw)^2 = -\sqrt{2}$. 而把绝对值 > 1 的数 $1 + \sqrt{2}$ 变到绝对值 < 1 的数 $1 - \sqrt{2}$.

在讨论过程中将看到, 这些非代数的性质还是与某些代数性质有联系, 譬如在全体代数数的域中 (也就是属于 $\mathbb{Q}$ 的代数封闭的扩域中), 可以用代数的性质刻画出一系列的 (不是一个) 子域, 它们的每一个都与全体实代数数的域代数等价. 在这样一些域中选定一个之后, 它的元素这时可以称为 "实的", 于是我们就可以代数地来定义绝对值以及正性等概念.

但是, 在进入这个代数理论之前, 我们先介绍一下在分析中通常所用的实数与复数的引入方法, 这并不是由于在逻辑上是必要的, 而是由于在我们知道了什么是实数与复数之后, 这个纯代数理论所提出的问题可以有更清楚的了解, 同时也能就此谈一下极为重要的顺序与基本序列的概念.

11.1 有 序 域

在这一节, 我们用公理的方法来讨论第一个非代数的性质: 正性以及由它决定的顺序.

一个域 K 称为有序的, 如果对于它的元素定义了一个性质, 叫做正的 (> 0), 这个性质满足以下要求:

(1) 对于 K 的每个元素 a, 关系

$$a = 0, \quad a > 0, \quad -a > 0$$

中恰有一个成立;

(2) 如果 $a > 0$ 且 $b > 0$, 则 $a + b > 0$ 且 $ab > 0$.

如果 $-a > 0$, 我们就说, a 是负的.

如果在一有序域中我们按以下规定一般地来定义一大小关系

$$a > b, \quad \text{说成} \quad a \text{ 大于 } b$$
$$(\text{或者} \quad b < a, \quad \text{说成} \quad b \text{ 小于 } a)$$
$$\text{当 } a - b > 0,$$

那么不难证明, 它适合集合论的顺序公理. 对于任意两个元素 a, b, 必有 $a < b$ 或者 $a = b$ 或者 $a > b$. 由 $a > b$ 与 $b > c$ 推出 $a - b > 0$ 与 $b - c > 0$, 因之 $a - c = (a - b) + (b - c) > 0$, 从而 $a > c$. 和 1.3 节中一样我们还有, 由 $a > b$ 推出 $a + c > b + c$ 以及在 $c > 0$ 的情形 $ac > bc$. 最后, 当 a 与 b 是正的, 由 $a > b$ 推出 $a^{-1} < b^{-1}$(反之亦然), 因为

$$ab(b^{-1} - a^{-1}) = a - b.$$

在有序域中, 所谓元素 a 的绝对值 $|a|$ 是指元素 $a, -a$ 中非负的那一个, 绝对值的计算适合规则

$$|ab| = |a| \cdot |b|,$$
$$|a + b| \leqslant |a| + |b|.$$

对于第一个, 我们不难分四个可能的情形:

$$a \geqslant 0, \quad b \geqslant 0;$$
$$a \geqslant 0, \quad b < 0;$$
$$a < 0, \quad b \geqslant 0;$$
$$a < 0, \quad b < 0$$

来验证. 至于第二条规则, 在 $a \geqslant 0, b \geqslant 0$ 的情形, 等号显然成立, 因为两边都等于非负数 $a + b$, 在 $a < 0, b < 0$ 的情形也一样. 这时两边都等于非负数 $-(a + b)$. 在四个情形中还剩下当中的两个情形, 只要考虑其中的一个: $a \geqslant 0, b < 0$ 就够了. 在这个情形有

$$a + b < a < a - b = |a| + |b|,$$
$$-a - b \leqslant -b \leqslant a - b = |a| + |b|,$$

因而

$$|a + b| \leqslant |a| + |b|.$$

我们也有

$$a^2 = (-a)^2 = |a|^2 \geqslant 0,$$

等号只在 $a = 0$ 时成立. 由此进一步推出, 平方和总是 $\geqslant 0$, 并且只有在加项中每个全为零时才会 $= 0$.

特别地, 单位元素 $1 = 1^2$ 总是正的, 同样, 每个和 $n \cdot 1 = 1 + 1 + \cdots + 1$ 是正的. 因之不可能有 $n \cdot 1 = 0$. 这就是说: 有序域的特征是零.

引理　如果环 $\mathfrak{R}$ 是有序的, K 是 $\mathfrak{R}$ 的商域, 那么 K 可以按一种方法且仅有一种方法定义成有序域, 使 $\mathfrak{R}$ 在其中仍保持原来的序.

假设 K 已经按所要的方式定义成有序的. K 中任意一个元素都具有形式 $a = b/c$ (b, c 在 $\mathfrak{R}$ 中且 $c \neq 0$). 由

$$\frac{b}{c} > 0 \quad 或者 \; = 0 \quad 或者 < 0,$$

乘上 c^2 就分别得出

$$bc > 0 \quad 或者 \; = 0 \quad 或者 < 0.$$

因之 K 的可能的序是被 $\mathfrak{R}$ 的序唯一决定的. 反过来不难看出, 规定

$$\frac{b}{c} > 0, \quad 当 \quad bc > 0$$

的确定义 K 的一个序, 而 $\mathfrak{R}$ 在其中保持原来的序.

特别地, 有理数域 $\mathbb{Q}$ 的序只能按一种方法定义, 因为整数环 $\mathbb{Z}$ 显然只能有自然顺序. 因之 $m/n > 0$, 当 $m \cdot n$ 是一自然数. 每个有序域在此顺序下包含域 $\mathbb{Q}$.

两个有序域称为相似同构的, 如果在它们之间有一同构映射, 它把正元素总是变到正元素.

一个域称为阿基米德有序的[1], 如果在给定的顺序之下, 对于每个域中元素 a 都有一 "自然数" n 使 $n > a$. 这时, 对于每个元素 a 也有一个数 $-n < a$ 以及对于每个正的 a 有分数 $1/n < a$. 例如, 有理数域 $\mathbb{Q}$ 是阿基米德有序的. 如果一个域是非阿基米德有序的, 那么其中必有 "无穷大" 元素, 它大于所有的有理数, 也有 "无穷小" 元素, 它比所有的正有理数小, 但大于零[2].

习题 11.1　有理系数多项式 $f(t)$ 称为正的, 如果其中出现的不定元最高方幂的系数是正的. 证明: 这样就在多项式环 $\mathbb{Q}[t]$ 中, 从而在它的商域 $\mathbb{Q}(t)$ 中定义了一个顺序, 这个顺序是非阿基米德的 (t 是 "无穷大").

---

[1] 在几何中 "阿基米德公理" 就是: 任一由给定的 P 出发的给定线段 PQ, 沿 PR 的方向伸长若干倍之后总能超过任意给定的点 R.

[2] 关于非阿基米德有序域的文献:

Artin E, Schreier O. Algebraische Konstruktion reeller Körper (实域的代数构造). *Abh. Math. Sem. Hamburg*, 1926, 5: 83–115.

Baer R. Über nichtarchimedisch geordnete Körper (关于非阿基米德有序域). Sitzungsber. Heidelb. Ak., 8. Abhandlung, 1927.

习题 11.2 设
$$f(x) = x^n + a_1 x^{n-1} + \cdots + a_n,$$
其中 a_i 属于一有序域 K. 设 M 是元素 1 与 $|a_1| + \cdots + |a_n|$ 中较大的一个. 证明:

$$f(s) > 0 \quad \text{对于} \ s > M,$$

$$(-1)^n f(s) > 0 \quad \text{对于} \ s < -M.$$

由此可见, 如果 $f(s)$ 在 K 中有零点, 那么一定在区域 $-M \leqslant s \leqslant M$ 中.

习题 11.3 仍设 $f(x) = x^n + a_1 x^{n-1} + \cdots + a_n$, 所有的 $a_i \geqslant -c, c \leqslant 0$. 证明: $f(s) > 0$ 对于 $s \geqslant 1 + c$ (利用不等式 $s^m > c(s^{m-1} + s^{m-2} + \cdots + 1)$). 用 $-x$ 代 x, 同样地求一个界 $-1 - c'$ 使 $(-1)^n f(s) > 0$ 当 $s < -1 - c'$. 如果除首项系数 1 以外, 系数 $a_1, \cdots, a_r$ 也是正的, 那么界 $1 + c$ 可以换成 $1 + \dfrac{c}{1 + a_1 + \cdots + a_r}$.

11.2 实数的定义

我们现在要来证明, 对于每个有序域 K 都能找到一个有序扩域 Ω, 在其中著名的 Cauchy 收敛定理成立. 如果 K 特别就是有理数域, 那么 Ω 将是熟知的 "实数" 域. 在各种分析基础中所熟悉的域 Ω 的构造法中, 我们这里采取 Cantor 的用 "基本序列" 的构造法.

由有序域 K 的元素 $a_1, a_2, \cdots$ 组成的无穷序列称为一基本序列 $\{a_v\}$, 如果对于 K 中每个正的 ε, 都有一自然数 $n = n(\varepsilon)$, 使得

$$|a_p - a_q| < \varepsilon \quad \text{对于} \ p > n, q > n. \tag{11.1}$$

令 $q = n + 1$, 由 (11.1) 推出

$$|a_p| \leqslant |a_q| + |a_p - a_q| < |a_{n+1}| + \varepsilon = M \quad \text{对于} \ p > n.$$

因之每个基本序列都是有上界和下界的.

基本序列的和与积定义为

$$c_n = a_n + b_n, \quad d_n = a_n b_n.$$

和与积还是基本序列, 证明如下: 对每个 ε, 有 n_1, 使

$$|a_p - a_q| < \frac{1}{2}\varepsilon \quad \text{对于} \ p > n_1, q > n_1,$$

又有 n_2, 使

$$|b_p - b_q| < \frac{1}{2}\varepsilon \quad \text{对于} \ p > n_2, q > n_2.$$

如果 n 是 n_1 与 n_2 中较大的一个, 则

$$|(a_p + b_p) - (a_q + b_q)| < \varepsilon \quad 对于 \ p > n, q > n.$$

同样地, 有 M_1 与 M_2, 使

$$|a_p| < M_1 \quad 对于 \ p > n_1,$$

$$|b_p| < M_2 \quad 对于 \ p > n_2,$$

并且对每个 ε, 有 $n' \geqslant n_2$ 与 $n'' \geqslant n_1$, 使

$$|a_p - a_q| < \frac{\varepsilon}{2M_2} \quad 对于 \ p > n', \ q > n',$$

$$|b_p - b_q| < \frac{\varepsilon}{2M_1} \quad 对于 \ p > n'', q > n''.$$

分别乘以 $|b_p|$ 与 $|a_q|$, 即得

$$|a_p b_p - a_q b_p| < \frac{\varepsilon}{2} \quad 对于 \ p > n', \ q > n',$$

$$|a_q b_p - a_q b_q| < \frac{\varepsilon}{2} \quad 对于 \ p > n'', \ q > n'',$$

因此, 如果 n 是 n' 与 n'' 中较大的一个, 则有

$$|a_p b_p - a_q b_q| < \varepsilon \quad 对于 \ p > n, \ q > n.$$

基本序列的加法与乘法显然适合环的全部公理. 因之, 基本序列组成一个环 $\mathfrak{o}$. "收敛于零" 的基本序列 $\{a_v\}$, 也就是对每个 ε, 都有 n, 使

$$|a_p| < \varepsilon \quad 对于 \ p > n,$$

称为一个零序列, 我们现在证明:

零序列在环 $\mathfrak{o}$ 中组成一个理想 $\mathfrak{n}$.

证明　如果 $\{a_p\}$ 与 $\{b_p\}$ 是零序列, 那么对于每个 ε, 有 n_1 与 n_2, 使

$$|a_p| < \frac{1}{2}\varepsilon \quad 对于 \ p > n_1,$$

$$|b_p| < \frac{1}{2}\varepsilon \quad 对于 \ p > n_2,$$

因之, 当 n 是 n_1 与 n_2 中较大的一个, 则有

$$|a_p - b_p| < \varepsilon \quad 对于 \ p > n.$$

从而 $\{a_p - b_p\}$ 也是零序列. 又如果 $\{a_p\}$ 是一零序列, $\{c_p\}$ 是任意一个基本序列, 那么我们决定 n' 与 M, 使

$$|c_p| < M \quad \text{对于 } p > n',$$

并且对每个 ε 决定 $n = n(\varepsilon) \geqslant n'$, 使

$$|a_p| < \frac{\varepsilon}{M} \quad \text{对于 } p > n.$$

由此推出

$$|a_p c_p| < \varepsilon \quad \text{对于 } p > n;$$

从而 $\{a_p c_p\}$ 也是零序列.

同余类环 $\mathfrak{o}/\mathfrak{n}$ 称为 Ω. 我们来证明, Ω 是一域, 这就是说, 在 $\mathfrak{o}$ 中同余式

$$ax \equiv 1(\mathfrak{n}) \tag{11.2}$$

对于 $a \not\equiv 0(\mathfrak{n})$ 有解. 这里 1 表示 $\mathfrak{o}$ 的单位元素, 也就是基本序列 $\{1, 1, \cdots\}$.

一定有一个 n 与一个 $\eta > 0$ 使

$$|a_q| \geqslant \eta \quad \text{对于 } q > n.$$

因为假如对于所有的 n 与所有的 $\eta > 0$, 都有一个 $q > n$, 使

$$|a_q| < \eta,$$

那么对于给定的 η 我们总可以选择足够大的 n, 使得对于 $p > n, q > n$, 有

$$|a_p - a_q| < \eta.$$

由此推出, 对所有的 $p > n$, 有

$$|a_p| < 2\eta,$$

这就是说, 序列 $\{a_p\}$ 是一零序列, 与假设矛盾.

如果我们把基本序列 $\{a_p\}$ 中 $a_1, \cdots, a_n$ 换成 η, 那么所得的序列仍在同一个模 $\mathfrak{n}$ 的同余类中. 仍用 $a_1, \cdots, a_n$ 来表示这 n 个新的元素 η, 于是对所有的 p 就有

$$|a_p| \geqslant \eta, \quad \text{特别地}, \ a_p \neq 0.$$

现在 $\{a_p^{-1}\}$ 是一基本序列. 因为对每个 ε, 都有一个 n, 使

$$|a_q - a_p| < \varepsilon \eta^2 \quad \text{对于 } p > n, \ q > n.$$

假如对于一个 $p > n$ 与一个 $q > n$ 有 $|a_p^{-1} - a_q^{-1}| \geqslant \varepsilon$, 那么乘上 $|a_p| \geqslant \eta$ 与 $|a_q| \geqslant \eta$, 即得

$$|a_q - a_p| = |a_p a_q (a_p^{-1} - a_q^{-1})| \geqslant \varepsilon \eta^2,$$

这是不可能的. 因之有

$$|a_p^{-1} - a_q^{-1}| < \varepsilon \quad \text{对于 } p > n, q > n.$$

基本序列 $\{a_p^{-1}\}$ 显然就是同余式 (11.2) 的解.

域 Ω 特别地包含那些由形式为

$$\{a, a, a, \cdots\}$$

的基本序列所代表的模 $\mathbf{n}$ 的同余类. 它们组成一个与 K 同构的 Ω 的子环 K'. 因为 K 中每个元素 a 都对应于一个这样的同余类, 不同的 a 对应于不同的同余类, 并且和对应于和, 积对应于积. 如果我们现在把 K' 的元素与 K 的元素等同起来, 那么 Ω 就是 K 的一个扩域.

基本序列 $\{a_p\}$ 称为正的, 如果在 K 中有一 $\varepsilon > 0$ 同时有一个 n, 使

$$a_p > \varepsilon, \quad \text{对于 } p > n.$$

两个正的基本序列的和与积显然还是正的. 一个正的序列 $\{a_p\}$ 与一个零序列 $\{b_p\}$ 的和也一定是正的. 这一点可以证明如下, 选一足够大的 n, 使

$$a_p > \varepsilon, \quad \text{对于 } p > n,$$

$$|b_p| < \frac{1}{2}\varepsilon, \quad \text{对于 } p > n,$$

由此即得 $a_p + b_p > \frac{1}{2}\varepsilon$ 对于 $p > n$. 因而在一模 $\mathbf{n}$ 的同余类中只要有一个序列是正的, 所有的都是正的. 在这个情形, 这个同余类本身就称为正的. 同余类 k 称为负的, 如果 $-k$ 是正的.

如果 $\{a_p\}$ 与 $\{-a_p\}$ 都不是正的, 那么对每个 $\varepsilon > 0$ 与每个 n, 有一 $r > n$ 与一 $s > n$, 使

$$a_r \leqslant \varepsilon \quad \text{与} \quad -a_s \leqslant \varepsilon.$$

选取足够大的 n, 使得对于 $p > n, q > n$, 有

$$|a_p - a_q| < \varepsilon,$$

首先取 $q = r$, 而 p 为任意 $> n$ 的数, 就有

$$a_p = (a_p - a_q) + a_r < \varepsilon + \varepsilon = 2\varepsilon,$$

再取 $q = s$, 而 p 为任意 $> n$ 的数, 就有

$$-a_p = (a_q - a_p) - a_s < \varepsilon + \varepsilon = 2\varepsilon,$$

从而

$$|a_p| < 2\varepsilon, \quad \text{对于 } p > n.$$

因之 $\{a_p\}$ 是一零序列.

以上讨论说明, 或者 $\{a_p\}$ 是正的或者 $\{-a_p\}$ 是正的或者 $\{a_p\}$ 是一零序列, 三者必居其一. 因而模 **n** 的每个同余类是正的或者负的或者是零. 因为正的同余类的和与积还是正的, 所以得出结论:

Ω 是一有序域.

我们立即看出, K 在 Ω 中仍保持原来的顺序.

如果序列 $\{a_p\}$ 定义元素 α, 序列 $\{b_p\}$ 定义元素 β, 那么由

$$a_p \geqslant b_p, \quad \text{对于 } p > n$$

即得 $\alpha \geqslant \beta$. 否则, 设 $\alpha < \beta$, 即 $\beta - \alpha > 0$, 于是对于基本序列 $\{b_p - a_p\}$, 就有一个 ε 与一个 m, 使

$$b_p - a_p > \varepsilon > 0, \quad \text{对于 } p > m.$$

在这里取 $p = m + n$, 就与假设 $a_p \geqslant b_p$ 矛盾. 但是值得注意, 由 $a_p > b_p$ 并不是推出 $\alpha > \beta$, 而是推出 $\alpha \geqslant \beta$.

由于每个基本序列都是有上界的, 所以对于 Ω 中每个元素 ω, 都有 K 中一个元素 s 比它大. 如果 K 是阿基米德有序的, 那么对于 s 又有一个比它大的自然数 n. 从而对于每个 ω, 也就有一个 $n > \omega$, 这就是说, Ω 是阿基米德有序的.

在域 Ω 中我们自然又可以定义绝对值、基本序列与零序列的概念. 零序列也组成一个理想. 如果序列 $\{\alpha_p\}$ 模这个理想同余于一个常序列 $\{\alpha\}$, 即 $\{\alpha_p - \alpha\}$ 是一零序列, 那么我们就说, 序列 $\{\alpha_p\}$ 收敛于极限 α, 记为

$$\lim_{p \to \infty} \alpha_p = \alpha \quad \text{或简单地} \quad \lim \alpha_p = \alpha.$$

K 中的基本序列 $\{a_p\}$ 一方面根据定义就代表 Ω 的元素, 另一方面它也可以看成 Ω 的基本序列, 因为 K 包含在 Ω 中. 我们现在证明: 如果序列 $\{a_p\}$ 定义 Ω 中元素 α, 则 $\lim a_p = \alpha$. 首先我们看到, 对于 Ω 中每个正的 ε, 一定有 K 的一个正元素 ε' 比它小, 而对于 ε' 有一个 n, 使得对于 $p > n, q > n$, 必有

$$|a_p - a_q| < \varepsilon',$$

这就是说, $a_p - a_q$ 与 $a_q - a_p$ 都比 ε' 小. 根据上面所作的说明, 由此推出 $a_p - \alpha$ 与 $\alpha - a_p$ 都 $\leqslant \varepsilon'$, 因而

$$|a_p - \alpha| \leqslant \varepsilon' < \varepsilon.$$

于是 $\{a_p - \alpha\}$ 是一零序列.

我们现在来证明, 通过基本序列域 Ω 不可能再扩大, 每个基本序列 $\{\alpha_p\}$ 在 Ω 中已经有极限了 (Cauchy 的收敛定理.)

证明中我们不妨假定, 在序列 $\{\alpha_p\}$ 中相邻的两个元素 α_p, α_{p+1} 总是不同的. 假如不是这样, 我们或者可以选出一个子序列, 它由那些与 α_{p-1} 不同的 α_p 组成, 于是由子序列的收敛性立即推出整个序列的收敛性, 或者就是序列 $\{\alpha_p\}$ 由某一个位置开始是常量: $\alpha_p = \alpha$ 当 $p > n$. 这时, 自然有 $\lim \alpha_p = \alpha$.

设

$$|\alpha_p - \alpha_{p+1}| = \varepsilon_p.$$

因为 $\{\alpha_p\}$ 是一基本序列, 所以 $\{\varepsilon_p\}$ 是一零序列[①]. 根据假定, $\varepsilon_p > 0$.

对于每个 α_p 我们现在选取一个近似元素 a_p, 它具有性质

$$|a_p - \alpha_p| < \varepsilon_p.$$

这是可能的, 因为 α_p 本身就是由　个以 α_p 为极限的基本序列 $\{a_{p1}, a_{p2}, \cdots\}$ 所定义. 对于每个 ε, 都有一个 n', 使

$$|\alpha_p - \alpha_q| < \frac{1}{3}\varepsilon, \quad 对于 p > n', q > n'$$

以及有一个 n'', 使

$$\varepsilon_p < \frac{1}{3}\varepsilon, \quad 对于 p > n''.$$

如果 n 是数 n' 与 n'' 中较大的一个, 那么对于 $p > n, q > n$, 三个绝对值 $|a_p - \alpha_p|$, $|\alpha_p - \alpha_q|$ 与 $|\alpha_q - a_q|$ 全小于 $\frac{1}{3}\varepsilon$, 因之

$$|a_p - a_q| \leqslant |a_p - \alpha_p| + |\alpha_p - \alpha_q| + |\alpha_q - a_q|$$
$$< \frac{1}{3}\varepsilon + \frac{1}{3}\varepsilon + \frac{1}{3}\varepsilon = \varepsilon.$$

于是 a_p 组成 K 中的一个基本序列, 它定义 Ω 的一个元素 ω. 序列 $\{\alpha_p\}$ 与这个基本序列只相差一个零序列 $\{a_p - \alpha_p\}$, 因而它们有相同的极限 ω.

[①] 证明的前一部分只是为了肯定地给出一个零序列, 它在下面要用到. 在阿基米德的情形, 我们就可以简单地取 $\varepsilon_p = 2^{-p}$. 但是我们希望在一般的假定下来证明这个定理. 在非阿基米德的情形, $\{2^{-p}\}$ 不是零序列.

对于任意的有序域 K, 上述构造给出了唯一确定的有序扩域 Ω, 使得 Cauchy 收敛定理成立. 如果 K 是有理数域 $\mathbb{Q}$, 则 Ω 就是实数域 $\mathbb{R}$. 因此在这个理论里, 实数被定义为有理数的基本序列环内以 $\mathbf{n}$ 为模的剩余类.

设 Σ 是有序域, $\mathfrak{M}$ 是 Σ 元素的非空子集. 如果存在 K 里的元素 s, 使得

$$a \leqslant s, \quad 对所有的 \ a \in \mathfrak{M},$$

则 s 称为 $\mathfrak{M}$ 的一个上界, 称 $\mathfrak{M}$ 是有上界的. 如果存在一个最小上界, 就被称为集合 $\mathfrak{M}$ 的上限.

我们现在再来考虑上面构造的 K 的扩域 Ω, 并且在 K 是阿基米德有序的, 因而 Ω 也是阿基米德有序的情形证明关于上限的定理.

定理 在 Ω 中每个有上界的非空集合 $\mathfrak{M} \subset \Omega$ 都有上限.

证明 设 s 是 $\mathfrak{M}$ 的一个上界, M 是一个 $> s$ 的整数 (当然也是一个上界), μ 是 $\mathfrak{M}$ 中任意一个元素, 而 m 是一个 $> -\mu$ 的整数. 于是

$$-m < \mu < M.$$

对于每个自然数 p, 我们来作有限多个 "在 $-m$ 与 M 之间" 的分数 $k \cdot 2^{-p} (k$ 是整数):

$$-m \leqslant k \cdot 2^{-p} \leqslant M. \tag{11.3}$$

在这些分数中我们来找一个最小的, 但它还是 $\mathfrak{M}$ 的上界. 这样的分数是存在的, 因为 M 本身就是一个.

用 a_p 表示这个最小的上界. 于是 $a_p - 2^{-p}$ 就不再是上界, 因而对于每个 $q > p$, 有

$$a_p - 2^{-p} < a_q \leqslant a_p. \tag{11.4}$$

由此推出

$$|a_p - a_q| < 2^{-p},$$

从而

$$|a_p - a_q| < 2^{-n} \quad 对于 \quad p > n, q > n. \tag{11.5}$$

对于任给的 ε, 我们总能找到一个自然数 $h > \varepsilon^{-1}$ 以及一个 $2^n > h > \varepsilon^{-1}$. 于是有 $2^{-n} < \varepsilon$. 因之 (11.5) 说明了, $\{a_p\}$ 是一个基本序列, 它就定义了 Ω 中一个元素 ω. 由 (11.4) 还推出

$$a_p - 2^{-p} \leqslant \omega \leqslant a_p.$$

ω 是 $\mathfrak{M}$ 的一个上界, 这就是说, $\mathfrak{M}$ 的所有元素 μ 都 $\leqslant \omega$. 假如有一个 $\mu > \omega$, 那么就可以找到一个数 $2^p > (\mu - \omega)^{-1}$. 于是有 $2^{-p} < \mu - \omega$. 把上面的不等式与 $a_p - 2^{-p} \leqslant \omega$ 相加, 即得 $a_p < \mu$, 这是不可能的, 因为 a_p 是 $\mathfrak{M}$ 的一个上界.

ω 是 $\mathfrak{M}$ 的最小上界. 假如 σ 比它更小, 那么就可以找到一个数 p 使 $2^{-p} < \omega - \sigma$. 因为 $a_p - 2^{-p}$ 不是 $\mathfrak{M}$ 的上界, 所以 $\mathfrak{M}$ 中有一个 μ 使 $a_p - 2^{-p} < \mu$. 由此推出

$$a_p - 2^{-p} < \sigma,$$

再与上面的不等式相加即得

$$a_p < \omega,$$

这是不可能的. 因之 ω 是 $\mathfrak{M}$ 的上限.

在非阿基米德有序域内上限定理不可能成立. 事实上, 如果我们考虑自然数序列 $1, 2, 3, \cdots$, 则存在域的元素 s 大于所有的自然数, 因此这个序列有界. 若 g 是此序列的上限, 则 $2g$ 是序列 $2, 4, 6, \cdots$ 的上限. 而 g 是正的, $g < 2g$, 但 g 也是数 $2n$ 的上限, 因此 $2g$ 不可能是上限. 这说明上限定理只在阿基米德有序域里成立.

我们现在证明

(1) 每个阿基米德有序域 K 相似同构于实数域 $\mathbb{R}$ 的一个子域 K';

(2) 如果上限定理在 K 里成立, 则 $K' = \mathbb{R}$ 且 K 相似同构于实数域 $\mathbb{R}$.

证明　K 的每个元素 a 都是某个有理数集合 $\mathfrak{M}$ 的上限. 我们可把所有满足 $r < a$ 的有理数 r 的集合作为 $\mathfrak{M}$. 这个集合在 $\mathbb{R}$ 内也有一个上限 a'. 对应 $a \to a'$ 是一个加法同态, 也就是说, 它们的和 $a + b$ 对应于和 $a' + b'$. 由于此同态的核仅含零元素. 因此这个同态是加法同构. 与两个正元素 a 与 b 的乘积 ab 对应的象是 $a'b'$. 因此与乘积

$$(-a)b = -ab \quad \text{和} \quad (-a)(-b) = ab$$

对应的是 $\mathbb{R}$ 内的数

$$-a'b' = (-a')b' \quad \text{和} \quad a'b' = (-a')(-b').$$

可见乘积对应于乘积, K' 的正元素对应到 K 的正元素. 所以 K 相似同构于 K'. 这样就完成了 (1) 的证明.

如果 K 内成立上限定理, 那么有上界的有理数集合在 K 内有上限 a, 同样的集合在 K' 内也有上限 a'. 由于每个实数都是一个有理数集合的上限, 因而所有的实数都在 K' 内, 即 $K' = \mathbb{R}$, 从而证明了 (2).

习题 11.4　证明极限概念的下列性质:

a) 如果 $\{\alpha_n\}$ 与 $\{\beta_n\}$ 是收敛的序列, 则

$$\lim(\alpha_n \pm \beta_n) = \lim \alpha_n \pm \lim \beta_n,$$

$$\lim \alpha_n \beta_n = \lim \alpha_n \cdot \lim \beta_n.$$

b) 如果 $\lim \beta_n \neq 0$, 并且所有的 $\beta_n \neq 0$, 则

$$\lim(\beta_n^{-1}) = (\lim \beta_n)^{-1}.$$

c) 收敛序列的子序列还是收敛的并有相同的极限.

习题 11.5   每个实数 s 都可以表成无穷小数

$$s = a_0 + \sum_{\nu=1}^{\infty} a_\nu 10^{-\nu} \left(这就是 s = \lim_{n\to\infty} \left(a_0 + \sum_{\nu=1}^{n} a_\nu 10^{-\nu} \right) \right)$$

习题 11.6   任何使 Cauchy 收敛定理成立的阿基米德有序域都相似同构于实数域 $\mathbb{R}$.

11.3   实函数的零点

设 $\mathbb{R}$ 是实数域. 我们现在来考虑实变数 x 的实值函数 $f(x)$. 这样一个函数称为在 $x = a$ 处连续, 如果对于每个 $\varepsilon > 0$, 都有 $\delta > 0$, 使得

$$|f(a+h) - f(a)| < \varepsilon \quad 对于 \quad |h| < \delta.$$

容易证明, 连续函数的和与积还是连续函数 (参考 11.2 节中对于基本序列相应的证明). 因为常量与函数 $f(x) = x$ 是到处连续的函数, 所以所有的 x 的多项式都表示到处连续的函数.

Weierstrass 的关于连续函数的零点定理是:

定理 $f(x)$ 是在 $a \leqslant x \leqslant b$ 上的连续函数, 如果 $f(a) < 0$ 与 $f(b) > 0$, 则 $f(x)$ 在 a 与 b 之间有一零点.

证明   设 c 是 a 与 b 之间所有使 $f(x) < 0$ 的 x 的上限. 于是有三个可能性:

(1) $f(c) > 0$. 这时一定是 $c > a$, 并且有一 $\delta > 0$, 使得对于 $0 < h < \delta$,

$$|f(c-h) - f(c)| < f(c),$$

$$f(c) - f(c-h) < f(c),$$

这就是说

$$f(c-h) > 0,$$

$$f(x) > 0 \quad 对于 \quad c - \delta < x \leqslant c.$$

因之 $c - \delta$ 是使 $f(x) < 0$ 的 x 的一个上界. 但 c 已经是最小上界, 所以这个情形不可能.

(2) $f(c) < 0$. 这时必有 $c < b$, 并且有一 $\delta > 0$, 使得对于 $0 < h < \delta$, 譬如说,

$$h = \frac{1}{2}\delta,$$

$$f(c+h) - f(c) < -f(c),$$

$$f(c+h) < 0.$$

于是 c 就不是使 $f(x) < 0$ 的 x 的上界了. 因之这个情形也不可能.

(3) $f(c) = 0$ 是仅有剩下的情形, 所以 $f(x)$ 有零点 c.

Weierstrass 的关于多项式的零点定理是所有关于代数方程的实根的定理的基础. 以后我们将要把它推广到实数域以外的某些域上, 即推广到所谓 "实封闭域" 上. 这一节中以后的定理全部只依赖于关于多项式的 Weierstrass 零点定理, 因而它们对于以后更一般的域也成立.

推论 1 对于 $d > 0$ 与每个自然数 n, 多项式 $x^n - d$ 一定有一个正实根.

因为对 $x = 0$ 有 $x^n - d < 0$, 而对于大的 x $\left(\text{例如}, x > 1 + \dfrac{d}{n}\right)$ 有 $x^n - d > 0$.

由 $a^n - b^n = (a-b)(a^{n-1} + a^{n-2}b + \cdots + b^{n-1})$ 进一步推知, 当 $a > b > 0$ 时有 $a^n > b^n$, 因而方程 $x^n = d$ 只能有一个正实根. 这个根用 $\sqrt[n]{d}$ 表示, 当 $n = 2$, 简记为 $\sqrt{d}$("平方根"). 令 $\sqrt[n]{0} = 0$. 由 $a > b \geqslant 0$ 也推出 $\sqrt[n]{a} > \sqrt[n]{b}$, 否则, 假如 $\sqrt[n]{a} \leqslant \sqrt[n]{b}$, 就要推出 $a \leqslant b$ 了.

推论 2 每个奇次多项式在 $\mathbb{R}$ 中有一个零点.

因为根据习题 11.2, 有一个 M 使得 $f(M) > 0$ 而 $f(-M) < 0$.

我们现在来讨论一个多项式 $f(x)$ 的实根的计算问题. 按实数的定义, 所谓计算就是求任意与之逼近的有理数.

在习题 11.2 中我们已经看到, 如何求 $f(x)$ 实根的界: 如果

$$f(x) = x^n + a_1 x^{n-1} + \cdots + a_n,$$

而 M 是 1 与 $|a_1| + \cdots + |a_n|$ 中较大的一个, 那么 $f(x)$ 所有的根全在 $-M$ 与 M 之间. M 可以用一个 (较大的) 有理数代替, 还称为 M, 然后我们把区间 $-M \leqslant x \leqslant M$ 用有理的中间点分成任意小的部分. 如果我们有一个方法来判断, 在两个给定的界限之间究竟有多少个根, 那么就能断定根在那几部分之中. 把根所在的区间再进一步分割, 我们就能得到实根的任意近似的值.

一个判别在两个给定的界限之间有多少个根或者是全部有多少个根的方法是

Sturm 定理 对于一给定的多项式 $X = f(x)$ 按下面的办法决定多项式 $X_1, X_2, \cdots, X_r$:

$$X_1 = f'(x), \quad (\text{求微商})$$

$$X = Q_1 X_1 - X_2,$$
$$X_1 = Q_2 X_2 - X_3, \quad \text{(辗转相除法)}.$$
$$\cdots\cdots\cdots$$
$$X_{r-1} = Q_r X_r. \tag{11.6}$$

对于每个不是 $f(x)$ 的零点的实数 a, 设 $w(a)$ 是数列

$$X(a), X_1(a), \cdots, X_r(a)$$

的变号数[①]. 如果 b 与 c 是任意的数, $b < c$, 并且都不使 $f(x)$ 为零, 那么在区间 $b \leqslant x \leqslant c$ 中不同的零点的个数 (重根只数一次!) 等于

$$w(b) - w(c).$$

多项式序列 $X, X_1, \cdots, X_r$ 称为 $f(x)$ 的 Sturm组. 定理就是说, 在 b 与 c 之间零点的个数等于由 b 变到 c 时 Sturm 组的变号数的差额.

证明 最后一个多项式 X_r 显然就是 $X = f(x)$ 与 $X_1 = f'(x)$ 的最大公因子. 如果把 Sturm 组中的多项式全用 X_r 除一下, 那么 $f(x)$ 就不再有重的线性因子, 而对于非零点的 a 并不影响变号数. 因为除了以后, Sturm 组中每一项的符号或者全不变或者全反个号. 因之在证明中我们不妨假定 Sturm 组的最后一项是一个非零常数. 这时, Sturm 组的第二项就不再是第一项的微商: 譬如 d 是 $f(x)$ 的 l 重零点, 即

$$X = f(x) = (x-d)^l g(x), \quad g(d) \neq 0,$$
$$X_1 = f'(x) = l(x-d)^{l-1} g(x) + (x-d)^l g'(x),$$

于是消去因子 $(x-d)^{l-1}$ 之后即得

$$\overline{X} = (x-d)g(x),$$
$$\overline{X}_1 = l \cdot g(x) + (x-d)g'(x),$$

对于其他的根 $d', d'', \cdots$ 就再去掉一些公因子. 修改过的 Sturm 组的多项式仍用 $X = X_0, X_1, \cdots, X_r$ 表示.

在这个假定下, Sturm 组中相邻的两项不可能有公根. 否则, 设 $X_k(a)$ 与 $X_{k+1}(a)$ 同时等于零, 于是由方程 (11.6) 就可以推知, $X_{k+1}(a), \cdots, X_r(a)$ 也都为零, 但 $X_r =$ 常数 $\neq 0$.

[①] 所谓一个数 c 的符号是指 $+, -$ 或者 0, 就看 c 是正的, 还是负的或者 0. 在一个仅由符号 $+$ 与 $-$ 组成的序列中, 一个 $+$ 紧接着一个 $-$ 或者一个 $-$ 紧接着一个 $+$ 称为一个变号. 如果还有 0 出现, 在计算变号时就简单地把它略去.

Sturm 组中多项式的零点把区间 $b \leqslant x \leqslant c$ 分成一些子区间. 在每个这样的子区间中, X 以及每个 X_r 全不为零, 根据 Weierstrass 零点定理可知, 在每个这样的区间之内 Sturm 组中多项式全不变号, 因而数 $w(a)$ 也保持不变. 因之我们只需要考察数 $w(a)$ 在 Sturm 组的某一个多项的零点 d 处如何改变.

首先设 d 是 $X_k(0 < k < r)$ 的一个零点. 根据方程

$$X_{k-1} = Q_k X_k - X_{k+1},$$

数 $X_{k-1}(d)$ 与 $X_{k+1}(d)$ 必反号. 因之 X_{k-1} 与 X_{k+1} 在以 d 为端点的两个子区间上也反号. 现在不论 X_k 有什么符号 $(+,-$ 或者 0$)$, X_{k-1} 与 X_{k+1} 之间的变号数总是一样的: 一定是一次变号. 因之经过点 d 时数 $w(a)$ 根本不改变.

再设 d 是 $f(x)$ 的零点, 按开始处作的说明, 譬如

$$X = (x-d)g(x), \quad g(d) \neq 0,$$

$$X_1 = l \cdot g(x) + (x-d)g'(x),$$

这里 l 是一自然数. X_1 在点 d 处, 因而在以 d 为端点的两个子区间上的符号都等于 $g(d)$ 的符号, 而 X 在这些点的符号就是 $(x-d)g(d)$ 的符号. 因之对于 $a < d$, 在 $X(a)$ 与 $X_1(a)$ 之间有一个变号, 而对于 $a > d$ 就不再有变号. Sturm 组中其余的变号在经过点 d 时保持不变, 这一点上面已经证明. 因之在经过点 d 时, 数 $w(a)$ 减少 1. 这就证明了 Sturm 定理.

如果我们要利用 Sturm 定理来决定 $f(x)$ 不同的实根的总数, 那么必须取下界 b 与上界 c 使 $f(x)$ 在 $x < b$ 处与 $x > c$ 处不再有根. 譬如说, 就可以选 $b = -M$ 与 $c = M$. 更简单一些是选取 b 与 c 使 Sturm 组中多项式在 $x < b$ 与 $x > c$ 处全没有根. 这样, Sturm 组中多项式的符号就可以由它们首项系数的符号决定: $a_0 x^m + a_1 x^{m-1} + \cdots$ 对于非常大的 x 与 a_0 同号, 对于非常小的 (负的) x 与 $(-1)^m a_0$ 同号. 至于 b 与 c 究竟需要多大的问题在这里是无需解决的: 我们只要把 Sturm 组中多项式的首项系数 a_0 与次数 m 算出来就行了.

习题 11.7　决定多项式

$$x^3 - 5x^2 + 8x - 8$$

实根的个数. 这些根在哪些相邻的整数之间?

习题 11.8　如果 Sturm 组中最后两个多项式 X_{r-1}, X_r 的次数是 $1, 0$, 那么常数 X_r(或者是它的符号, 只有符号是有关系的) 也可以这样来算出, 即把 X_{r-1} 的零点代入 $-X_{r-2}$.

习题 11.9　如果在计算 Sturm 组的过程中出现一个 X_k, 它的符号根本不变 (譬如说是平方和), 那么 Sturm 组就可以算到这里为止. 我们也可以从某一个 X_k 中消去一个恒正的因子, 然后由这个修改过的 X_k 再往下算.

习题 11.10 在 Sturm 定理的证明中用到的多项式 $X_1(f'(x)$ 的一个因子) 在 $f(x)$ 两个相邻的根之间一定变号. 证明, 因之在 $f(x)$ 两个根之间 $f'(x)$ 至少有一个根 (Rolle定理).

习题 11.11 由 Rolle 定理推导微分的中值定理, 即是说, 对于 $a < b$, 一定有一适当的 $c, a < c < b$ 使

$$\frac{f(b) - f(a)}{b - a} = f'(c)$$

$$\left(\diamondsuit\ f(x) - f(a) - \frac{f(b) - f(a)}{b - a}(x - a) = \varphi(x) \right).$$

习题 11.12 如果在区间 $a \leqslant x \leqslant b$ 中有 $f'(x) > 0$, 则 $f(x)$ 是上升函数. 同样, 如果 $f'(x) < 0$, 则 $f(x)$ 是下降函数.

习题 11.13 多项式 $f(x)$ 在每个区间 $a \leqslant x \leqslant b$ 中有最大值与最小值, 它们或者在 $f'(x)$ 的零点处或者在端点 a, b 处达到.

11.4 复 数 域

如果我们在实数域 $\mathbb{R}$ 上添加在 $\mathbb{R}$ 中不可约多项式 $x^2 + 1$ 的一个根 i, 就得到复数域 $\mathbb{C} = \mathbb{R}(i)$.

以下所谈到的 "数" 总是指复数 (其中特别也包含实数). 代数数是指那些对于有理数域 $\mathbb{Q}$ 是代数的数. 这样, 所谓代数数域、实的数域等等的含义就清楚了. 按 6.5 节中定理, 所有的代数数组成一个域 A, 它包含所有的代数数域.

我们现在来证明:

定理 在复数域中, 方程 $x^2 = a + bi(a, b$ 实数) 总是有解的. 这就是说, 这个域中每个数都在域中有一个 "平方根".

证明 数 $x = c + di(c, d$ 实数) 具有所要的性质当且仅当

$$(c + di)^2 = a + bi,$$

这就是说, 满足条件

$$c^2 - d^2 = a, \quad 2cd = b.$$

由这些方程推出: $(c^2 + d^2)^2 = a^2 + b^2$, 从而 $c^2 + d^2 = \sqrt{a^2 + b^2}$. 再根据第一个条件我们决定 c^2 与 d^2:

$$c^2 = \frac{a + \sqrt{a^2 + b^2}}{2},$$

$$d^2 = \frac{-a + \sqrt{a^2 + b^2}}{2}.$$

右端的数实际上是 $\geqslant 0$. 因之, 除符号外我们可以定出 c 与 d. 相乘即得

$$4c^2 d^2 = -a^2 + (a^2 + b^2) = b^2.$$

因之由后一个条件

$$2cd = b$$

可以定出 c 与 d 的符号.

由所证的结论推知, 在复数域中二次方程

$$x^2 + px + q = 0$$

是可解的, 只要把它化成形式

$$\left(x + \frac{p}{2}\right)^2 = \frac{p^2}{4} - q.$$

因之, 解是

$$x = -\frac{p}{2} + w,$$

这里 w 表示方程 $w^2 = \dfrac{p^2}{4} - q$ 的任一个解.

"代数基本定理", 更恰当些称为复数理论的基本定理, 说明了在域 $\mathbb{C}$ 中不但是二次方程, 并且每个非常数的多项式 $f(z)$ 都有零点.

基本定理最简单的证明可能是函数论的证明, 它是这样的: 假设多项式 $f(z)$ 没有复的零点, 那么

$$\frac{1}{f(z)} = \varphi(z)$$

就是一个在整个 z 平面上正则的函数, 而当 $z \to \infty$ 时它是有界的 (甚至是趋向于零), 因之根据 Liouville 定理, 它是一个常数. 于是 $f(z)$ 也就是一个常数.

对于基本定理, Gauss 给了好几个证明. 在 11.5 节, 我们将看到 Gauss 的第二个证明, 这个证明只用到实数与复数一些最简单的性质, 但是牵涉到困难的代数方法[①].

复数 $\alpha = a + bi$ 的绝对值 $|\alpha|$ 定义为实数

$$|\alpha| = \sqrt{a^2 + b^2} = \sqrt{\alpha\overline{\alpha}},$$

这里 $\overline{\alpha}$ 是共轭复数, 即对于实数域的共轭数 $a - bi$.

显然有 $|\alpha| \geqslant 0$, 并且只在 $\alpha = 0$ 时才有 $|\alpha| = 0$. 再则, $\sqrt{\alpha\beta\overline{\alpha}\overline{\beta}} = \sqrt{\alpha\overline{\alpha}} \cdot \sqrt{\beta\overline{\beta}}$, 因而

$$|\alpha\beta| = |\alpha| \cdot |\beta|. \tag{11.7}$$

---

① 譬如在 Jordan G. Cours d'Analyse I. 第三版. 202 页可以找到另一个简单的证明. Weyl H 在 Math. Z., 1914, 20: 142 给了一个直观的证明.

为了证明另一个关系

$$|\alpha + \beta| \leqslant |\alpha| + |\beta|, \tag{11.8}$$

我们暂时先假定特殊的关系

$$|1 + \gamma| \leqslant 1 + |\gamma|. \tag{11.9}$$

如果 $\alpha = 0$, 则 (11.8) 是显然的; 如果 $\alpha \neq 0$, 则

$$|\alpha + \beta| = |\alpha(1 + \alpha^{-1}\beta)| = |\alpha||1 + \alpha^{-1}\beta|$$
$$\leqslant |\alpha|(1 + |\alpha^{-1}\beta|) = |\alpha| + |\beta|.$$

为了证明 (11.9), 令 $\gamma = a + bi$, 有

$$|\gamma| = \sqrt{a^2 + b^2} \geqslant \sqrt{a^2} = |a|,$$
$$|1 + \gamma|^2 = (1 + \gamma)(1 + \bar{\gamma}) = 1 + \gamma + \bar{\gamma} + \gamma\bar{\gamma}$$
$$= 1 + 2a + |\gamma|^2 \leqslant 1 + 2|\gamma| + |\gamma|^2$$
$$= (1 + |\gamma|)^2,$$

因之

$$|1 + \gamma| \leqslant 1 + |\gamma|,$$

这就证明了 (11.9), 因而也证明了 (11.8).

11.5 实域的代数理论

有序域, 特别是实的数域具有以下的性质, 一个平方和只有在每一项为零时才会等于零, 或者换个说法: -1 不能表成平方和[1]. 复数域就没有这个性质, 因为 -1 本身就是一个平方. 我们现在来证明, 这个性质对于实的数域以及 (在所有代数数的域中) 与之共轭的域是特征性质, 并且可以用来给出实代数数的域以及与之共轭的域的一个代数构造法. 我们定义[2]:

定义 一个域称为形式实的, 如果 -1 不能表成平方和.

形式实域的特征一定是零, 因为在特征 p 的域中 -1 是 $p-1$ 个平方项 1^2 的和. 形式实域的子域显然也是形式实的.

域 P 称为实封闭的[3], 如果 P 是形式实的, 但是没有 P 的真代数扩张是形式实的.

---

[1] 如果在某一域中 -1 可以表成平方和 $\sum a_\nu^2$, 于是 $1^2 + \sum a_\nu^2 = 0$, 因之 0 是一些不全为零的平方项的和. 反之, 如果有 $\sum b_\nu^2 = 0$, 其中有一个 $b_\lambda \neq 0$, 那么用 b_λ^2 除每一项, 再移项即得 $-1 = \sum a_\nu^2$.

[2] 参看 Artin E 与 Schreier O. Algebraische Konstruktion reeller Körper(实域的代数构造). *Abh. Math. Sem. Hamburg*, 1926, 5: 83–115.

[3] 我们宁愿用简短的名称 "实封闭的" 来代替更为确切的 "实代数封闭的".

定理 1　每个实封闭的域有一种且只有一种方法定义成有序域.

设 P 是实封闭的. 我们要来证明:

如果 a 是 P 中一个非零元素, 那么 a 本身是一个平方或者 $-a$ 是一个平方, 这两个情形是互相排斥的. 在 P 中平方和一定是平方.

由此立即推出定理 1, 因为约定 $a > 0$, 当 a 是平方且不为零, 显然定义了域 P 的一个顺序, 并且这是唯一可能的定义, 因为在任何顺序下平方一定是 $\geqslant 0$ 的.

如果 γ 不是 P 中元素的平方, $\sqrt{r}$ 是多项式 $x^2 - \gamma$ 的一个根, 那么 $P(\sqrt{\gamma})$ 是 P 的一个真代数扩张, 因而不是形式实的. 于是有方程

$$-1 = \sum_{\nu=1}^{n} (\alpha_\nu \sqrt{\gamma} + \beta_\nu)^2$$

或者

$$-1 = \gamma \sum_{\nu=1}^{n} \alpha_\nu^2 + \sum_{\nu=1}^{n} \beta_\nu^2 + 2\sqrt{\gamma} \sum_{\nu=1}^{n} \alpha_\nu \beta_\nu,$$

这里 α_ν, β_ν 全属于 P. 其中最后一项一定为零, 否则 $\sqrt{\gamma}$ 就要属于 P 了. 第一项不可能等于零, 否则 P 就不是形式实了. 由此首先推知, γ 在 P 中不可能表成平方和; 否则 -1 就表成了平方和. 这就是说, 如果 γ 不是平方, 那么它也就不是平方和. 换个说法: P 中每个平方和都是 P 中一个平方.

现在我们得到

$$-\gamma = \frac{1 + \sum_{\nu=1}^{n} \beta_\nu^2}{\sum_{\nu=1}^{n} \alpha_\nu^2}$$

这个表达式的分子与分母都是平方和, 因而都是平方, 也就是 $-\gamma = c^2$, c 属于 P. 由此可见, P 中每个元素 γ 至少适合方程 $\gamma = b^2$ 与 $-\gamma = c^2$ 中的一个. 但是当 $\gamma \neq 0$ 时, 它不可能同时适合两个方程, 否则就有 $-1 = (b/c)^2$, 这是不可能的.

根据定理 1, 以后我们总是认为实封闭域是有序的.

定理 2　在实封闭域中, 每个奇次多项式至少有一个零点.

定理对一次多项式是显然的. 假定它对于 $< n$ 的奇次多项式已证. 设 $f(x)$ 是一 $n(n > 1,$ 奇数$)$ 次多项式. 如果 $f(x)$ 在这个实封闭域 P 中可约, 那么它至少有一个次数 $< n$ 的奇次不可约因子, 因而在 P 中有一根. 由假定 $f(x)$ 不可约, 我们现在来推出一个矛盾. 设 α 是 $f(x)$ 的一个形式添加的零点. $P(\alpha)$ 不是形式实的, 因之我们有方程

$$-1 = \sum_{\nu=1}^{r} (\varphi_\nu(\alpha))^2, \tag{11.10}$$

这里 $\varphi_\nu(x)$ 是系数在 P 中次数最高为 $n-1$ 的多项式. 由 (11.10) 即得一恒等式

$$-1 = \sum_{\nu=1}^{n} (\varphi_\nu(x))^2 + f(x)g(x). \tag{11.11}$$

φ_ν^2 的和是偶次的, 因为最高项系数都是平方, 加起来不可能消掉, 并且次数大于零, 否则 (11.10) 就已经是矛盾. 因之 $g(x)$ 是一次数 $\leqslant n-2$ 的奇次多项式. 由归纳假定 $g(x)$ 在 P 中有一根 a. 把 a 代入 (11.11) 即得

$$-1 = \sum_{\nu=1}^{r} (\varphi_\nu(a))^2,$$

这样就得出了矛盾. 因为 $\varphi_\nu(a)$ 全是 P 中元素.

定理 3 实封闭的域不是代数封闭的. 但是在添加了 i 之后所得的域[①]是代数封闭的.

前一半是显然的. 因为方程 $x^2 + 1 = 0$ 在每个形式实域中总是不可解的.

后一半由下面的定理即可推出.

定理 3a 如果在一有序域 K 中, 每个正元素都有一平方根并且每个奇次多项式都至少有一零点, 那么在添加了 i 之后所得的域是代数封闭的.

我们首先指出, 在 $K(i)$ 中每个元素都有一平方根, 因而每个二次方程都是可解的. 这个证明与 11.4 节中对于复数域所作的完全一样.

根据 11.6 节, 为了证明 $K(i)$ 的代数封闭性, 我们只要证每个在 K 中不可约的多项式 $f(x)$ 都在 $K(i)$ 中有根. 设 $f(x)$ 是一无重根的 n 次多项式, 其中 $n = 2^m q$, q 奇数. 我们来对 m 作归纳法, 假定每个系数在 K 中的无重根的多项式, 它的次数被 2^{m-1} 整除, 但不能被 2^m 整除, 在 $K(i)$ 中有根 (根据定理的假定, $m = 1$ 时是对的). 设 $\alpha_1, \alpha_2, \cdots, \alpha_n$ 是 $f(x)$ 在 K 的一个扩域中的根. 选择 K 中元素 c 使得 $\dfrac{n(n-1)}{2}$ 个式子 $\alpha_j \alpha_k + c(\alpha_j + \alpha_k)$ 对于 $1 \leqslant j < k \leqslant n$ 全有不同的值. 因为这些式子在 K 中显然适合一个次数为 $\dfrac{n(n-1)}{2}$ 的方程, 所以根据归纳假定, 其中至少有一个在 $K(i)$ 中, 譬如说 $\alpha_1 \alpha_2 + c(\alpha_1 + \alpha_2)$. 按 c 所适合的条件, 有 (参看 6.10 节)

$$K(\alpha_1 \alpha_2, \alpha_1 + \alpha_2) = K(\alpha_1 \alpha_2 + c(\alpha_1 + \alpha_2)),$$

因之 α_1 与 α_2 可以由在 $K(i)$ 中解一个二次方程得出.

由定理 3a 同时也推出, 复数域是代数封闭的. 这就是 "代数基本定理".

定理 3 的逆是:

---

① 在这里和以后, i 总是代表 $x^2 + 1$ 的根.

定理 4　如果一形式实域 K 在添加了 i 之后成一代数封闭域, 那么 K 是实封闭的.

证明　在 K 与 $K(i)$ 之间没有中间域, 因之除 K 本身与 $K(i)$ 之外 K 没有其他的代数扩张. $K(i)$ 不是形式实的, 因为 -1 在它里面是一个平方. 因而 K 是实封闭的.

由定理 4 特别推出, 实数域是实封闭的.

系数在一个实封闭域 K 中的方程 $f(x) = 0$ 的根一定在 $K(i)$ 中, 如果它不包含在 K 中, 那么出现的一定是一对共轭 (对于 K) 根. 如果 $a + bi$ 是一根, 那么共轭根是 $a - bi$. 如果在 $f(x)$ 的分解中把共轭的线性因子合在一起, 那么 $f(x)$ 就分解成在 K 中不可约的线性与二次因子.

我们现在已经能够对于任意的实封闭域来证明关于多项式的 "Weierstrass 零点定理"(11.3 节).

定理 5　设 $f(x)$ 是一系数在实封闭域 P 中的多项式, a, b 是 P 的元素, 有 $f(a) < 0, f(b) > 0$, 于是 P 中有一在 a 与 b 之间的元素 c 使 $f(c) = 0$.

证明　上面已经看到, $f(x)$ 在 P 中分解成线性的与不可约二次的因子. 不可约二次多项式 $x^2 + px + q$ 在 P 中永远取正值, 因为它可以写成 $\left(x + \dfrac{p}{2}\right)^2 + \left(q - \dfrac{p^2}{4}\right)$, 其中第一项一定 $\geqslant 0$ 而在不可约的假定下第二项是正的. 因之 $f(x)$ 的变号只可能是由某一线性因子的变号造成, 所以它在 a 与 b 之间有一个根.

根据这个定理, 所有在 11.3 节中由 Weierstrass 零点定理得出的推论对实封闭域也成立, 特别是关于实根的 Sturm 定理.

最后我们来证明

定理 6　设 K 是一有序域, $\overline{K}$ 是由 K 添加了所有 K 中正元素的平方根所得的域. 则 $\overline{K}$ 是形式实的.

显然只要证明, 没有形式为

$$-1 = \sum_{\nu=1}^{n} c_\nu \xi_\nu^2 \tag{11.12}$$

的方程成立就行了, 其中 c_ν 是 K 中正元素, ξ_ν 是 $\overline{K}$ 中的元素. 假设有这样一个方程. 在这些 ξ_ν 中自然只能出现有限多个添加到 K 中的平方根, 譬如说是 $\sqrt{a_1}, \sqrt{a_2}, \cdots, \sqrt{a_r}$. 在所有的方程 (11.12) 中我们可以选择一个使 r 有最小值的 (一定有 $r \geqslant 1$, 因为在 K 中形式为 (11.12) 的方程不存在). 每个 ξ_ν 可以表成 $\xi_\nu = \eta_\nu + \zeta_\nu \sqrt{a_r}$, 其中 η_ν, ζ_ν 在 $K(\sqrt{a_1}, \sqrt{a_2}, \cdots, \sqrt{a_{r-1}})$ 中. 于是有

$$-1 = \sum_{\nu=1}^{n} c_\nu \eta_\nu^2 + \sum_{\nu=1}^{n} c_\nu a_r \zeta_\nu^2 + 2\sqrt{a_r} \sum_{\nu=1}^{n} c_\nu \eta_\nu \zeta_\nu. \tag{11.13}$$

如果 (11.13) 中最后一项为零, 那么 (11.13) 就具有 (11.12) 的形式, 但包含平方根的个数小于 r. 如果它不为零, 那么 $\sqrt{a_r}$ 就在 $K(\sqrt{a_1}, \cdots, \sqrt{a_{r-1}})$ 中, 于是 (11.12) 可以改写, 使其中出现的平方根的个数小于 r. 在任何情形下, 我们的假定都引出矛盾.

习题 11.14 全体代数数所成的域是代数封闭的, 实代数数所成的域是实封闭的.

习题 11.15 按 10.1 节纯代数地构造的域 $\mathbb{Q}$ 的代数封闭的代数扩域与代数数的域 A 同构.

习题 11.16 设 P 是一实的数域, Σ 是 P 上实的代数数的域. 则 Σ 是实封闭的.

习题 11.17 如果 P 是形式实的, t 对于 P 是超越的, 那么 $P(t)$ 也是形式实的 (如果 $-1 = \Sigma\varphi_v(t)^2$, 那么用 P 中一个适当的元素来代 t).

11.6 关于形式实域的存在定理

定理 7 设 K 是一形式实域, Ω 是 K 上一代数封闭域. 于是在 K 与 Ω 之间 (至少) 有一实封闭域 P 使 $\Omega = P(i)$.

证明 对 Ω 的含 K 的形式实子域的偏序集 M 应用 Zorn 引理 (9.2 节). M 的每个线性顺序子集都含有一个上界, 就是子集中所有域的并集. 根据 Zorn 引理, 存在 Ω 中含 K 的一个极大形式实子域 P.

设 a 是 Ω 的一个元素, 它不属于 P. 于是 $P(a)$ 不是形式实的. 只有 a 对 P 是代数的才可能, 因为形式实域的一个单纯超越扩张还是形式实的 (习题 11.17). 因之 Ω 的每个元素对于 P 都是代数的, 这就是说, Ω 对于 P 是代数的. 因为 a 可以取 P 以外的 Ω 中任意一个代数元素, 所以 P 没有单纯真代数扩张 $P(a)$ 是形式实的, 从而 P 是实封闭的. 按定理 3(11.5 节), $P(i)$ 是代数封闭的, 因而就是 Ω. 这就证明了定理.

定理 7 的一些特殊情形以及直接推论还值得特别写一下.

定理 7a 对于每个可数的形式实域 K, 都 (至少) 有一个实封闭的代数扩张.

只要在定理 7 中把 Ω 取作 K 的代数封闭的代数扩张就行了.

定理 7b 每个可数的形式实域可以按 (至少) 一种方法定义成有序域.

这个直接由定理 1(11.5 节) 与定理 7a 推出.

如果 Ω 是任意一个特征为零的代数封闭域, 在定理 7 中取 K 为有理数域, 那么就有

定理 7c 每个特征为零的可数的代数封闭域 Ω 都包含 (至少) 一个实封闭的子域 P 使 $\Omega = P(i)$.

对于有序域, 定理 7 可以加强为

定理 8   如果 K 是一可数有序域, 那么 K 有一个, 并且除去等价的扩张外只有一个实封闭的代数扩张 P, 它的顺序是 K 的顺序的一个开拓. P 除去单位自同构外没有其他自同构保持 K 的元素不变.

证明   和在定理 6 中一样, $\overline{K}$ 表示由 $\overline{K}$ 添加 K 的所有正元素的平方根所得的域. 设 P 是 $\overline{K}$ 的一个实封闭的代数扩张. 根据定理 7a, 这样一个域是存在的, 因为 $\overline{K}$ 是形式实的. P 对于 K 是代数的并且 P 的顺序是 K 的顺序的一个开拓, 因为 K 中正元素在 $\overline{K}$ 中都是平方, 在 P 中当然也是. 这就证明了这样一个域 P 的存在.

设 P^* 是 K 的第二个实封闭的代数扩张, 它的顺序也是 K 的一个开拓. 设 $f(x)$ 是系数在 K 中的一个 (不一定不可约) 多项式. Sturm 定理使我们在 K 中就可以断定 $f(x)$ 在 P 或者 P^* 中有多少个根. 我们所考察的 $f(x) = x^n + a_1 x^{n-1} + \cdots + a_n$ 的 Sturm 组只有一个. 因之 $f(x)$ 在 P 中与 P^* 中根的个数相同. 特别地, K 中每个在 P 中有根的方程在 P^* 中一定也有根. 反之亦然. 假设 $\alpha_1, \alpha_2, \cdots, \alpha_r$ 是 $f(x)$ 在 P 中的根, $\beta_1^*, \beta_2^*, \cdots, \beta_r^*$ 是 $f(x)$ 在 P^* 中的根. 再假设 ξ 是 P 中这样一个元素, 使 $K(\xi) = K(\alpha_1, \cdots, \alpha_r)$, 而 $F(x) = 0$ 是 ξ 在 K 中的不可约方程. $F(x)$ 在 P 中有根 ξ, 因而它在 P^* 中至少也有一个根 η^*, $K(\xi)$ 与 $K(\eta^*)$ 是 K 的等价的扩张. 因为 $K(\xi)$ 是由 $f(x)$ 的 r 个根生成的, 所以 $K(\eta^*)$ 一定也是由 $f(x)$ 的 r 个根生成的. 现在 $K(\eta^*)$ 是 P^* 的子域, 所以有 $K(\eta^*) = K(\beta_1^*, \cdots, \beta_r^*)$. 因之 $K(\alpha_1, \cdots, \alpha_r)$ 与 $K(\beta_1^*, \cdots, \beta_r^*)$ 是 K 的等价扩张.

现在为了证明 P 与 P^* 是 K 的等价扩张, 我们指出, P 到 P^* 的同构映射一定是保持顺序的, 因为它们的顺序 (按 11.5 节定理 1 的证明) 是由是否平方这个性质刻画的. 我们来定义下面这个由 P 到 P^* 的映射 σ. 设 α 是 P 的一个元素, $p(x)$ 是它在 K 中的不可约多项式, $\alpha_1, \alpha_2, \cdots, \alpha_r$ 是 $p(x)$ 在 P 中的根, 并且如此编号使 $\alpha_1 < \alpha_2 < \cdots < \alpha_r$, 而 $\alpha = \alpha_k$. 如果 $\alpha_1^*, \alpha_2^*, \cdots, \alpha_r^*$ 是 $p(x)$ 在 P^* 中的根并且 $a_1^* < \alpha_2^* < \cdots < \alpha_r^*$, 那么令 $\sigma(\alpha) = \alpha_k^*$. 显然 σ 是单值的并且保持 K 中元素不变. 现在需要证明 σ 是一同构映射. 为此, 设 $f(x)$ 是 $K[x]$ 中任意一个多项式, $\gamma_1, \gamma_2, \cdots, \gamma_s$ 是它在 P 中的根, $\gamma_1^*, \gamma_2^*, \cdots, \gamma_s^*$ 是它在 P^* 中的根. 再设 $g(x)$ 是 $K[x]$ 中多项式, 它的根是 $f(x)$ 的根的差的平方根. 设 $g(x)$ 在 P 中的根是 $\delta_1, \delta_2, \cdots, \delta_t$; $\delta_1^*, \delta_2^*, \cdots, \delta_t^*$ 是它在 P^* 中的根. 根据以上的证明, $\Lambda = K(\gamma_1, \cdots, \gamma_s, \delta_1, \cdots, \delta_t)$ 与 $\Lambda^* = K(\gamma_1^*, \cdots, \gamma_s^*, \delta_1^*, \cdots, \delta_t^*)$ 是 K 的等价扩张. 因之由 Λ 到 Λ^* 有一保持 K 的元素不变的同构映射 τ. 在 τ 之下, 每个 γ 对应于一个 γ^*, 每个 δ 对应于一个 δ^*. 假设记号是如此选择, 使 $\tau(\gamma_k) = \gamma_k^*, \tau(\delta_h) = \delta_h^*$. 如果 $\gamma_k < \gamma_l$ (在 P 中), 那么对某一指标 h 有 $\gamma_l - \gamma_k = \delta_h^2$, 因而 $\gamma_l^* - \gamma_k^* = \delta_h^{*2}$, 这就是说, $\gamma_k^* < \gamma_l^*$ (在 P^* 中). 因之 τ 按大小顺序把 $f(x)$ 在 P 中与 P^* 中的根对应起来. 因为以上的关系对于 $f(x)$ 在 K 中的不可约因子的根也成立, 所以我们有

$\tau(\gamma_k) = \sigma(\gamma_k)(k = 1, 2, \cdots, s)$. 只要考虑到 P 中任意两个给定的元素 α, β 与 $\alpha + \beta$, $\alpha \cdot \beta$ 同时是 $f(x)$ 的根的情形, 我们就得出结论, σ 是 P 到 P^* 的一个同构映射, 并且是唯一保持 K 的元素不变的一个. 如果选择 $P^* = P$, 我们就得出定理中关于 P 的自同构的结论.

因为按 11.1 节, 有理数域 $\mathbb{Q}$ 的顺序是唯一的, 所以由定理 8 立即推出:

定理 8a 在 $\mathbb{Q}$ 上有一个且除去同构的域外只有一个实封闭的代数域.

对于这个域, 我们自然可以就取通常意义下的 (11.2 节) 实代数数的域, 它是从实数中选出代数数组成的.

不过我们将看到, $\mathbb{R}$ 在代数数的域 A 中不是唯一的实封闭域, 而是无穷多个等价域中的一个.

定理 9 $\mathbb{Q}$ 的每个形式实的、可数的, 代数扩域 K^* 都与 $\mathbb{R}$ 的一个子域, 也就是与一个实的代数数域同构.

证明 根据定理 7a, 对于 K^* 我们总可以造一个实封闭的代数扩域 P^*, 根据定理 8a, 它一定与 $\mathbb{R}$ 同构. 由此即得定理 9.

一个由 K^* 到 $K \subseteq \mathbb{R}$ 的适当的同构映射自然也就给出 K^* 的一个适当的顺序, 因为 $\mathbb{R}$ 的所有子域 K 本来是有序的. 反过来, K^* 的每个顺序都可以由这个方法得出, 因为在定理 9 的证明所造的那个实封闭的扩域 P^* 按定理 8 可以这样来造, 使得它的顺序与 K^* 的顺序一致. 在同构之下, 这个顺序变到 $\mathbb{R}$ 的 (唯一可能的) 顺序.

我们特别取 K^* 为一个有限代数数域, 它只有有限多个到 A 中的同构, 于是即得:

把 K^* 变到实的代数数域的同构的个数等于 K^* 可能有的顺序的个数 (当 K^* 不是形式实的, 个数为零).

由 A 中每个形式实域都能扩充成一个实封闭域 $P^* \subseteq A$ 这个事实, 我们得知, 在 A 中有无穷多个这样的域 P^*(按定理 8a, 它们都是互相同构的.) 因为当 n 为奇自然数, ζ 为 n 次单位根时, 域 $K_\zeta^* = \Gamma(\zeta^n \sqrt{2})$ 与域 $\Gamma(\sqrt[n]{2})$ 同构, 因而都是形式实的. 它们的每一个都可以扩充到一个实封闭的扩域 P_ζ^*, 这些域对于固定的 n 全不相同, 因为一个有序域只能包含 2 的一个 n 次根. 这些域的个数 n 可以取得任意地大.

习题 11.18 设 ϑ 是 $\mathbb{Q}$ 中不可约方程 $x^4 - x - 1 = 0$ 的一根. 域 $\mathbb{Q}(\vartheta)$ 可以按几种方法定义成有序域?

习题 11.19 设 t 是一不定元. 域 $\mathbb{Q}(t)$ 能够按无穷多种方法定义成有序域, 即可以是阿基米德的也可以不是. t 既可以成为无穷大元素也可以是无穷小元素 (参看习题 11.1).

习题 11.20 当 t 是无穷小元素时, 多项式 $(z^2 - t)^2 - t^3$ 在 $\mathbb{Q}(t)$ 的一个实封闭的扩域中有多少个根? 根在什么范围内?

11.7　平　方　和

现在我们来讨论在一域 K 中哪些元素可以表成 K 中元素的平方和这个问题.

对于这个问题我们可以只限于讨论形式实域. 假如 K 不是形式实的, 那么 -1 是平方和, 譬如

$$-1 = \sum_{\nu=1}^{n} \alpha_\nu^2.$$

如果 K 的特征不为 2, 那么由此即得, K 的任意元素 γ 都可以分解成 $n+1$ 个平方:

$$\gamma = \left(\frac{1+\gamma}{2}\right)^2 + \left(\sum \alpha_\nu^2\right)\left(\frac{1-\gamma}{2}\right)^2.$$

如果 K 的特征是 2, 那么每个平方和本身就是平方:

$$\sum \alpha_\nu^2 = \left(\sum \alpha_\nu\right)^2,$$

这个问题也就解决了.

显然, 平方和的和与积还是平方和. 平方和的商也是平方和:

$$\frac{\alpha}{\beta} = \alpha \cdot \beta \cdot (\beta^{-1})^2.$$

对于形式实的域 K, 我们现在证明下面的定理:

定理　如果 γ 在 K 中不是平方和, 那么在 K 中可以定义一个顺序, 使 γ 是负的.

证明　设 γ 不是平方和. 我们首先证明 $K(\sqrt{-\gamma})$ 是形式实的. 如果 $\sqrt{-\gamma}$ 在 K 中, 结论是显然的. 否则, 假如

$$-1 = \sum_{\nu=1}^{n} (\alpha_\nu \sqrt{-\gamma} + \beta_\nu)^2,$$

那么正如定理 1(11.5 节) 的证明一样, 可得

$$\gamma = \frac{1 + \sum \beta_\nu^2}{\sum \alpha_\nu^2},$$

于是 γ 是平方和, 与假设矛盾. 因之 $K(\sqrt{-\gamma})$ 是形式实的. 如果按定理 7b(11.6 节), 在 $K(\sqrt{-\gamma})$ 中定义了一个顺序, 那么 $-\gamma$ 作为平方一定是正的. 这就证明了定理.

应用这个定理到形式实的代数数域 (按 11.6 节, 这种域的所有可能的顺序都可以由它到共轭的实的数域的同构映射得出) 即得:

定理 代数数域 K 中元素 γ 是平方和当且仅当在把 K 变到共轭的实域的同构下, 数 γ 不会变成负数.

当 K 不是形式实时, 这个定理也成立, 因为 K 的每个数都是平方和, 而所要求的同构根本没有.

在一代数数域 K 中, 那些被把 K 变成共轭的实域的同构总是变到正数的数称 K 中的全正数. 如果 K 没有共轭的实域, 那么 K 的每个数都称为全正的. 全正的概念可以推广到任意域 K 上, K 中那些在每个可能的顺序下都是正的数称为全正的 (如果 K 是不能序的, 因而如果 K 不是形式实的, 那么 K 的每个元素都是全正的). 于是这一节的结果可以总结为: 在特征 $\neq 2$ 的域中, 每个全正的元素都可以表成平方和[①].

---

① 关于第 11 章的文献: 在 Landau E. Über die Zerlegung total positiver Zahlen in Quadrate (关于全正数分解成平方和). *Göttinger Nachr.*, 1919, 392 中有关于在数域中全正数表成的平方和中平方个数的定理. 对于函数域的情形, 可参看 Hilbert D. Über die Darstellung definiter Formen als Summen von Formenquadraten (关于定形式表成平方形式的和). *Math. Ann.*, 32(1888), 342-350, 以及 Artin E. Über die Zerlegung definiter Funktionen in Quadrate (关于定函数分解成平方和). *Abhandlungen aus dem Math. Seminar der Hamburgischen Universität*, 1926, 5: 100–115. 关于代数基本定理可看最近的 van der Corput J G. *Colloque international d'algèbre*. Paris, Septembre 1949, Centre National Rech. scient., 或者更详细的有 Math. Centrum 的*Scriptum* 2, Amsterdam, 1950.

索　引